소방점검실무행정을 위한

소방검사론

백승주 · 유형주 공저

지우북스

PREFACE

「소방검사론」은 화재대응을 목적으로 하는 소방시설 등이 본래의 수준으로 성능을 유지하기 위한 검사에 대한 관계이론입니다. 본 서는 다음과 같은 편집으로 국내 소방시설의 점검실무와 행정 및 그 필요론에 대한 교육서로서의 역할을 충실히 하려고 하였습니다.

- 각 장의 심도와 분량을 고려하여 묶어서 주차별 학습난이도를 평준화
- 관련용어에 별도의 설명을 덧붙여 학습자의 이해를 강화
- 국내 검사제도에 따른 행정실무를 직접 운영할 수 있도록 여러 예제를 제시
- 각 시설별로 (구조원리) → (설치기준) → (검사방법) 순으로 편집하여 이해를 강화
- 실제 시설점검사례를 사진으로 설명함으로써 학습자의 현장감을 강화

본 서를 준비하며 많은 시간과 노력을 들였으나 그것은 이 분야 여러 선배님들의 저서 및 관련 자료들을 수집하고 참고하면서 가늠한 당신들의 시간과 노력에 비하면 지극히 미천한 수준임을 느낍니다. 본 서 곳곳에 출처를 명확히 하려 주의를 기울였으나 혹시 부족한 부분이 있다면 너그러운 양해를 부탁드리며 지혜를 습득하고 전파하는 데 직간접적 가르침을 주심에 큰 감사를 드립니다.

아울러 출판의 기회를 주시고 넓은 아량으로 편집과 교정에 정성을 기울여주신 도서출판 지우북스 서철종 사장님과 임직원분들께 깊은 감사를 드립니다.

저자일동

CONTENTS

CHAPTER 04 견적의뢰, 발주 II

CHAPTER 05 소방시설의 점검실무 I

CHAPTER 09 소방시설의 점검실무 V

CHAPTER 10 소방시설의 점검실무 VI

CHAPTER 12 소방시설의 점검실무 Ⅷ

CHAPTER 13 자체점검결과 보고서

CHAPTER
01

소방검사의 필요

학습 목표	1. 소방검사의 개념 및 필요성을 이해하고 설명할 수 있다. 2. 소방검사의 기술적, 제도적 수행요소를 파악하고 계획할 수 있다.
학습 목차	1. 화재대응을 위한 소방시설의 이해 2. 소방시설의 종류 3. 소방시설의 성능확보를 위한 자체점검

FIRE INSPECTION THEORY

CHAPTER 01 소방검사의 필요

SECTION 1 서론

1 재난안전관리론 개요

가. 기술적 재난의 발생현황

- 재난은 자연적 재난과 기술적 재난으로 나뉜다.
- 홍수, 태풍, 지진과 같은 자연적 재난은 막대한 피해를 일으키므로 완화, 준비, 대응, 복구의 4단계 대책으로서 피해를 줄인다.

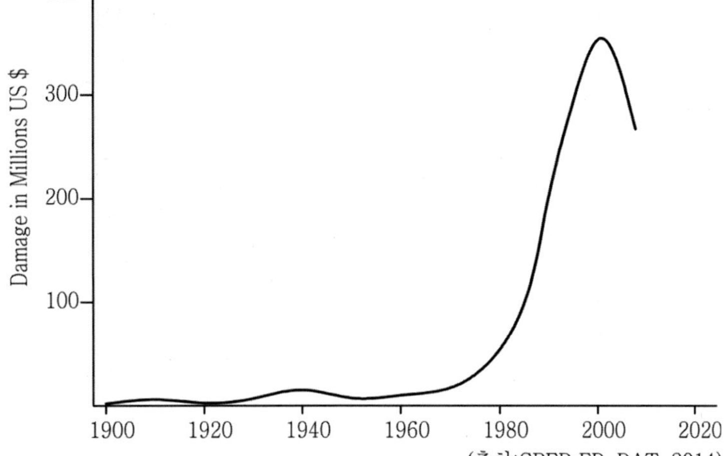

(출처:CRED ED-DAT, 2014)

〈 기술적 재난발생 현황 〉

- 대표적인 글로벌 손실통계 기관인 CRED가 운영하는 EM-DAT의 기술적 재난발생 통계에 따르면 20세기 후반에 급격히 상승한 기술적 재난의 손실비용은 2005년을 최고점으로 다소 감소하고 있다.
- 근래 10여년 동안의 하향추세는 기술적 재난의 위험도가 경감된 것은 아니고 일시적 재난의 감소와 재난에 대비하는 안전비용에 대한 긍정적 투자의 결과이다.

나. 재난안전의 비용

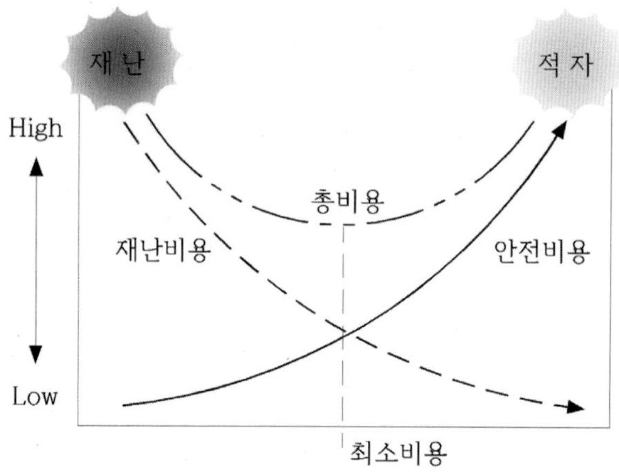

- 재난에 대한 안전비용을 증액할수록 재난비용은 감소하게 된다.
- 합리적인 분석하에 안전비용을 투자할수록 재난비용의 감소폭은 줄어들게 된다.
- 따라서 안전비용을 무한히 투자하기 보다는 재난비용과 안전비용을 합산하여 총비용을 구하고, 이 총비용이 최소비용이 되는 조건이 사회적으로 허용가능한 재난수준에 있다면 더 이상 안전비용을 투자하지 않는 것이 경제적으로 판단될 수 있다.

다. 화재 위험의 평가

- 자연적 재난과 기술적 재난은 항상 독립된 사고가 아니다. 후쿠시마 근해 해저에서 대지진이 발생한 이후 2차 화재 및 쓰나미, 그리고 원전의 폭발로 인한 방사능누출 사고까지 일어난 사례에서 알 수 있듯이 재난들은 서로 연결되어 복합적인 형태의 충격을 일으키게 된다.
- 이처럼 자연적 재난에 이어지거나 인위적 요소에 의한 화재, 폭발 및 유해물질

누출과 같은 기술적 재난은 다수의 인적피해와 고액의 물적피해를 일으키며 경우에 따라 광범위한 환경오염으로 인해 인간의 이주를 요구하기도 한다.

• 화재의 위험을 객관적으로 판단할 수 있다면 그에 따른 대책 또한 정량적이고 객관적으로 수립할 수 있게 된다.

2 재난이론에서의 화재위험 평가

가. 위험성(Hazard)

1) 정의

위해를 일으킬 수 있는 상태 및 성향을 이른다.

2) 위험성 평가

• 발생 가능한 위해를 전문가의 간소한 검토만으로 예상하며 대책을 제시할 수 있으나 대응에 소요되는 비용의 타당성이 명확하지 않다.

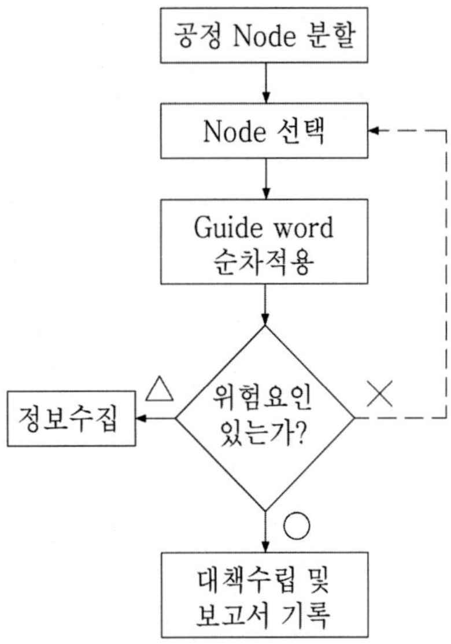

• 대형사고가 우려되고 이에 따라 소요비용의 경제성이 중요하지 않은 경우에 적합하다.

나. 위험도(Risk)

1) 정의

- 발생 가능한 위해의 크기 및 빈도를 나타내는 객관적인 정도이다.
- '용기내어 도전하다'라는 의미의 라틴어 'risicare'에서 유래하여 과거 스페인 상선이 교역을 위해 연안의 암초 및 대해의 풍랑을 헤치고 나가야 하는 상황에서의 좌초 또는 난파의 위험을 설명한다.
- 의도하지 않는 방향의 위해가 예상되지만 결과적으로 얻게 될 이득이 더 크다면 감수해야 할 위험이 되므로 예상되는 사고의 빈도와 가혹도를 정량적으로 평가하여 관리할 필요성을 갖게 된다.

2) 위험도 평가

- 발생 가능한 위해를 발생 가능한 확률과 발생한 경우의 피해크기로 구분하여 표현한다.

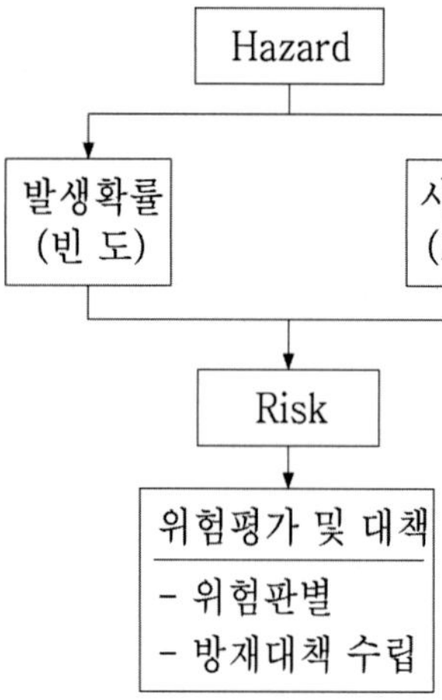

- 특정한 단위기간 내에 발생할 확률이 지극히 낮더라도 기간 동안의 인적, 물적피해 크기를 도출할 수 있다.
- 축적되고 재생산된 Big-data를 기반으로 전문적인 분석방식을 통해 계산되므로 사고에 대응하기 위한 소요비용의 타당성을 확인할 수 있다.

3) 위험도의 표현

- 위험도의 평가결과를 표현하는 방법은 위험도매트릭스, FN-Curve 등이 있다.

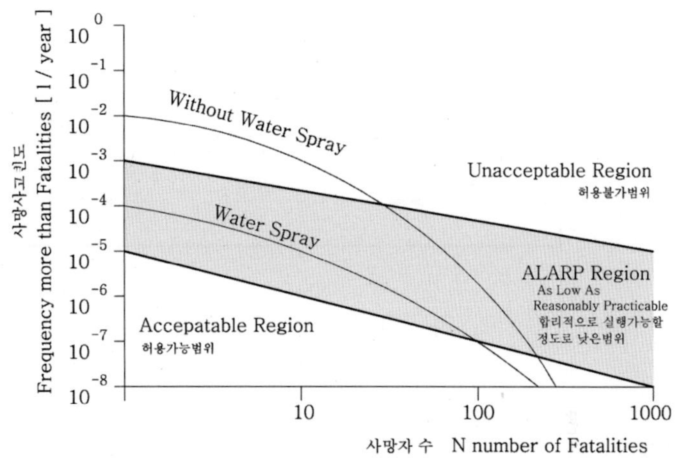

〈 터널에 수계소화설비를 적용한 경우의 위험도 감소를 표현한 FN-Curve 〉

출처 : 도로터널 방재시설 설치 및 관리지침 해설

- 위험도를 표현하면 합리적으로 허용할 수 있는 정도의 범위에 속하는지 판단하고 그렇지 못할 경우 대책을 강화하여 사고의 예상확률 및 예상피해를 줄여야 한다.
- 화재가 예상되는 건축물 또는 산업시설의 경우 예상되는 피해크기를 감소시키기 위해 전공간에 걸쳐 소방시설 등이 설치된다.
- 소방시설 등은 건설초기의 적절한 설계, 시공 및 시운전을 통해 신뢰도가 검증되나 이후 건물의 사용에 따라 노후하여 잔여수명이 감소하게 되므로 지속적인 작동기능점검과 종합정밀점검을 통하여 그 신뢰도를 확보하여야 한다.

❸ 소방시설의 고장률과 내용연수

가. 신뢰도 유지

- 소방시설은 소화기, 감지기, 스프링클러헤드 등의 여러 Device가 각각의 기능을 수행하고 이들이 서로 연결되어 소화, 경보, 피난, 방화를 위해 대응하는 System이다.
- 각 Device들은 제조 및 설치 이후 장시간이 경과하여도 그 기능을 지속적으로 유지하여야 소방시설이 신뢰도를 유지할 수 있게 된다.

나. 소방시설의 고장률 변화

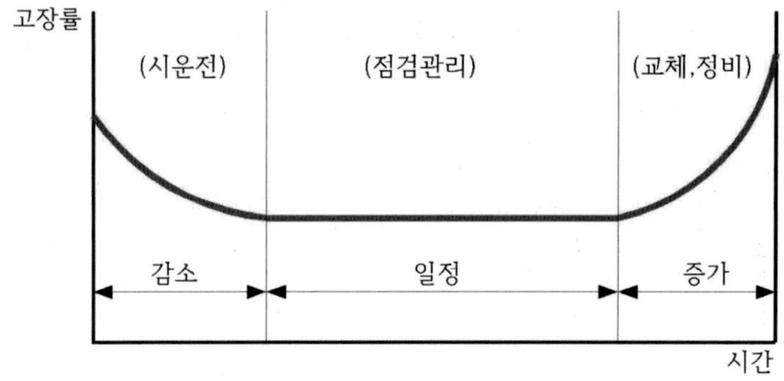

〈 기계·기구 및 System의 고장률 욕조곡선 〉

1) 감소단계

초기에 설계 및 제조상의 결함으로 발생하는 고장으로 시운전 및 발견된 오류를 설계 및 제조공정으로 피드백(feed－back)하여 고장을 줄일 수 있다.

2) 일정단계

- 초기 결함이 제거되어 제품이 안정화되어 우발적 고장만이 발생하는 단계이다.
- 제품의 성능을 주기적으로 확인하여 소량의 우발적 고장 제품만을 선별하여야 한다.

3) 증가단계

- 소방시설의 사용기간이 길어지면 제품의 마모, 열화 등으로 노후하여 고장률이 높아지게 된다.
- 고장률이 일정하다 증가를 시작하게 되는 시기의 한계를 내용연한이라 한다.

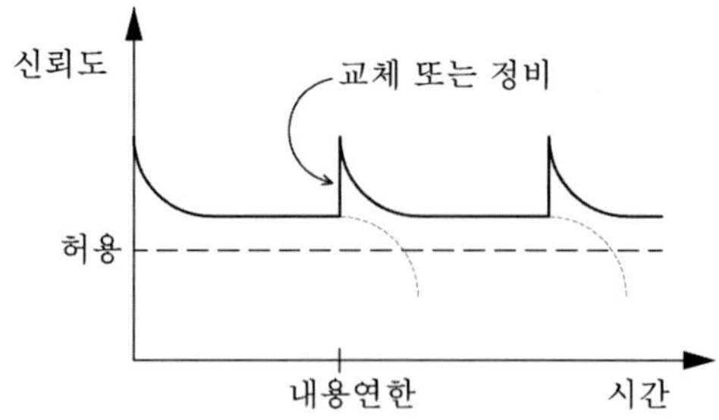

- 소방시설의 각 Device 및 System은 외부조건 및 상황에 따라 그 수명이 달라 각 기계, 기구마다의 작동점검을 통해 기능 유지를 확인함으로써 제품의 수명이 다하는 내용연한에 다다르기 전에 교체 또는 정비를 할 수 있도록 하여야 한다.

4 내용연한

가. 내용연수 적용범위의 확대

- 욕조형태의 고장률 곡선에서 알 수 있듯이 내용연한이 지난 소방시설은 고장을 일으킬 확률이 급격히 높아진다.

〈 안전점검에서 지적된 노후한 소화기 〉

출처 : 학교안전원스톱점검 가이드라인

- 법규정이 미비하여 기존에는 위 사례에서처럼 소방시설 등을 방치하여도 이를 개선하여야 한다는 인식이 부족하였다.
- 이러한 이유로 국내 소방시설법에서는 2016년 1월에 내용연수에 관한 사항을 규정하였다.
- 하지만 아직 그 대상이 소화기에만 머물고 있어 기타 기계·기구에까지 적용 범위를 확대해 나가야 한다.

나. 관련법규

소방시설법	제9조의5(소방용품의 내용연수 등) 특정소방대상물의 관계인은 내용연수가 경과한 소방용품을 교체하여야 한다. 이 경우 내용연수를 설정하여야 하는 소방용품의 종류 및 그 내용연수 연한에 필요한 사항은 대통령령으로 정한다.

소방시설법 시행령 (대통령령)	제15조의4(내용연수 설정 대상 소방용품) 내용연수를 설정하여야 하는 소방용품은 분말형태의 소화약제를 사용하는 소화기로 한다. 위 소화기의 내용연수는 10년으로 한다.

- 여러 소방시설 중에서 그 비용에 비해 효용성이 가장 높은 것은 소화설비 중에서도 소화기일 것이다
- 소화기가 화재 초기에만 제대로 된 기능을 발휘한다면 신속한 진압을 통해 그 피해는 제로(0)에 가깝게 되기 때문이다.

5 소방시설 등의 성능관리 필요성

가. 화재공학의 특성

1) 개념

- 화재공학은 화재의 위험을 공학적으로 분석하여 단위가 따르는 실제 값으로 상황을 표현하고, 그에 따라 대책을 제시하는 것을 목표로 하는 공학이다.
- 화재공학과 같은 안전공학 이외의 공학을 일반공학이라 할 때 화재공학과 일반공학은 취급하는 범주가 달라 이를 정확히 분별하지 못하면 자칫 예상치 못한 사고발생의 시나리오가 진행될 수 있게 된다.

2) 화재공학과 일반공학의 비교

- 일반공학은 건축, 구조, 토목, 기계, 전기, 통신 등 각 분야마다 각자와 관련한 안전공학을 포함한 것이고 화재공학은 화재 자체에 대한 해석을 토대로 화재에 대한 대책을 위해 여러 공학들의 일부들을 활용하여 하나의 공학분야를 형성한 것이다.

구 분	화재공학	일반공학
상 황	화재 상황	정상 상황
효 과	(−) 효과	(+) 효과
빈 도	저빈도	고빈도
대 상	위험성, 안전성	효율, 성능
제 어	불가능	가능
목 적	반대적	합리적

• 화재에 대비하는 소방시설은 화재상황에만 작동이 요구되므로 정상상황에서 작동기능 및 정밀점검을 하지 않고 방치한다면 실제 화재에 이르러서는 그 성능을 보장할 수 없게 된다.

나. 하인리히의 1 : 29 : 300의 법칙

• 미국 트레블러스 보험사의 손실통제 부서에 근무하던 하인리히는 75,000건에 달하는 각종 사고의 사례 분석을 통해 1931년 <산업재해예방 : 과학적접근>에서 산업재해로 인한 중상자 1명이 나오면 그 전에 같은 원인으로 29명의 경상자가 있으며 같은 이유로 부상에 이를 뻔한 300명의 잠재 부상자가 있었다면서 큰 재해에는 1:29:300의 비율이 성립한다는 법칙을 발표했다.

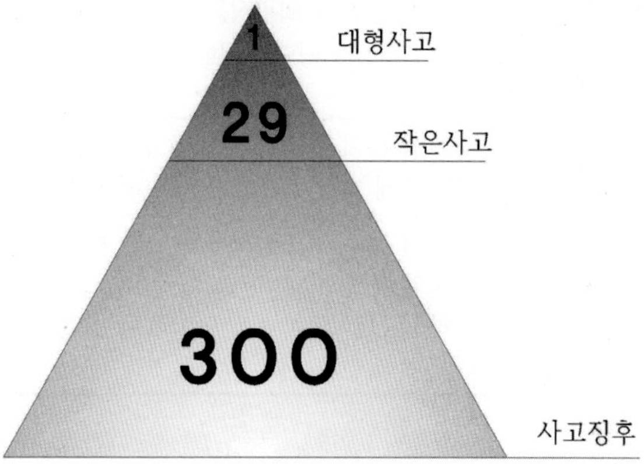

〈 하인리히의 1:29:300 법칙 〉

• 우리는 일상생활에서 수많은 작은 사고들을 경험하고 있다. 하인리히의 법칙을 이해하면 이러한 작은 사고가 이후 이와 연관된 큰 사고의 원인일 수 있다는 사실을 간과해서는 안 된다.
• 큰 재해는 항상 사소한 사고의 징후를 방치할 때 발생하는 것이다
• 역설적으로 우리가 소방시설 등의 점검을 통해 기능상실 및 성능감소를 300건만 사전에 발견해 낸다면 이후 발생할 대형화재 1건을 실제로 방지한 것과 같은 것이라 할 수 있다.

다. 소방시설 등의 점검 목적

- 화재공학적 이해가 없고 정상 상황에 익숙한 관계인 등 일반인은 소방시설 등에 대한 성능유지활동에 소극적인 경우가 많다.
- 소방시설 등에 대한 점검의 목적은 작동기능 및 종합정밀점검을 통해 시설물의 물리적·기능적 결함과 위험요인을 발견하고, 이에 대한 정비 및 교체방안 등을 제시하여 궁극적으로 특정소방대상물의 화재위험도를 경감하는 것이다.

라. 관계인의 ☞자체점검 계획

용어의 이해 **자체점검**

자체점검은 작동기능점검, 종합정밀점검, 외관점검 및 다중이용업소의 안전점검이 있다. 각 점검의 세부정의와 관련조항 및 계획수립에 필요한 검토요소는 다음 장에서 학습하도록 한다.

소방안전관리자	• 소방시설 등의 종류별로 안전 및 유지관리 계획을 수립한다. • 관련법규에 적합하며 효율적이고 세부적인 점검일정을 계획한다.
관리주체	• 소방시설 등의 자체점검에 필요한 예산을 매년 확보한다. • 자체점검의 결과 개선사항을 통보받은 경우 보수, 보강 및 교체비용을 검토하되 가급적 기능을 유지하는 방안을 우선적으로 강구한다. • 기타 성능개선을 위한 방안을 도출하고 그에 따른 예산을 편성한다.

SECTION 2 화재의 이해

1 연소

가. 정의

- 연소란 빛과 열을 수반하는 급격한 산화발열반응이다.
- 즉, 가연물이 외부에서의 인화 또는 내부에서의 축열 등과 같은 점화원에 의하여 발화가 시작된 이후 산소와 결합하여 산화반응을 일으키고, 그에 따라 활성화에 필요한 에너지 이상의 열에너지를 미연소 가연물로 전달하게 되어 빛과 열을 내며 연쇄적으로 반응하는 현상이다.

나. 연소의 3(4)요소

가연물	연소의 3요소	연소가 가능한 물질로서 산소와 반응 시 발열을 수반한다.
산소		• 고체, 액체로부터 분해, 증발된 가연성 가스와 반응한다. • 공기 중에 21% 포함되어 있으며 가연물이 산소를 포함하는 경우에는 공기의 공급 없이도 연소가 가능하게 된다.
점화원		연소가 이뤄지기 위해서는 가연물과 산소가 공존하는 가운데 활성화에 필요한 에너지 이상의 열에너지가 공급되어야 한다.
+연쇄반응 =연소의 4요소		가연물의 지속적 연소반응을 위해서는 열에너지의 공급이 계속되어야 한다. 미연소 가연물로의 입열이 연속되어 연소가 이어지는 현상을 연쇄반응이라 한다.

다. 연소요소와 소화

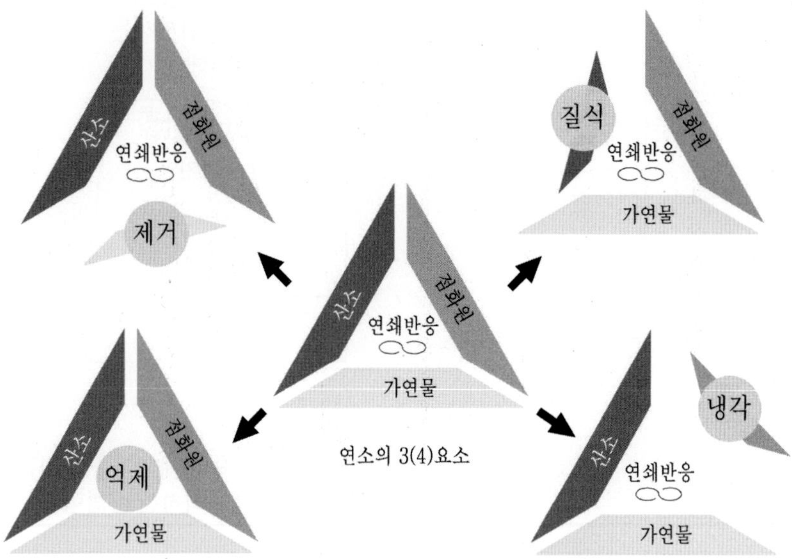

〈 연소의 3(4)요소에 따른 소화대책 〉

구 분	요 소	설 명
제거소화	가연물	• 연소가 이뤄지는 상황에서 가연물을 직접 제거하거나 기화한 미연소 가연성가스를 배출시켜 농도를 희석시키는 방법이다. • 산불의 대형화를 방지하기 위해 조성하는 방화수림대도 예방적 측면의 제거소화 대책이라 할 수 있다.
질식소화	산소	• 산소는 공기 중에 21%의 체적농도로 존재 • 산소농도가 15% 이하로 떨어지면 불꽃연소는 연쇄반응이 억제된다. • 구획하여 밀폐하거나 불활성가스로 산소농도를 희석하여 소화한다.
냉각소화	점화원	• 고체, 액체인 미연소 가연물은 기화열 이상의 열전달을 통해 가연성가스로 기화하고 연소로 반응이 시작된다. • 미연소가연물 표면에 물 등의 소화약제를 살수하면 열전달이 차단되어 가연성가스의 생성이 억제되고 자연스럽게 소화가 이루어진다.
억제소화	연쇄반응	• 순간발화 후 연소가 지속되기 위해서는 미연소부분의 활성화가 계속되도록 연쇄반응이 필요하다. 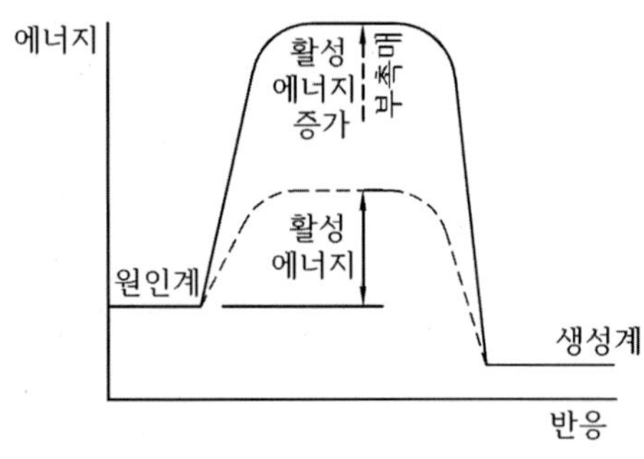 • 미연소물질의 활성화에 필요한 에너지를 높이는 부촉매물질을 통해 연쇄반응을 억제하여 소화하는 방법이다.

2 화재

가. 정의

- 화재란 불을 이용하려는 인간의 의도에서 벗어나 피해를 일으키는 비정상적인 사고에 의한 연소상황이다.
- 방화(arson)의 경우는 인간이 의도했으나 이는 사회에서 원치 않은 피해를 일으키는

비정상적인 범죄이므로 화재라 할 수 있다.

- 이러한 화재는 그 피해를 최소화하기 위해서 사전에 예방하고 소화하는 대책을 필요로 한다.

나. 종류

1) 종류별 정의

종 류	명 칭	정 의
A급 화재	일반화재	나무, 섬유, 종이, 고무, 플라스틱류와 같은 일반 가연물의 연소 후 재가 남는 화재
B급 화재	유류화재	인화성액체, 가연성액체, 석유 등과 같은 유류의 연소 후 재가 남지 않는 화재
C급 화재	전기화재	전류가 흐르고 있는 전기기기, 배선 등과 관련된 화재
K급 화재	주방화재	주방에서 동식물유를 취급하는 조리과정에서 일어나는 화재

출처 : 소화기구의 화재안전기준

2) 소화약제별 적응성

소화약제 구분 / 적응대상	가스			분말		액체				기타			
	이산화탄소소화약제	할로겐화물소화약제	할로겐화합물 및 불활성기체 소화설비	인산염류소화약제	중탄산염류소화약제	산알칼리소화약제	강화액소화약제	포소화약제	물·침윤소화약제	고체에어로졸화합물	마른모래	팽창질석·팽창진주암	그 밖의 것
일반화재 (A급 화재)		○	○	○		○	○	○	○	○	○	○	
유류화재 (B급 화재)	○	○	○	○	○	○	○	○	○	○	○	○	
전기화재 (C급 화재)	○	○	○	○	○	*	*	*	*	○			
주방화재 (K급화재)					*		*	*	*				*

출처 : 소화기구의 화재안전기준 별표1

3) 미방화협회(NFPA) 화재분류

Pictogram			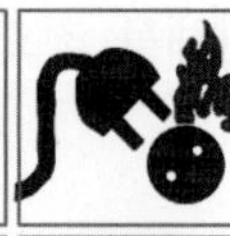		
Geometric Symbol	A	B	C	D	K
Keyword	(Ash)	(Barrel)	(Current)	(Dynamite)	(Kitchen)
Use	• 목재,종이 • 섬유	• 휘발유 • 페인트 • 그리스	• 전선 • 전기판넬	• 금속	• 식용유 • 동식물유
Water	○				
Foam	○	○			
CO_2		○	○		
Dry Chemical	○	○	○		
Wet Chemical	△				○
Clean Agent	△	○	○		
Dry Powder				○	
Water Mist	○		○		

출처 : NFPA10 : Standard for Portable Fire Extinguishers

- 화재를 종류별로 분류하여야 하는 근본적인 이유는 소화대책이 달라지기 때문이다.
- 최근 국내 도입된 K급(주방)화재의 경우에는 기존의 소화약제로는 소화할 수 없어 소방선진국에서는 오래전부터 별도로 구분하여 왔다.
- 미방화협회(NFPA)의 표에서 알 수 있듯이 앞으로는 전용의 소화약제로만 소화가 가능한 D급(화재)화재의 제도화도 필요할 것이다.

3 건축물과 산업시설에서의 화재

가. 건축물 화재

1) 출화

- 주택, 상가 및 사무실에서 전기적·기계적·관리적인 다양한 원인의 점화원에 의하여 연소반응이 시작되고 화재로 진행된다.

- 발화 구역에서부터 확대되면서 점차 넓은 범위가 위험에 노출되고, 이후 소방대의 진압조건 및 기상조건 등에 영향을 받아 피해의 규모가 결정된다.

2) 화재성상

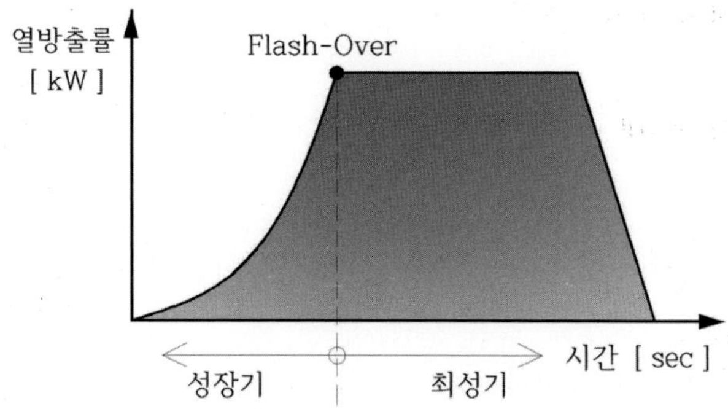

〈 구획실 화재의 열방출률 〉

- 발화 초기에는 낮았던 열방출률이 시간의 제곱에 비례하며 급격히 상승한다.
- 구획된 공간 내에서 높은 강도로 화재가 지속되면 실내 전체로 화재가 확산되는 Flash－Over를 일으킨다.
- 이후 구획실 화재는 최대의 열방출률을 나타내는 최성기에 진입하고 산소의 공급정도에 따라 화재가혹도가 결정되는 환기지배형 화재성상을 나타낸다.
- 발화 직후인 성장기 전반에는 소화기, 옥내소화전과 같은 수동식소화설비로 충분히 소화가 가능하나, 이후 관계인의 접근이 곤란할 정도로 화재가 성장한다면 스프링클러와 같은 자동식소화설비로 대응하게 된다.
- 구획실의 화재가 최성기에 진입한다면, 화재는 구획의 내화성능을 초과하여 인접공간으로 확산할 우려가 높아진다. 이때에는 소방차, 연결송수 등의 소화활동설비를 통해 강력한 소화활동 및 구조활동이 이뤄져야 한다.

3) 화재피해

- 작은 규모의 화재는 즉시 피난이 가능하고 생활 및 사무용품의 일부 피해만을 발생시키므로 피해가 작다.
- 하지만 확산하며 성장하는 화재의 특성상 초기에 진압하지 못하여 큰 규모로 성장할 경우 대형피해의 위험을 내재하고 있다.

4) 소방대책

- 화재의 예방에 대한 인식고취가 필요하며 화재초기에는 관계인, 성장기 이후에는 소방대의 적극적인 소화활동을 통해 진압하여야 한다.
- 대부분 A급 화재로서 주수소화로 가능하며 화재의 특성을 고려한 감지 및 소화설비를 선행하여 구축하여야 한다.

나. 산업시설 화재

1) 출화

- 공정상 재료의 누설, 방류 및 체류상황에서 시설 및 장비의 점화에 의해 출화하는 경우가 많다.
- 가연물 및 산소를 포함하는 물적조건이 항상 형성되어 있는 경우가 대부분으로서 정전기는 접지 또는 제전을 통해 등전위시키고 전기시설은 방폭설비를 적용하여 에너지조건을 관리하여야 한다.
- 물적조건의 불활성화를 통하여 억제하기도 한다.

2) 화재피해

- 일단 화재가 발생하면 범주 내의 공정설비 및 재료에 큰 재산상 피해를 일으키는 경우가 많다.
- 또한 화재로 인한 생산설비의 중단으로 인한 사회적 간접손실도 발생시킨다.

3) 소방대책

- 인화성, 가연성 물질이 다량 존재하며 전기, 기계, 화학적 점화가 가능한 조건이 주변에 상존한다.
- 불활성화, 차단을 통해 물적조건을 억제하고 방폭, 등전위화를 통해 에너지조건을 제어하며 공정위험성평가를 통해 위험도를 도출하고 관리하여야 한다.
- 물질의 자체 및 저장특성에 따른 소방시설을 구축하고 진압계획을 수립하여야 한다.

4) 산업시설(위험물제조소 등)의 소화설비 적용

- 소화가 곤란한 정도로서 소화난이도 등급을 구분한다.

위험물제조소 등의 소화난이도등급 분류 ⇒ 소화난이도등급별 설치 가능 소화설비종류 확인 ⇒ 소화설비 중 저장·취급 위험물 소화적응성 확인

- 고려할 사항
  - 저장·취급하는 위험물질의 종류 및 양
  - 저장·취급시설의 종류 및 규모
  - 소화설비의 적응성

4 화재대응을 위한 소방시설

가. 소방시설

화재를 탐지(감지)해서 통보함으로서 사람들을 보호하거나 대피시키고, 화재 초기단계에서 즉시 소화활동을 할 수 있도록 하며, 자동설비 또는 수동조작에 의해 화재진압을 할 수 있도록 하는 기계·기구 및 시스템을 말한다. [소방시설법 제2조]

나. 소방시설등

〈소방시설과 소방시설등의 종류〉

용 어	구 분	종 류	비 고
소방시설 등	소방시설	소화설비 경보설비 피난구조설비 소화용수설비 소화활동설비	소방시설법
	비상구		
	그 밖에 소방관련 시설로서 대통령령으로 정하는 것	방화문 방화셔터	소방시설법 시행령

- 위에서처럼 '소방시설'과 '소방시설등'은 다른 범주를 갖는다.
- 소방시설은 화재를 감지하여 경보하고 직접 소화하는 Active적 설비이며, 소방시설등은 소방시설을 포함하고 아울러 피난 및 구획을 위한 Passive적 설비를 함께 이른다.
- 실무에서는 정확한 용어의 이해를 전제하여야 유지관리 업무 시의 착오를 방지할 수 있다.

SECTION 3 소방시설의 종류

1 소방시설등의 구성

가. 구성

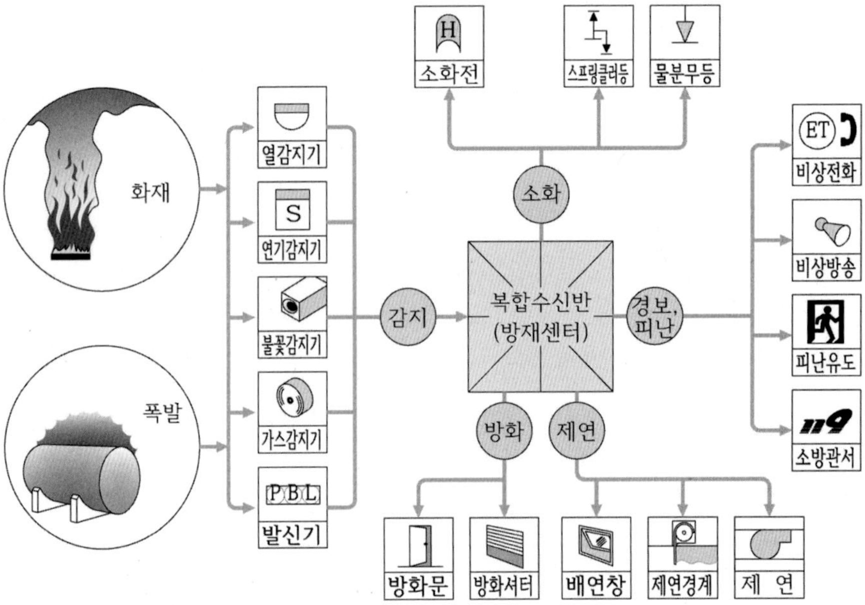

〈 소방시설등의 구성 〉

출처 : 소방시설의 설계 및 시공/강경원,백승주(동화기술)

- 소방시설등은 소방시설 및 비상구, 비상문, 방화셔터를 포함한다.
- 복합수신반은 화재신호를 수신하여 경보할 뿐 아니라 소방시설등을 연동하고 감시하는 기능을 갖는다.

2 소방시설의 종류

소방시설은 소화설비, 경보설비, 피난구조설비, 소화용수설비 및 소화활동설비가 있다.

가. 소화설비

1) 개념

- 물 또는 그 밖의 소화약제를 사용하여 소화하는 기계·기구 또는 설비[소방시설법 시행령]
- 화재 초기 자동으로 또는 관계인이 조작하여 화재를 제어, 진압하는 적극적인 형태의 소방시설이다.
- 소화기, 옥내소화전과 같은 수동식 소화설비와 스프링클러, 가스계소화설비와 같은 자동식 소화설비가 있다.

2) 종류

소화기구	• 소화기 • 자동확산소화기 • 간이소화용구 (에어로졸식 소화용구, 투척용 소화용구, 소공간용 소화용구 및 소화약제 외의 것을 이용한 간이소화용구)
자동소화장치	• 주거용 주방 자동소화장치 • 상업용 주방 자동소화장치 • 고체에어로졸 자동소화장치 • 분말 자동소화장치 • 가스 자동소화장치 • 캐비닛형 자동소화장치
옥내소화전설비	
옥외소화전설비	
스프링클러설비등	• SP • 간이SP(캐비닛형포함) • 화재조기진압용SP
물분무등	• 포소화설비 • 강화액소화설비 • 물분무소화설비 • 미분무소화설비 • 고체에어로졸소화설비 • 분말소화설비 • 할론소화설비 • 이산화탄소소화설비 • 할로겐화합물 및 불활성기체소화설비

나. 경보설비

1) 개념

• 화재발생 사실을 통보하는 기계·기구 또는 설비[소방시설법 시행령]

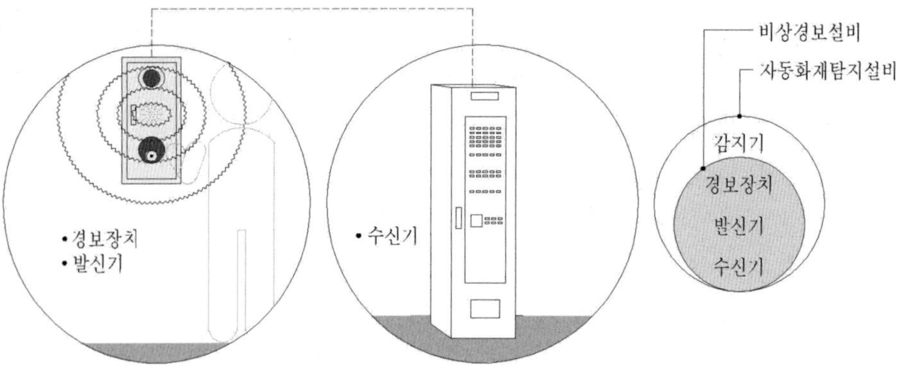

〈 비상경보설비의 구성 〉

출처 : 소방시설의 설계 및 시공/강경원,백승주(동화기술)

• 화재가 발생하였거나 화재로의 진행이 가능한 누전 또는 가스누설의 상황에서 이를 수동 또는 자동으로 감지하여 알리는 설비이다.
• 누전경보기, 가스누설경보기와 같이 점화원 및 물적조건의 형성을 자동으로 경보하거나 비상경보설비, 자동화재탐지설비와 같이 화재의 발생을 수동 또는 자동으로 경보하는 설비가 있다.

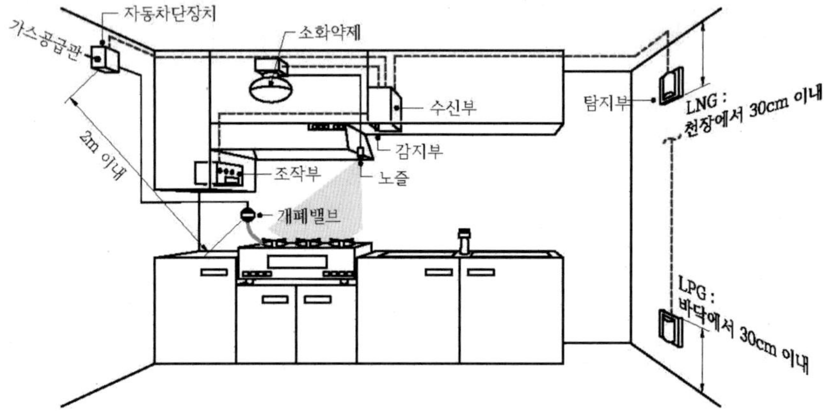

〈 주거용주방자동소화장치와 가스누설경보 및 차단설비 〉

출처 : 소방시설의 설계 및 시공/강경원,백승주(동화기술)

2) 종류

누전경보기	회로의 누전이 검출되면 경보
비상경보설비	비상벨설비 자동식사이렌설비
단독경보형감지기	감지 및 경보기능을 자체적으로 갖춘 감지기
자동화재속보설비	화재상황을 자동으로 소방관서에 통보
자동화재탐지설비	경계구역 내 화재를 자동으로 탐지
시각경보기	청각장애인을 위한 화재경보설비
통합감시시설	소방관서와 지하구의 통제실 간에 정보통신망을 구축
비상방송설비	화재상황을 수동 또는 자동으로 스피커를 통해 전달
가스누설경보기	가스누설이 검출되면 경보

다. 피난구조설비

1) 개념

화재가 발생할 경우 피난하기 위하여 사용하는 기구 또는 설비(소방시설법 시행령)

2) 종류

피난기구	• 피난사다리 • 구조대 • 완강기 + 그 밖의 것	
인명구조기구	• 공기호흡기 • 인공소생기 • 방열복, 방화복	
유도등	• 피난유도선 • 피난구유도등 • 객석유도등	• 통로유도등 • 유도표지
비상조명등 및 휴대용비상조명등		

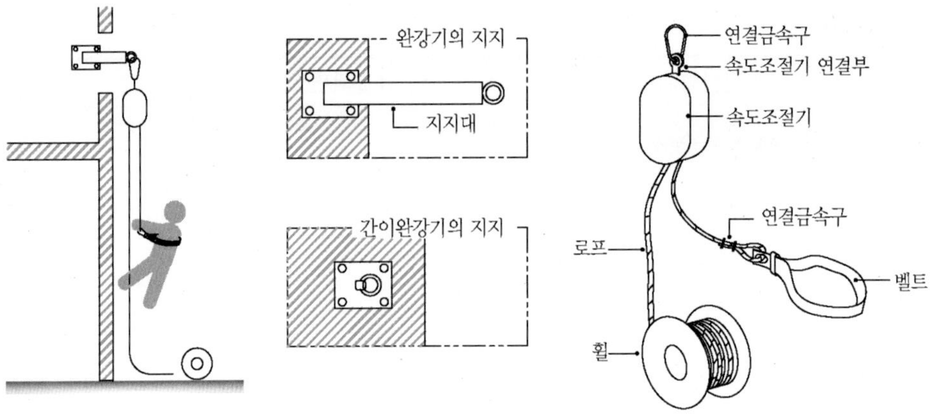

〈 간이완강기 및 완강기의 상세도 〉

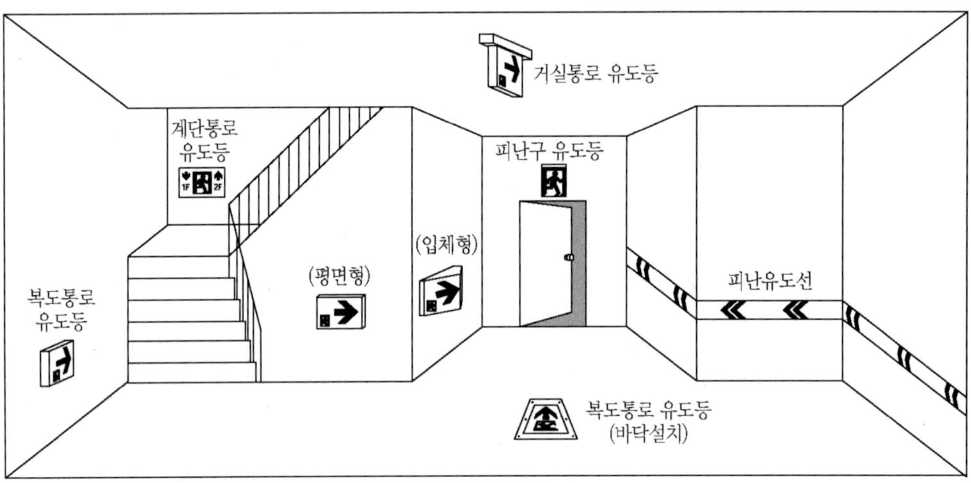

〈 유도등 종류의 이해 〉

라. 소화활동설비

1) 개념

화재를 진압하거나 인명구조활동을 위하여 사용하는 설비[소방시설법 시행령]

• 제연설비 • 연결송수관설비 • 연결살수설비	• 비상콘센트설비 • 무선통신보조설비 • 연소방지설비

마. 소화용수설비

1) 개념

화재를 진압하는 데 필요한 물을 공급하거나 저장하는 설비[소방시설법 시행령]

2) 종류

• 상수도소화용수설비

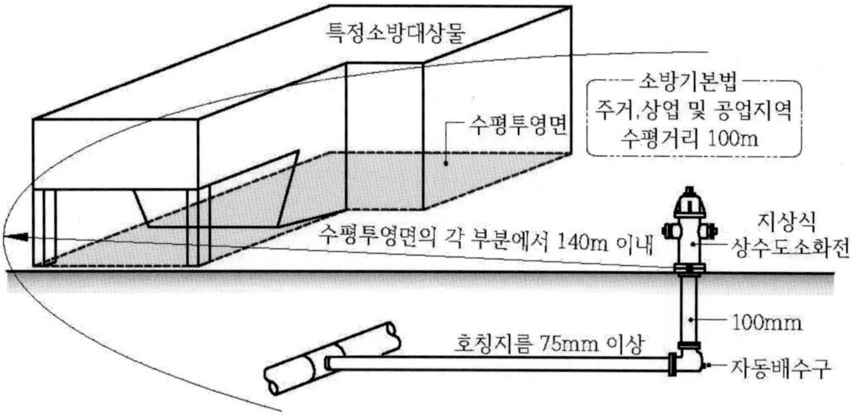

출처 : 소방시설의 설계 및 시공/강경원,백승주(동화기술)

• 소화수조 · 저수조, 그 밖의 소화용수설비

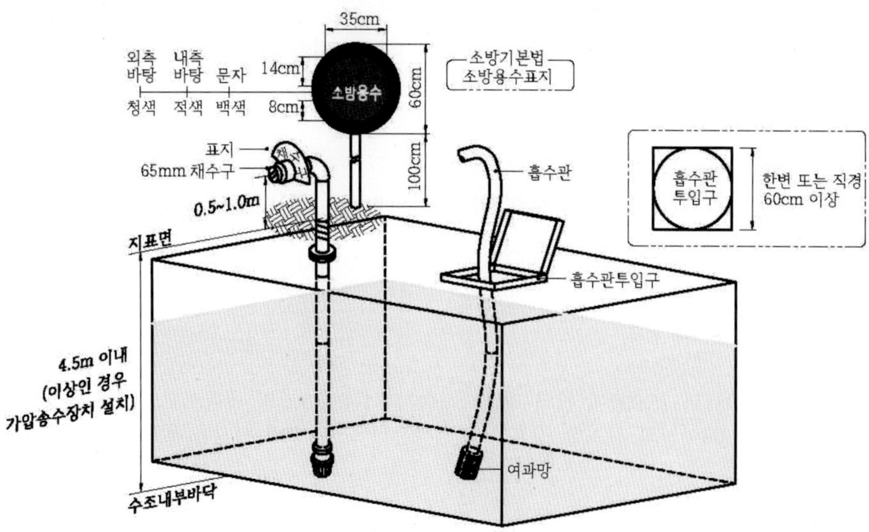

출처 : 소방시설의 설계 및 시공/강경원,백승주(동화기술)

CHAPTER 01

연습문제

■ 소방검사의 필요

01 주방에서 동식물유를 취급하는 조리기구에서 일어나는 화재의 종류와 명칭으로 옳은 것은?

① A급 화재 – 일반화재 ② B급 화재 – 주방화재

③ C급 화재 – 일반화재 ④ K급 화재 – 주방화재

해설 주방에서 다량으로 사용되는 동식물유의 화재에 대응하기 위해 최근 국내에서도 K급 화재가 도입되었다.

02 다음 중 경보설비에 대한 정의로 옳은 것은?

① 화재발생 사실을 통보하는 설비

② 화재발생 시 기계·기구를 작동하여 초기소화하는 설비

③ 화재를 자동으로 감지하여 경보하고 펌프 등 소화장비를 연동하여 기동하는 설비

④ 경보를 통해 신속히 피난하는 경우에 사용되는 기구 또는 설비

해설 소방시설법 시행령에서는 '화재발생 사실을 통보하는 기계·기구 또는 설비'로 정의하고 있다.

03 산업재해로 인한 사고사례를 분석한 결과로서 "대형사고가 발생하기 이전에는 이와 연관된 수많은 사고징후가 있다."는 법칙은 무엇인가?

① 하인리히 법칙 ② 베르누이 정리

③ 작용·반작용의 법칙 ④ 버드의 도미노이론

해설 하인리히는 1931년 75,000여 건의 재해사례를 분석하여 1건의 대형사고가 있기 이전에는 29건의 작은 사고와 300여건의 사소한 징후가 있었다는 1 : 29 : 300 법칙을 발표하였다.

정답 01. ④ 02. ① 03. ①

CHAPTER 01

학습정리

■ 소방검사의 필요

1. 연소의 요소

- 가연물
- 산소
- 점화원
- 연쇄반응

2. 소방시설

- 소화
- 경보
- 피난
- 소화용수
- 소화활동설비

3. 소방시설등

- 소방시설
- 비상구
- 방화문
- 방화셔터

4. 화재

- 기술적 재난
- 목표 : 정량적 위험성평가를 통한 분석

5. 소방시설은 정상상태에서도 주기적으로 점검하여야 함

6. 300건의 징후를 발견한다면 1건의 대형사고를 방지한 것임

참고문헌

- 소방기본법
- 화재예방, 소방시설의 설치 · 유지 및 안전관리에 관한 법률
- 소방시설의 설계 및 시공(동화기술/강경원, 백승주)
- 기본안전공학(화수목/정국삼, 송영호)
- 안전관리론(예문사/한국방재학회)
- 재난관리론(동화기술/정병도)

CHAPTER

02

자체점검 계획수립

학습 목표	1. 관련법령을 근거로 작동기능점검일을 예측하고 준비할 수 있다. 2. 관계법령을 근거로 종합정밀점검일을 예측하고 준비할 수 있다.
학습 목차	1. 자체점검의 종류 및 실시 2. 자체점검의 대상 3. 자체점검 소요비용의 분석

복습 점검

01 소방시설은 최초 준공 시의 시운전으로 그 성능을 계속 유지할 수 있다.

해설 소방시설은 최초 준공뿐만 아니라 건물의 운용 중에도 점검, 시운전을 주기적으로 실시하여 전체 성능의 신뢰도를 확보해야 한다.

02 점검주기마다 소방시설을 작동하여 그 양부를 확인한다면 소방시설은 화재 등 비상시에 완벽한 기능을 발휘할 수 있다.

해설 소방용 기구 및 System은 그 마다의 수명 종료에 따라 고장률이 급격하게 높아지므로 건물의 수명 종료 시까지 주기적으로 점검, 시운전하여 소방시설의 작동 성능을 확인하고 아울러 수명이 다한 기계, 기구는 주기를 정하여 정비 또는 교체하여야 한다.

03 「화재예방, 소방시설의 설치·유지 및 안전관리에 관한 법률」에서는 소방시설이 설치된 특정소방대상물의 점검에 대하여 규정하고 있다.

해설 「화재예방, 소방시설의 설치·유지 및 안전관리에 관한 법률」에서는 소방시설이 설치된 특정소방대상물의 점검에 대하여 규정하고 있다.

정답 01. X 02. X 03. O

CHAPTER 02 자체점검 계획수립

SECTION 1 자체점검의 종류 및 실시

1 자체점검의 종류

자체점검은 점검의 방식과 범위에 따라 작동기능점검, 종합정밀점검으로 나뉘며 공공기관의 외관점검 및 다중이용업소의 안전점검도 자체점검 제도에 실질적으로 포함된다.

작동기능점검	소방시설 등을 인위적으로 조작하여 정상적으로 작동하는지를 점검하는 것
종합정밀점검	소방시설 등의 작동기능점검을 포함하여 소방시설 등의 설비별 주요구성 부품의 구조 기준이 「화재예방, 소방시설 설치·유지 및 안전관리에 관한 법률」 제9조제1항에 따라 고시하는 「국가화재안전기준」 및 「건축법」 등 관련 법령에서 정하는 기준에 적합한지 여부를 점검하는 것
외관점검	소방시설 등의 유지·관리 상태를 육안 또는 신체 감각을 이용하여 점검하는 것
안전점검	「다중이용업소의 안전관리에 관한 특별법 시행령」 제9조의 다중이용업소의 영업장에 설치된 안전시설 등의 작동 및 유지·관리 상태를 점검하는 것

2 자체점검의 실시

가. 작동기능점검의 실시

1) 작동기능점검의 대상

(1) ☞소방시설법 시행령에서 이르는 특정소방대상물을 대상으로 한다. 다만, 다음의 어느 하나에 해당하는 특정소방대상물은 제외한다.

- 위험물 제조소 등
- 소화기구만을 설치하는 특정소방대상물
- 특급소방안전관리대상물에 해당하는 특정소방대상물

용어의 이해 **소방시설법**

법률명이 긴 경우 실무에서 제 맘대로의 약칭 사용으로 혼란이 생기기도 한다. 법제처의 '법률 제명 약칭 기준'을 따르자. '소방기본법', '소방시설공사업법'처럼 짧은 이름은 그대로 사용한다.

법 률 명	약 칭
화재예방, 소방시설 설치 · 유지 및 안전관리에 관한 법률	소방시설법
위험물안전관리법	위험물관리법
초고층 및 지하연계 복합건축물 재난관리에 관한 특별법	초고층재난관리법
다중이용업소의 안전관리에 관한 특별법	다중이용업소법

2) 작동기능점검자의 자격

- 해당 특정소방대상물의 관계인 · 소방안전관리자
- 소방시설관리업자(소방시설관리사를 포함하여 등록된 기술인력을 말한다)
- 소방시설관리업자 또는 소방안전관리자로 선임된 소방시설관리사 및 소방기술사가 점검하는 경우에는 ☞점검인력 배치기준을 따라야 한다.

용어의 이해 **점검인력 배치기준**

소방시설법 시행규칙의 별표2에서는 자체점검 시 점검인력의 배치기준을 정하고 있다. 배치기준에 대한 세부사항은 점검인력배치를 다루는 다음 장에서 학습하도록 한다.

3) 작동기능점검 장비

작동기능점검은 다음의 점검 장비를 이용하여 점검할 수 있다.

소방시설	장 비	규 격
공통시설	방수압력측정계, 절연저항계, 전류전압측정계	
소화기구	저울	
옥내소화전설비 옥외소화전설비	소화전밸브압력계	
스프링클러설비 포소화설비	헤드결합렌치	
이산화탄소소화설비 분말소화설비 할론소화설비 할로겐화합물 및 불활성기체소화설비	검량계, 기동관누설시험기, 그 밖에 소화약제의 저장량을 측정할 수 있는 점검기구	
자동화재탐지설비 시각경보기	열감지기시험기, 연(煙)감지기시험기, 공기주입시험기, 감지기시험기연결폴대, 음량계	
누전경보기	누전계	누전전류 측정용
무선통신보조설비	무선기	통화시험용
제연설비	풍속풍압계, 폐쇄력측정기, 차압계(압력차 측정기)	
통로유도등 비상조명등	조도계	최소눈금이 0.1럭스 이하인 것

비고 : 종합정밀점검의 경우에는 위 점검 장비를 사용하여야 하며, 작동기능점검의 경우에는 점검 장비를 사용하지 않을 수 있다.

출처 : 소방시설법 시행규칙 별표2의2

4) 작동기능점검의 점검시기

주 기	연 1회 이상 실시한다.
종합정밀점검대상	종합정밀점검을 받은 달부터 6개월이 되는 달에 실시한다.
작동기능점검대상	• 건축물의 ☞사용승인일이 속하는 달의 말일까지 실시한다. • 신규로 건축물의 사용승인을 받은 건축물은 그 다음 해부터 실시하되, 소방시설완공검사증명서를 받은 후 1년이 경과한 후에 사용승인을 받은 경우에는 사용승인을 받은 그 해부터 실시한다. 다만, 그 해의 작동기능점검은 사용승인일부터 3개월 이내에 실시할 수 있다.
그 밖의 점검대상	연중 실시

용어의 이해 **사용승인일**

건축물	건축물관리대장 또는 건물등기사항증명서에 기재되어 있는 날
시설물	시설물의 안전 및 유지관리에 관한 특별법에 따른 시설물통합정보관리체계에 저장·관리되고 있는 날
그 외	소방시설완공검사증명서에 기재된 날

출처 : 소방시설법 시행규칙 별표1

나. 종합정밀점검의 실시

1) 종합정밀점검의 대상

특정소방대상물	• 스프링클러설비가 설치된 특정소방대상물 • 물분무등소화설비가 설치된 연면적 5,000 m2 이상인 특정소방대상물 • 호스릴방식의 물분무등소화설비만을 설치한 경우, 위험물 제조소등 제외
다중이용업소	• 특정한 다중이용업의 영업장이 설치된 특정소방대상물로서 연면적이 2,000 m^2 이상인 것
터널	• 제연설비가 설치된 터널
공공기관	• 연면적이 1,000 m^2 이상인 것으로서 옥내소화전설비 또는 자동화재탐지설비가 설치된 것 • 소방대가 근무하는 공공기관은 제외

2) 종합정밀점검자의 자격

- 소방시설관리업자
- 소방안전관리자로 선임된 소방시설관리사 및 소방기술사
- 이 경우에는 ☞점검인력 배치기준을 따라야 한다.

3) 종합정밀점검 장비

종합정밀점검은 작동기능점검을 포함하므로 점검시의 장비는 작동기능점검의 장비와 동일하다.

4) 종합정밀점검의 점검시기

(1) 점검시기

주 기	연 1회 이상 실시한다.
특급소방안전 관리 대상물	반기에 1회 이상 즉, 연 2회 이상 실시한다.
면제	소방청장이 소방안전관리가 우수하다고 인정한 특정소방대상물에 대해서는 3년의 범위에서 소방청장이 고시하거나 정한 기간 동안 종합정밀점검을 면제할 수 있다. (면제기간 중 화재가 발생한 경우는 제외)
종합정밀점검 시기	• 건축물의 ☞사용승인일이 속하는 달의 말일까지 실시한다. • 학교의 경우에는 해당 건축물의 사용승인일이 1월에서 6월 사이에 있는 경우에는 6월 30일까지 실시할 수 있다. • 신규로 건축물의 사용승인을 받은 건축물은 그 다음 해부터 실시하되, 건축물의 사용승인일이 속하는 달의 말일까지 실시한다. 다만, 소방시설완공검사증명서를 받은 후 1년이 경과한 이후에 사용승인을 받은 경우에는 사용승인을 받은 그 해부터 실시하되, 그 해의 종합정밀점검은 사용승인일부터 3개월 이내에 실시할 수 있다. • 건축물 사용승인일 이후 특정 다중이용업소에 해당하게 된 때에는 그 다음 해부터 실시한다. • 하나의 대지경계선 안에 2개 이상의 점검 대상 건축물이 있는 경우에는 그 건축물 중 사용승인일이 가장 빠른 건축물의 사용승인일을 기준으로 점검할 수 있다.

(2) 소방안전관리대상물의 등급구분

소방 안전관리 대상등급	대 상	비 고
특 급	• 50층 이상(지하층 제외) or 지상으로부터 높이가 200 m 이상인 아파트 • 30층 이상(지하층 포함) or 지상으로부터 높이가 120 m 이상인 특정소방대상물(아파트 제외) • 연면적이 20만 m^2 이상인 특정소방대상물(아파트 제외) • 동·식물원, 철강 등 불연성 물품을 저장·취급하는 창고, 위험물 저장 및 처리 시설 중 위험물 제조소등, 지하구를 제외	
1 급	• 30층 이상(지하층 제외) or 지상으로부터 높이가 120 m 이상인 아파트 • 연면적 1만5천 m^2 이상인 특정소방대상물(아파트 제외) • 층수가 11층 이상인 특정소방대상물(아파트 제외) • 가연성 가스를 1천톤 이상 저장·취급하는 시설	
2 급	• 옥내소화전, 스프링클러, 간이스프링클러, 물분무등소화설비 [호스릴방식 제외]를 설치한 특정소방대상물 • 가스 제조설비를 갖추고 도시가스사업의 허가를 받아야 하는 시설 또는 가연성 가스를 100톤 이상 1천톤 미만 저장·취급하는 시설 • 지하구 • 공동주택 • 보물 또는 국보로 지정된 목조건축물	
3 급	• 자동화재탐지설비를 설치한 특정소방대상물	

출처 : 소방시설법 시행령

다. 외관점검의 실시

1) 외관점검의 대상

「공공기관의 소방안전관리에 관한 규정」 제2조에 따른 공공기관

2) 외관점검의 자격

- 기관장은 외관점검을 실시하고 그 점검결과를 2년간 자체 보관하여야 한다.
- 외관점검의 점검자
  - 관계인

- 소방안전관리자
- 소방시설관리업자(소방시설관리사를 포함하여 등록된 기술인력)

3) 외관점검의 점검시기

• 매월 1회 이상
• 자체점검을 실시한 월에는 제외 가능

라. 안전점검의 실시

1) 안전점검의 대상

다중이용업소

2) 안전점검의 자격

• 다중이용업주는 매 분기별 1회 이상 안전시설등을 점검하고 그 점검결과를 1년간 보관하여야 한다. 이 경우 다중이용업소에 설치된 안전시설등이 건축물의 다른 시설·장비와 연동하는 경우 관계인, 소방안전관리자는 이에 협조하여야 한다.
• 안전점검의 점검자
  - 해당 영업장의 다중이용업주
  - 다중이용업소가 위치한 특정소방대상물의 소방안전관리자
  - 소방안전관리자 또는 소방설비산업기사 이상의 자격을 가진 해당 업소의 종업원
  - 소방시설관리업자

3) 안전점검의 점검시기

• 매 분기별 1회 이상
• 자체점검을 실시한 분기에는 제외 가능

SECTION 2 자체점검의 대상

1 일반대상

가. 일반대상의 이해

소방대상물	건축물, 차량, (항구에 매어둔)선박, 선박건조구조물, 산림, 그 밖의 인공 구조물 또는 물건 * 소방기본법
☞특정 소방대상물	소방시설을 설치하여야 하는 소방대상물로서 소방시설법 시행령 별표2의 소방대상물이다. * 소방시설법

용어의 이해 특정소방대상물

소방대상물이란 소방기본법에서 "건축물, 차량, (항구에 매어둔)선박, 선박건조구조물, 산림, 그 밖의 인공 구조물 또는 물건"으로 정의하고 있다. 특정소방대상물은 소방시설법 시행령에서 설치하여야 하는 소방시설별로 구분하여 제시하고 있다.

나. 특정소방대상물의 의무

- 특정소방대상물의 ☞관계인은 그 대상물에 설치되어 있는 소방시설등에 대하여 정기적으로 자체점검을 하거나 관리업자 또는 총리령으로 정하는 기술자격자로 하여금 정기적으로 점검하게 하여야 한다.

용어의 이해 관계인

소방대상물의 소유자, 관리자, 점유자를 말한다.

- 특정소방대상물의 점검을 실시할 경우 점검장비를 사용하여 실제로 소방시설을 작동시켜 화재안전기준에서 정하고 있는 성능을 유지하고 있는지의 여부를 확인하여야 한다.
- 관계인 등이 점검을 한 경우에는 관계인이 그 점검 결과를 소방본부장이나 소방서장에게 보고하여야 한다.

* 이상 소방시설법 제25조

2 공공기관 및 특정한 다중이용업소

가. 공공기관의 이해

공공기관	• 국가 및 지방자치단체 • 국공립학교 • 「공공기관의 운영에 관한 법률」 제4조에 따른 공공기관 • 「지방공기업법」 제49조에 따라 설립된 지방공사 또는 같은 법 제76조에 따라 설립된 지방공단 • 「사립학교법」 제2조제1항에 따른 사립학교 * 공공기관의 소방안전관리에 관한 규정

나. 공공기관의 의무

소방시설법 (법률)	제24조(공공기관의 소방안전관리) ① 공공기관의 장은 화재 예방, 자위소방대의 조직 및 편성, 소방시설의 자체점검과 소방훈련 등의 소방안전관리를 하여야 한다. ② 공공기관에 대한 다음 각 호는 대통령령으로 정하는 바에 따른다. 1. 소방안전관리자의 자격, 책임 및 선임 등 2. 소방안전관리의 업무대행 3. 자위소방대의 구성, 운영 및 교육 4. 근무자 등에 대한 소방훈련 및 교육 5. 그 밖에 소방안전관리에 필요한 사항
공공기관의 소방안전관리에 관한 규정 (시행령)	제4조(기관장의 책임) ① 기관장은 다음 각호의 사항에 대한 감독책임을 진다. – 소방시설, 피난시설 및 방화시설의 설치 · 유지 및 관리에 관한 사항 – 소방계획의 수립 · 시행에 관한 사항 – 소방 관련 훈련 및 교육에 관한 사항 – 그 밖의 소방안전관리 업무에 관한 사항

다. 특정한 다중이용업소의 이해

<table>
<tr><td>다중이용업</td><td>
• 음식점 100 m² 이상 (지하 66 m², 피난층 주출입 제외)
• 단란, 유흥주점영업
• 영화상영관, 비디오물감상실업, 비디오물소극장업, 복합영상물제공업
• 목욕장업(사우나)
• 인터넷 게임시설 제공업(피난층 주출입 제외)
• 노래연습장업
• 산후조리업, 고시원업, 권총사격장(실내), 골프연습장업(실내)
• 안마시술소
• 학원
<table>
<tr><td>학원, 학원 2 이상</td><td>수용인원 300인 이상</td></tr>
<tr><td>학원 + 기숙사</td><td rowspan="2">수용인원 100인 이상</td></tr>
<tr><td>학원 + 다중이용업</td></tr>
</table>
• 화재위험평가 D, E이거나 인명피해 높은 불특정 다수 이용 영업
* 다중이용업소법 시행령
</td></tr>
<tr><td>☞특정한
다중이용업소</td><td>
• 단란주점업, 유흥주점업
• 영화상영관, 비디오물감상실업, 복합영상물제공업
• 노래연습장업
• 산후조리업
• 고시원
• 안마시술소
* 소방시설법
</td></tr>
</table>

용어의 이해 **특정한 다중이용업소**

- '다중이용업소'란 불특정 다수인이 이용하는 영업 중 화재, 재난 피해의 우려가 높은 것으로서 대통령령으로 정하였다. 소방대상물이므로 자체점검을 실시하여야 하나 다중이용업소는 분기별로 안전점검을 실시하도록 하고 있다. 또한 소방시설법에서 특별히 가중하여 종합정밀점검을 하도록 한 업종을 '특정한 다중이용업소'라 하였다.
- '다중이용업소'는 범위가 정해져 있으나 '특정한 다중이용업소'는 쓰이는 경우에 따라 달라질 수 있음을 알아두자.

라. 다중이용업소의 의무

- 다중이용업주는 다중이용업소의 안전관리를 위하여 정기적으로 안전시설 등을 점검하고, 그 점검 결과를 보관하여야 한다.

3 대상별 자체점검의 정리

가. 일반대상물의 자체점검

<table>
<tr><th>구 분</th><th>종합정밀점검</th><th>작동기능점검</th></tr>
<tr><td>30층 이상, 연면적 20만 m² 이상
(특급안전관리대상물)</td><td>연 2회</td><td>해당없음</td></tr>
<tr><td>• 스프링클러설비가 설치된 특정소방대상물
• 물분무등소화설비가 설치된 연면적 5,000 m² 이상인 특정소방대상물</td><td rowspan="2">건축물의 사용승인일이 속하는 달까지</td><td rowspan="2">종합점검 6개월 후의 달</td></tr>
<tr><td>제연설비가 설치된 터널</td></tr>
<tr><td>종합정밀점검 대상에서 제외된 소방안전관리 대상물</td><td>해당없음</td><td>건축물의 사용승인일이 속하는 달까지</td></tr>
<tr><td>그 밖의 대상물</td><td>해당없음</td><td>연1회이상실시</td></tr>
</table>

나. 공공기관의 자체점검

<table>
<tr><th>구 분</th><th>종합정밀점검</th><th>작동기능점검</th><th>외관점검</th></tr>
<tr><td>30층 이상, 연면적 20만 m² 이상
(특급안전관리대상물)</td><td>연 2회</td><td>해당없음</td><td rowspan="4">월 1회 이상</td></tr>
<tr><td>연면적이 1000 m² 이상인 것으로서 옥내소화전설비 또는 자동화재탐지설비가 설치된 대상물</td><td>건축물의 사용승인일이 속하는 달까지 (학교는 1월에서 6월사이에 있는 경우에는 6월 30일까지 실시)</td><td>종합점검 6개월 후의 달</td></tr>
<tr><td>종합정밀점검 대상에서 제외된 소방안전관리 대상물</td><td>해당없음</td><td>건축물의 사용승인일이 속하는 달까지</td></tr>
<tr><td>그 밖의 대상물</td><td></td><td>연1회이상실시</td></tr>
</table>

다. 다중이용업소의 자체점검

구 분	종합정밀점검	작동기능점검	안전점검
특정한 다중이용업소를 포함한 연면적 2,000 m^2 이상인 것	건축물의 사용승인일이 속하는 달까지	종합점검 6개월 후의 달	분기 1회
그 밖의 다중이용업소	해당없음	연 1회	분기 1회

SECTION 3 자체점검 소요비용의 분석

1 예산편성의 절차

현황 수집	대상 구분	시기 결정	계획 수립	예산 편성
자체점검 대상물의 현황파악을 위한 자료를 수집한다. ⇒	수집한 자료에 따라 자체점검 대상을 구분한다. ⇒	자체점검의 종류 및 횟수를 파악하고 시기를 결정한다. ⇒	자체점검 계획서를 작성한다. ⇒	전년도 집행예산 및 자체점검 계획을 반영하여 예산을 편성한다.

대상물의 현황을 수집하고 검토하여 최선의 점검일정 및 계획을 수립한다.

2 현황 수집

가. 건축물대장등초본 발급

- 정부민원포털사이트 '정부24'사이트(www.gov.kr)를 방문한다.
- 아래 그림의 원에 있는 건축물대장등초본발급(열람)신청을 클릭한다.

출처 : 정부민원포털사이트 '정부24' (이하 동일)

- 로그인절차를 거친다.

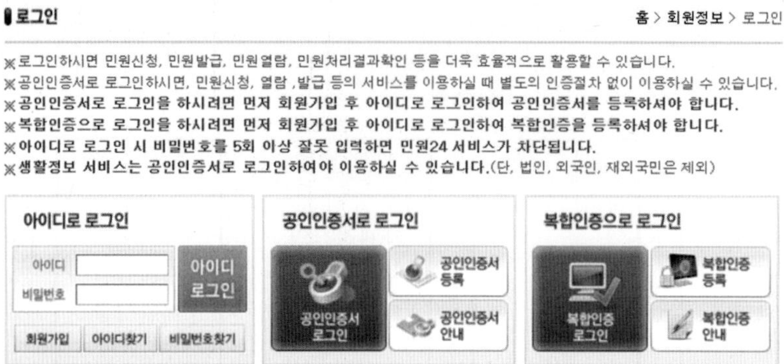

- 필요에 따라 간단한 보안프로그램을 설치할 수 있다.
- 민원신청에서 처리까지 짧은 시간에 발급비용 없이 진행된다.

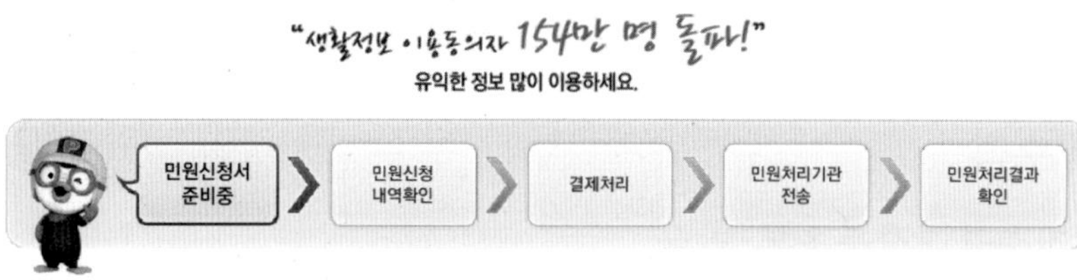

- PC화면상으로 열람하거나 아래처럼 프린터를 통해 출력할 수 있다.

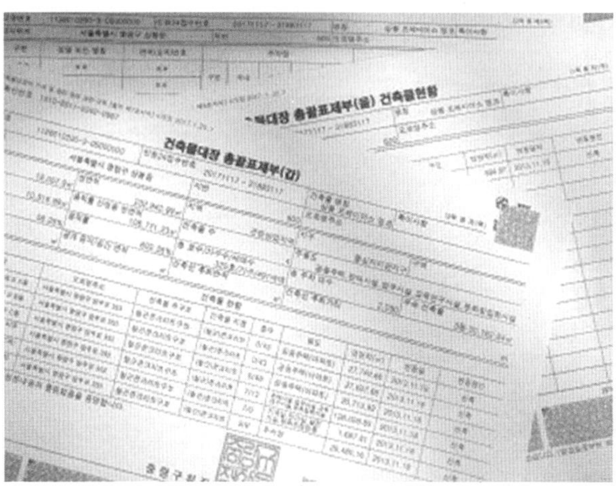

출처 : 정부민원포털사이트 '정부24' 출력물 갈무리

나. 건축물대장의 수집정보

- 연면적, 층수 및 용도
- 총 호수/가구수/세대수
- 지역 및 지구의 구분
- 사용승인일

다. 기타 정보

- 건축물대장이 실제와 일치하는지를 확인하여야 한다.
- 건축물대장과 실제의 일치 여부를 관계인과 함께 조사하여 확인한다.

3 대상 구분

- 소방안전관리자의 선임대상을 확인한다.
- 자체점검 의무대상을 판단한다.
- 점검대상을 구분한다.

자체점검대상	일반 특정소방대상물
	특정한 다중이용업소
	공공기관

4 시기 결정

- 소방대상물의 운용시간, 주거형태 등 특성에 따라 점검방식을 상세히 계획한다.
- 자체점검의 기술적, 제도적 조건을 충분히 반영하여 자체점검 시기를 결정한다.

5 계획 수립

가. 계획수립

- 소방대상물과 점검자의 자격요건을 고려해 점검자를 결정한다.
- 건축물관리대장의 정보에 따라 점검일자를 결정한다.

나. 자체점검 계획서 작성

1) 자체점검 계획과 소방계획

- 수립한 자체점검계획에 따른 자체점검 계획서를 작성한다
- 자체점검 계획서를 작성하고 이를 반영한 소방계획을 수립한다.

2) 자체점검 계획서식 예시

<table>
<tr><th colspan="6">자체점검 계획서</th></tr>
<tr><td rowspan="4">작동기능 점검</td><td>점 검 자</td><td colspan="4">□ 관계인 □ 소방안전관리자 □ 소방시설관리업자</td></tr>
<tr><td>점검기구</td><td colspan="4">□ 방수압력측정계 □ 절연저항계 □ 전류전압측정계
□ 열감지기시험기 □ 연기감지기 시험기</td></tr>
<tr><td>점검시기</td><td colspan="4"></td></tr>
<tr><td>결과보고</td><td colspan="2">□ 년 월 일까지</td><td>제출처</td><td>_______________소방서</td></tr>
<tr><td rowspan="6">종합정밀 점검</td><td>점검대상</td><td colspan="4">□ SP/물분무등소화설비 + 5천 m^2 이상
□ 아파트(5천 m^2 + 11층 이상)
□ 다중이용업의 영업장 + 2천 m^2 이상
□ 터널 + 제연설비
□ 공공기관(연면적 1천 m^2 이상 + 소화전 + 자탐설비)</td></tr>
<tr><td>점검자격</td><td colspan="4">□ 소방시설관리업자
□ 소방시설관리사(선임자) □ 소방기술자(선임자)</td></tr>
<tr><td>점검장비</td><td colspan="4">□ 시행규칙 제18조제2항에 따른 장비</td></tr>
<tr><td>점검시기</td><td colspan="4">□ 년 월 일 ~ 년 월 일(예정)</td></tr>
<tr><td>결과보고</td><td colspan="2">□ 년 월 일</td><td>제출처</td><td>_______소방서</td></tr>
<tr><td>점검횟수</td><td>□ 월 ___회 이상</td><td colspan="2">□ 점검시기</td><td>매월 ___일</td></tr>
<tr><td rowspan="3">외관점검 (공공기관)</td><td>점 검 자</td><td colspan="4">□ 관계인 □ 소방안전관리자 □ 소방시설관리업자</td></tr>
<tr><td>전기시설 검 사</td><td colspan="4"></td></tr>
<tr><td>가스시설 검 사</td><td colspan="4"></td></tr>
<tr><td>비 고</td><td colspan="5"></td></tr>
</table>

출처 : 국가직무능력표준(NCS) 소방분야 학습모듈

6 예산 편성

가. 점검자에 따른 유의사항

1) 관계인 및 소방안전관리자의 점검

- 대상에 따른 자격의 적부를 확인한다.
- 소방시설의 점검에 필요한 점검기구의 보유를 확인한다.
- 점검시기에 업무분장을 확인한다.

2) 소방시설관리업자의 점검

- 자격, 점검기구, 시기의 결정이 자유롭다.
- 소요예산을 최대한 근사하게 예측하여 양질의 점검이 가능하도록 하여야 한다.

나. 기타 고려사항

- 직전연도의 견적, 입찰사례 및 예산
- 물가상승률
- 엔지니어링 대가기준의 ☞실비정액가산방식

용어의 이해

실비정액 가산방식	직접인건비, 직접경비, 제경비, 기술료를 합산하여 대가를 산출하는 방식
공사비요율에 의한 방식	산출된 공사비에 일정요율을 곱하여 얻어진 금액으로 대가를 산출하는 방식

다. 예산편성의 예

소방안전관리 예산 (2023년)				단위 : 천원
사업명	2022 집행	2023 예산	증감	비고
종합정밀점검	6,500	7,100	+600	외주용역비 10% 상승
작동기능점검	5,000	5,500	+500	외주용역비 10% 상승
점검기구구매	1,500	300	−1,200	소모품 구매 외
점검기구정비	500	500		
안전관리자 수당	1,200	1,400	+200	야간점검 필요
점검결과 처리	5,000	6,000	+1,000	소화기 구매 외
[계]	19,700	20,800	+1,100	

- 외주용역을 진행하는 경우에 용역비의 최저가를 기준으로 발주하는 경향이 있으나 이는 저가경쟁으로 이어져 부실점검을 초래할 우려가 크다.
- 소방시설관리업체로의 외주용역이 이루어지는 경우에는 적정한 용역비용을 편성하여 점검능력이 충분한 업체를 선정할 수 있도록 하여야 한다.

CHAPTER 02

연습문제

■ 자체점검 계획수립

01 소방시설 등의 유지·관리 상태를 육안 또는 신체 감각을 이용하여 하는 점검은?

① 작동기능점검 ② 종합정밀점검
③ 외관점검 ④ 안전점검

해설 공공기관에서는 소방시설의 유지관리상태를 매월 외관점검하여 기록한 후 2년간 보관하여야 한다.

02 다음 중 소방기본법에서 정하는 소방대상물에 속하지 않는 것은?

① 건축물 ② 차량
③ 운행중인 선박 ④ 산림

해설 소방기본법에서의 소방대상물은 건축물, 차량, (항구에 매어둔)선박, 선박건조구조물, 산림, 그 밖의 인공 구조물 또는 물건이다.

03 자체점검의 예산편성을 위한 다음 단계들을 순서대로 나열하시오.

① 계획수립	② 대상구분	③ 시기결정
④ 현황수집	⑤ 예산편성	

해설 예산편성을 위해서는 관련현황을 수집하여 대상을 구분하고 자체점검의 종류별 점검시기에 따른 자체점검 계획수립을 선행하여야 한다.

정답 01. ③ 02. ③ 03. ④ → ② → ③ → ① → ⑤

CHAPTER 02

학습정리

■ 자체점검 계획수립

1. 자체점검

- 작동기능점검
- 종합정밀점검

2. 공공기관은 외관점검, 다중이용업소는 안전점검을 통해 소방시설을 점검, 관리함

3. 작동기능점검

- 연 1회 이상 소방시설 등의 정상작동을 점검하는 것

4. 종합정밀점검

- 작동기능점검을 포함하며, 소방 또는 건축법에의 적부를 판단하는 것

5. 공공기관

- 매월 외관점검을 하여야 함
- 일반 대상물도 외관점검을 할 필요가 있음

6. 다중이용업소

- 소방시설에 대해 분기별로 안전점검을 실시하여야 함

참고문헌

- 소방기본법
- 화재예방, 소방시설의 설치·유지 및 안전관리에 관한 법률
- 다중이용업소의 안전관리에 관한 특별법
- 공공기관의 소방안전관리에 관한 규정
- 국가직무능력표준(NCS) 소방분야 학습모듈

CHAPTER 03

견적의뢰, 발주 Ⅰ

학습 목표	1. 소방시설관리사와 소방시설관리업의 제도적 목적과 운영에 대해 설명할 수 있다. 2. 소방시설관리업체의 점검능력평가를 조사할 수 있다.
학습 목차	1. 소방시설관리사 2. 소방시설관리업 3. 소방시설 관리업체의 점검능력

복습 점검

01 소방시설 등은 외관점검을 통해 해당시설의 작동상태 및 기능유지를 확인하여야 한다.

해설 외관점검은 소방시설 등의 유지·관리 상태를 육안 또는 신체 감각을 이용하여 하는 점검이다.

02 소방기본법에서의 소방대상물은 건축물, 차량, (항구에 매어둔)선박, 선박건조구조물, 산림, 그 밖의 인공구조물 또는 물건이다.

해설 소방기본법에서의 소방대상물은 건축물, 차량, (항구에 매어둔)선박, 선박건조구조물, 산림, 그 밖의 인공구조물 또는 물건이다.

03 자체점검의 예산편성은 '현황수집 → 시기결정 → 대상구분 → 계획수립 → 예산편성'의 순서로 진행된다.

해설 자체점검의 예산편성은 '현황수집 → 대상구분 → 시기결정 → 계획수립 → 예산편성'의 순서로 진행된다.

정답 01. X 02. X 03. X

CHAPTER 03 견적의뢰, 발주 Ⅰ

SECTION 1 소방시설관리사

1 소방분야의 자격체계

가. 현행 자격체계

기술사
- 기사 취득 후 + 실무능력 4년
- 산업기사 취득 후 + 실무능력 5년
- 기능사 취득 후 + 실무경력 7년
- 4년제 대졸(관련학과)후 + 실무경력 6년
- 동일 및 유사직무분야의 다른 종목 기술사 등급 취득자

↑

기사
- 산업기사 취득 후 + 실무능력 1년
- 기능사 취득 후 + 실무경력 3년
- 대졸(관련학과)
- 2년제 전문대졸(관련학과)후 + 실무경력 2년
- 3년제 전문대졸(관련학과) + 실무경력 1년
- 실무경력 4년 등
- 동일 및 유사직무분야의 다른 종목 기사등급 이상 취득자

기능장
- 산업기사(기능사) 취득 후 + 기능대
- 기능장 과정 이수
- 산업기사등급 이상 취득 후 + 실무경력 5년
- 기능사 취득 후 + 실무경력 7년
- 실무경력 9년 등
- 동일 및 유사직무분야의 다른 종목 기능장 등급 취득자

↑

산업기사 (→ 기사)
- 기능사 취득 후 + 실무경력 1년
- 대졸(관련학과)
- 전문대졸(관련학과)
- 실무경력 2년 등
- 동일 및 유사직무분야의 다른 종목 산업기사 등급 이상 취득자

↑

기능사
- 자격제한 없음

출처 : www.q-net.or.kr

- 기술분야의 기술사, 기사와 기능분야의 기능장, 산업기사, 기능사로 나뉜다.
- 학력 또는 자격 취득 후 일정경력 이후에 상위 자격의 응시자격이 부여되는 구조이다.

나. 과정형자격의 추진방향

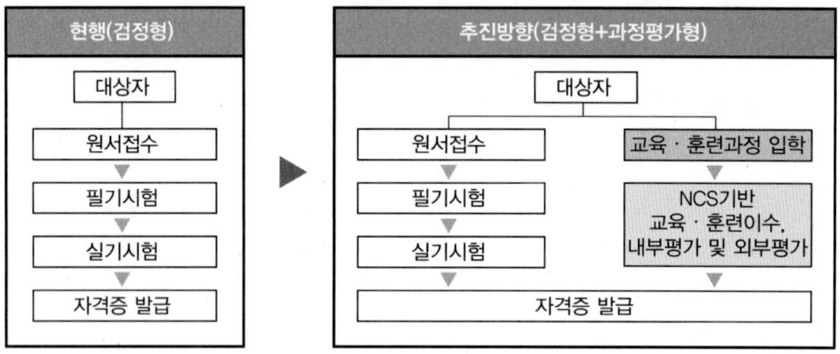

출처 : www.q-net.or.kr

- 국가직무능력표준(NCS)제도의 도입으로 과정형 자격제도가 개발되고 있다.
- 검정형과 과정형의 병행으로 관련 학·경력의 중요성이 강조되고 있다
- 따라서 앞으로는 평생교육의 자세를 가지고 소방분야의 전문성을 끊임없이 수련한다면 본인의 직무능력수준도 높게 평가되며 꾸준히 상승할 것이다.

다. 소방분야의 평생경력개발 경로

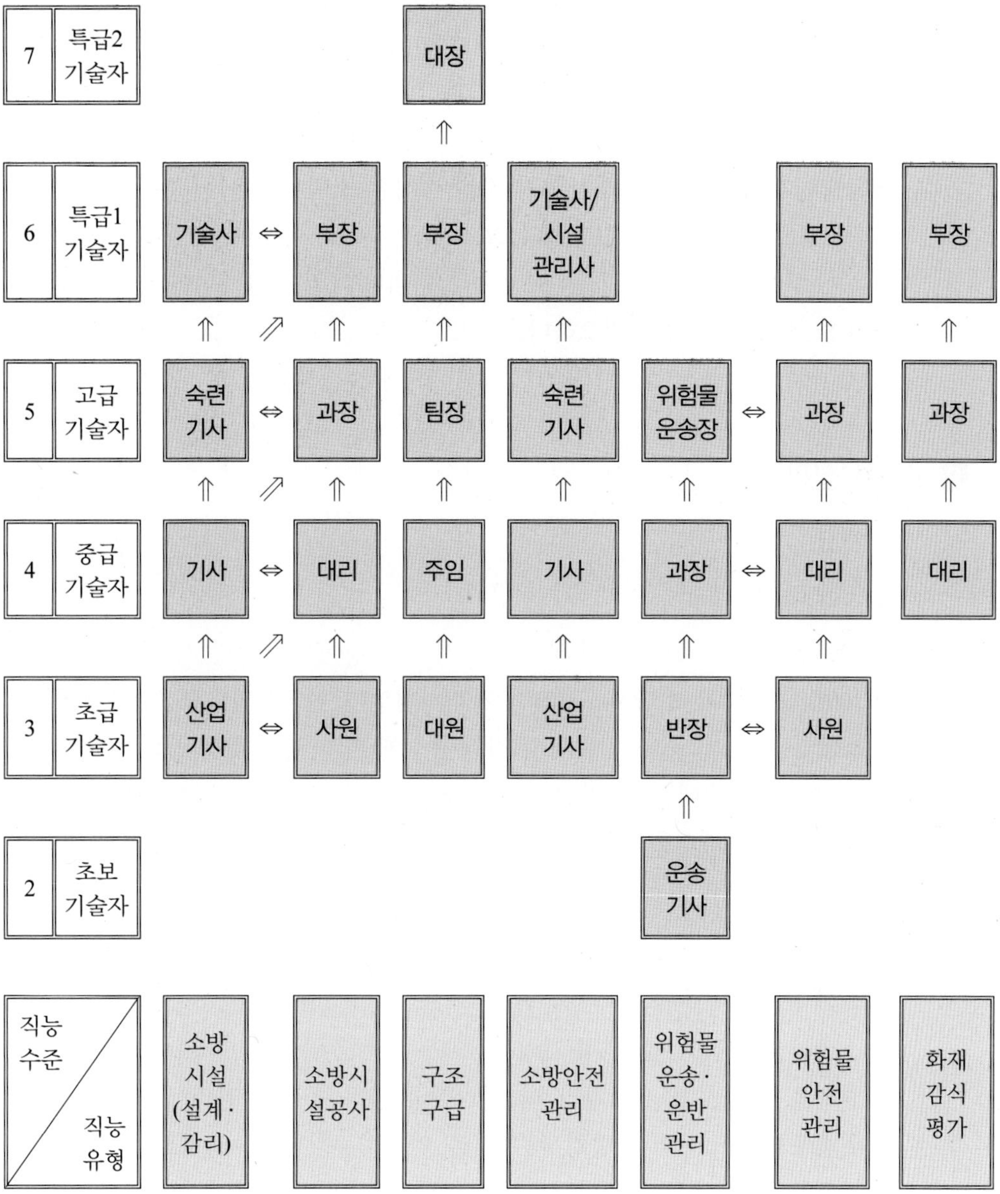

출처 : 국가직무능력표준(www.ncs.go.kr)

- 국가에서는 경력 및 자격의 관리체계를 장기적으로 체계화 한 국가직무능력표준(NCS)화를 실시하고 있다.

- 소방분야는 설계·감리, 공사, 구조·구급, 안전관리, 위험물 운송, 위험물 안전관리, 화재감식평가의 7개로 나뉘어져 있다.
- 소방검사는 소방안전관리의 분야로서 설계·감리분야의 외형적 감소 추세와 더불어 향후 소방대상물의 안정적 유지관리의 필요성이 커질 것이므로 그 중요성이 대두되고 있다.
- 소방안전관리 분야의 최상위 자격에 속하는 소방시설관리사는 근래에 선망되는 자격증으로 꼽히고 있으나 정작 그 자격의 구체적 내용에 대해서는 인지도가 떨어져 소방시설관리사를 준비하고 있거나 준비할 예정인 엔지니어는 해당 자격제도에 대한 정확한 이해가 필요하다.

2 소방시설관리사

가. 개요

- 소방청(화재예방과)
- 1993.5. 제1회 소방시설관리사 자격시험 시행(중앙소방학교)
- 2008.8. 제10회 소방시설관리사 자격시험부터 한국산업인력공단에서 시행
- 소방대상물의 고층화, 지하화, 복잡화 현상에 따라 이를 전문적으로 유지·관리해야 할 필요성이 증대됨으로써 소방시설을 점검하여 그 결과를 관할 소방서에 통보하거나 특정 소방대상물의 방화관리자로 선임돼 그 역할을 수행하는 인력을 배출하기 위한 자격제도이다.

나. 수행직무

- 소방시설의 점검 및 정비
- 건축물, 소방시설 유지관리 및 화기취급 감독 등 방화관리에 관한 사항
- 위험물제조소 등의 완공검사·위험물 안전성능시험 및 정기점검에 관한 사항
- 건축물 소유자 등이 위탁하는 화재예방을 위한 소방시설 점검업무 등

다. 소방시설관리사의 의무(소방시설법 제26조)

- 소방청장이 실시하는 관리사시험에 합격하여야 한다.
- 소방기술사 등 대통령령으로 정하는 사람에 대하여는 과목 가운데 일부를 면제할

수 있다.

- 관리사는 자격증의 대여 및 동시에 둘 이상의 업체에 취업하는 것을 금한다.

라. 응시자격(령 제27조)

구분	항 목	경력
자격	소방기술사 · 위험물기능장 · 건축사 · 건축기계설비기술사 · 건축전기설비기술사 또는 공조냉동기계기술사	–
	소방설비기사	2년
	소방설비산업기사 · 위험물산업기사 · 위험물기능사 · 산업안전기사	3년
학력	이공계 분야의 박사학위를 취득한 사람	–
	이공계 분야의 석사	2년
	이공계 분야의 학사	3년
	소방안전공학분야 석사	–
	소방안전공학분야 전공	2년
	소방안전 ☞관련학과 학사	3년
경력	소방공무원	5년
	특급소방안전관리대상물 소방안전관리자	2년
	1급소방안전관리대상물 소방안전관리자	3년
	2급소방안전관리대상물 소방안전관리자	5년
	3급소방안전관리대상물 소방안전관리자	7년
	소방실무경력	10년

- 소방시설관리사는 국가전문자격, 소방기술사 등은 국가기술자격에 속한다.
- 소방시설관리사의 응시자격기준에서의 관련학과는 소방기술사, 기사 및 산업기사의 그것과는 다른 의미이다.

용어의 이해 **소방안전 관련학과**

자격시험	근거법규	관련학과
소방시설 관리사	[소방방재청고시] 소방관련교과목 · 소방안전관련학과 및소방관련학과등 에관한기준	(소방안전관리학과),(전기공학과), (산업안전공학과), (기계공학과), (건축공학과), (화학공학과) 및 그 유사학과를 포함한다.
소방기술사, 기사, 산업기사 화재감식평가기사, 산업기사	[고용노동부고시] 국가기술자격의 종목별 관련학과	(경영 · 회계 · 사무 중 생산관리), (보건 · 의료 중 보건 · 의료), (건설), (광업자원), (기계), (재료), (화학), (섬유 · 의복), (전기 · 전자), (정보통신), (식품가공), (인쇄 · 목재 · 가구 · 공예), (농림어업), (안전관리), (환경 · 에너지) 직무분야와 관련된 학과

일선에서 소방에 관련한 자격취득 등과 관련한 진로계획 시 관련학과 및 경력에 대한 산정기준을 잘못 이해하고 자의적으로 판단하여 시간을 허비하는 안타까운 사례가 많다. 개인마다의 요건이 모호한 경우 자세한 사항은 소관기관의 담당자와 직접 상담하여야 한다.

참고 소방시설관리사 (응시자격)

1. 소방기술사 · 건축사 · 건축기계설비기술사 · 건축전기설비기술사 또는 공조냉동기계기술사
2. 위험물기능장
3. 소방설비기사
4. 「국가과학기술 경쟁력 강화를 위한 이공계지원 특별법」 제2조에 따른 이공계 분야를 전공하고 박사학위를 취득한 사람
5. 소방안전 관련학(소방학 및 소방방재학을 포함한다) 또는 소방안전공학(소방방재공학 및 안전공학을 포함한다) 분야에서 석사학위 이상을 취득한 사람
6. 소방청장이 정하여 고시하는 소방에 관한 실무경력이 3년 이상인 사람

- (시행시기) '22년 12월(예정)

3 시험의 시행방법

가. 1, 2차 시험

- 1차시험 합격자만 응시가 가능한 2차시험은 논문형, 기입형 시험이다.
- 1차시험에 합격한 사람은 다음 회의 관리사시험에 한정하여 1차시험을 면제한다.

나. 시험과목

차		과목	시간	문항	방법
1차	1	1. 소방안전관리론 및 화재역학 2. 소방수리학·약제화학 및 소방전기 3. 소방관련법령 4. 위험물의 성상 및 시설기준 5. 소방시설의 구조원리(고장진단 및 정비를 포함)	09:30~11:35 (125분)	25 × 5	객관식
2차	1	소방시설의 점검실무 행정 (점검절차 및 점검기구 사용법)	09:30~11:00 (90분)	3	논술형
	2	소방시설의 설계 및 시공	12:00~13:30 (90분)	3	

다. 출제 및 채점위원

1) 자격

- 소방관련 분야의 박사학위를 가진 사람
- 대학에서 소방안전 관련학과 조교수 이상으로 2년 이상 재직한 사람
- 소방위 또는 지방소방위 이상의 소방공무원
- 소방시설관리사
- 소방기술사

2) 위원의 수

- 출제위원 : 시험 과목별 3명
- 채점위원 : 시험 과목별 5명 이내(2차시험의 경우로 한정한다)

라. 시험 과목의 일부 면제

자격	1차 면제	2차 면제
소방기술사 자격을 취득한 후 15년 이상 소방실무경력이 있는 자	소방수리학·약제화학 및 소방전기	
소방공무원으로 15년 이상 근무한 경력이 있는 사람으로서 5년 이상 소방청장이 정하여 고시하는 소방 관련 업무 경력이 있는 자	소방관련법령	
소방기술사·위험물기능장·건축사·건축기계설비기술사·건축전기설비기술사·공조냉동기계기술사		소방시설의 설계 및 시공
소방공무원으로 5년 이상 근무한 경력이 있는자		소방시설의 점검실무 행정
소방공무원으로 5년 이상 근무한 경력이 있는 자로서 소방기술사·위험물기능장·건축사·건축기계설비기술사·건축전기설비기술사·공조냉동기계기술사		한 과목 선택 응시

마. 시험일정

- 관리사시험은 1년마다 1회 시행하는 것을 원칙으로 한다.
- 시험일정 예 (2022년, 시행연도에 따라 다소간 차이가 있다.)

제1차			제2차		최종 발표
접수	시행	발표	접수	시행	
4.4~4. 8	5.21(토)	6.22	8.1~8.5	9.24(토)	12.14

바. 합격자 결정

(1) 1차 시험

- 한 과목이라도 40점 미만이면 과락으로 한다.
- 전 과목 평균 점수가 60점 이상인 사람을 합격자로 한다.

(2) 2차 시험

- 시험위원의 채점점수 중 최고점수와 최저점수를 제외한다.
- 한 과목이라도 40점 미만이면 과락으로 한다.

• 전 과목에서 평균 60점 이상인 사람을 합격자로 한다.

4 관리사 배출 분석

가. 2017~2021년 관리사 배출 집계

구분		2017	2018	2019	2020	2021
1차	대상	6,217	6,504	7,272	7,145	8,487
	응시	5,066	5,446	5,776	5,765	6,874
	응시율(%)	81.5	83.7	79.4	80.7	81
	합격	957	1,945	2,943	1,075	3,317
	합격률(%)	18.8	35.7	50.9	18.6	48.2
2차	대상	2,524	2,332	3,457	2,756	3,348
	응시	2,005	1,853	2,850	2,307	2,802
	응시율(%)	79.4	79.5	82.4	83.7	83.7
	합격	70	67	283	65	104
	합격률(%)	3.4	3.6	9.9	2.8	3.7

출처 : www.q-net.go.kr

나. 통계분석

1) 1차 시험

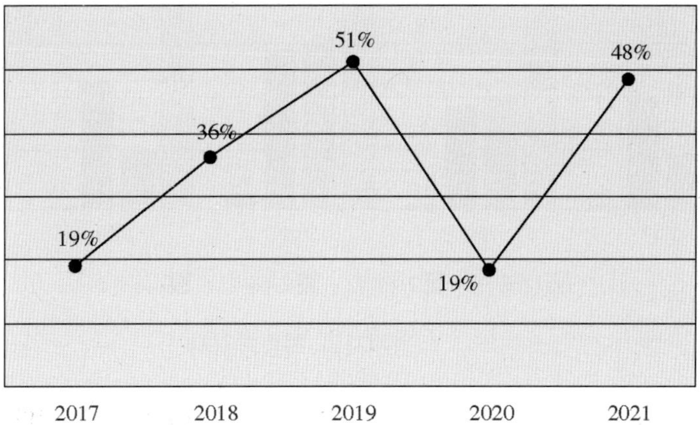

〈 1차시험 합격률(%) 추이 〉

• 1차시험은 많은 응시자와 높은 합격률로 매년 수천명씩 합격하고 있다.

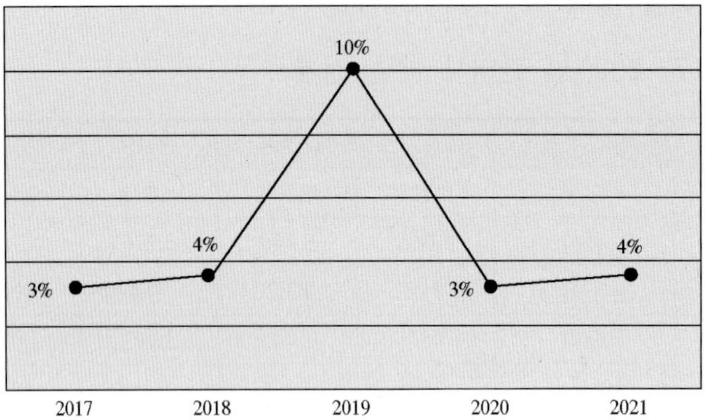

〈 2차시험 합격률(%) 추이 〉

• 매년 시행되는 소방시설관리사의 최종합격률은 4% 정도이다.

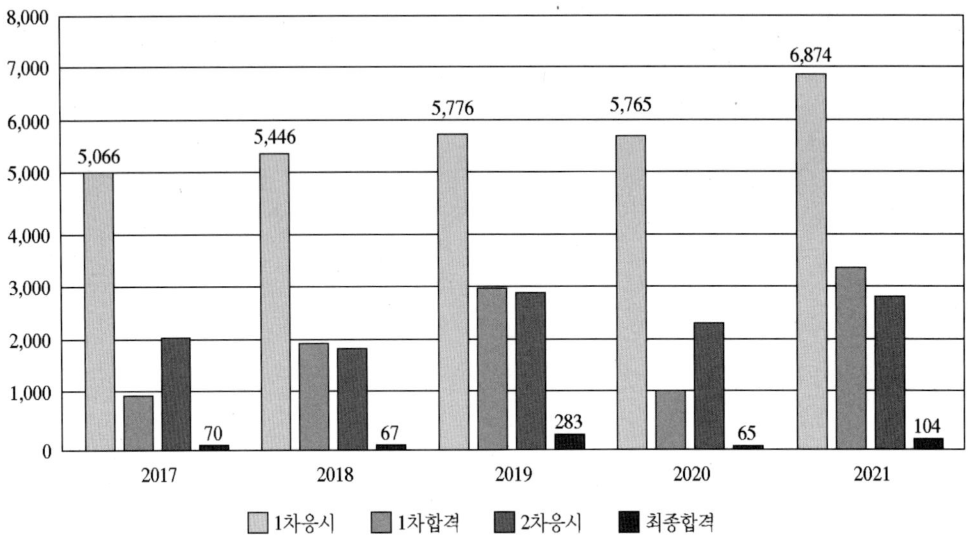

〈 응시자와 최종합격자 〉

• 1차시험의 합격률은 최종합격과는 매우 큰 차이를 보이고 있다. 다시 말해 1차의 준비보다는 2차시험의 준비에 대부분의 노력과 시간을 투자해야 한다.

다. 소방시설관리사, 소방기술사, 위험물기능장의 비교(2017~2021)

구분	소방 시설관리사	소방 기술사	위험물 기능장	소방 설비기사 (기계분야)	소방 설비기사 (전기분야)
1차응시	28,927	8,499	25,367	79,670	120,806
1차합격	10,237	206	13,869	33,223	52,265
최종합격	589	212	8,514	18,779	35,905
최종합격률	2.0%	2.5%	33.6%	23.6%	29.7%

출처 : www.q-net.go.kr

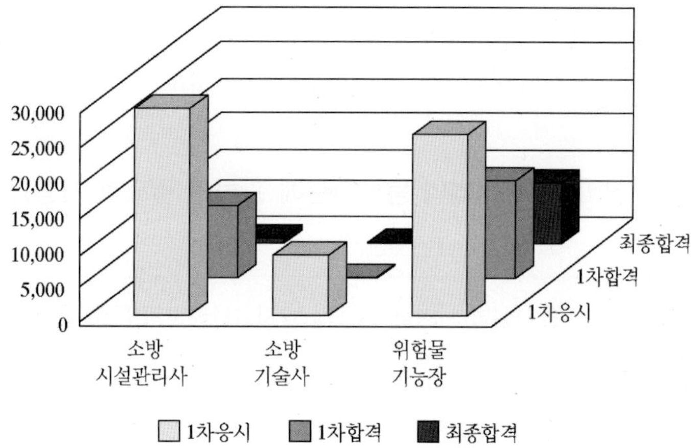

〈 합격률 비교 〉

- 시행시기가 늦어 시행횟수가 상대적으로 적은 소방시설관리사는 근래에 들어 응시 인원 및 난이도가 급상승하였다.
- 이는 소방시설관리사가 근래에 고소득 전문직으로 자리 잡고 있기 때문이며 소방시설관리업의 업무영역도 확장이 보장되고 있으므로 소방시설관리사의 지위상승은 일시적인 현상이 아닌 장기적인 추세로 이어지며 안정되어질 것이다.

SECTION 2 소방시설관리업

1 소방시설관리업의 등록 및 운영

가. 소방시설관리업의 등록

1) 소방안전관리 업무의 대행 또는 소방시설등의 점검 및 유지·관리의 업을 하려는 자는 시·도지사에게 ☞소방시설관리업의 등록을 하여야 한다.

> **용어의 이해** 소방시설법 시행령 36조(소방시설관리업의 등록기준)의 ②
>
> 시·도지사는 다음의 경우를 제외하고 등록을 해주어야 한다.
> - 등록기준에 적합하지 아니한 경우
> - 결격사유 중 어느 하나에 해당하는 경우
> - 그 밖에 이 법 또는 다른 법령에 따른 제한에 위배되는 경우

2) 기술 인력, 장비 등 관리업의 등록기준에 관하여 필요한 사항은 ☞대통령령으로 정한다.

> **용어의 이해** 소방시설법 시행령 36조(소방시설관리업의 등록기준)의 ①
>
> 소방시설관리업의 등록기준은 별표9와 같다.
>
> [별표9]소방시설관리업의 등록기준

주된 기술인력	소방시설관리사 1명 이상
보조 기술인력	다음의 어느 하나에 해당하는 사람 2명 이상. 다만, 나목부터 라목까지의 규정에 해당하는 사람은 「소방시설공사업법」 제28조제2항에 따른 소방기술 인정 자격수첩을 발급받은 사람이어야 한다. 가. 소방설비기사 또는 소방설비산업기사 나. 소방공무원으로 3년 이상 근무한 사람 다. 소방 관련 학과의 학사학위를 취득한 사람 라. 행정안전부령으로 정하는 소방기술과 관련된 자격·경력 및 학력이 있는 사람

3) 관리업의 등록신청과 등록증·등록수첩의 발급·재발급 신청, 그 밖에 관리업의 등록에 필요한 사항은 행정안전부령으로 정한다.

나. 등록의 결격사유

1) 다음 각 호의 어느 하나에 해당하는 자는 관리업의 등록을 할 수 없다.

- 금치산자 또는 한정치산자

용어의 이해 **특정한 다중이용업소**

행위무능력자가 행한 법률행위를 제한하여 행위무능력자를 보호하기 위한 제도적 장치이다. 재산상의 법률행위에만 적용되고 신분상의 행위에는 적용되지 않는다.

<table>
<tr><td>금치산자</td><td>스스로 합리적인 판단이 어려우며, 심신상실의 상태에 따라 스스로 법적 효력을 발생할 수 없는 무능력자</td><td>모든 법적행위를 취소할 수 있다.</td><td rowspan="2">법원의 판결이 있은 후부터 적용</td></tr>
<tr><td>한정치산자</td><td>정신적인 질환 또는 심신이 약하여 가정의 생계를 위협하고 낭비가 심한 자.</td><td>법정대리인의 동의와 함께 한 법률행위는 취소되지 않는다.</td></tr>
</table>

- 소방4분법(소방기본법, 소방시설공사업법, 소방시설법, 위험물안전관리법)에 따른 금고 이상의 실형을 선고받고 그 집행이 끝나거나 면제된 날부터 2년이 지나지 아니한 사람
- 소방4분법에 따른 금고 이상의 형의 집행유예를 선고받고 그 유예기간 중에 있는 사람
- 관리업의 등록이 취소된 날부터 2년이 지나지 아니한 자
- 임원 중에 제1호부터 제4호까지의 어느 하나에 해당하는 사람이 있는 법인

다. 등록사항의 변경신고(제31조)

1) 관리업자는 행정안전부령으로 정하는 중요 사항이 변경되었을 때에는 행정안전부령으로 정하는 바에 따라 시·도지사에게 변경사항을 신고하여야 한다.

라. 소방시설관리업자의 지위승계(제32조)

1) 다음 각 호의 어느 하나에 해당하는 자는 관리업자의 지위를 승계한다.

- 관리업자가 사망한 경우 그 상속인
- 관리업자가 그 영업을 양도한 경우 그 양수인
- 합병 후 존속하는 법인이나 합병으로 설립되는 법인

- 경매, 압류 등의 절차에 따라 시설 및 장비의 전부를 인수한 자

2) 관리업자의 지위를 승계한 자는 행정안전부령으로 정하는 바에 따라 시·도지사에게 신고하여야 한다.

3) 지위승계에 관하여는 등록의 결격사유 조항을 준용한다. 다만, 상속은 상속받은 날부터 3개월 동안은 그러하지 아니하다.

마. 관리업의 운영(제33조)

1) 관리업자는 관리업의 등록증이나 등록수첩을 다른 자에게 빌려주어서는 아니 된다.

2) 다음 각 호의 어느 하나에 해당하면 점검업무를 수행하게 한 특정소방대상물에 지체 없이 그 사실을 알려야 한다.
   - 관리업자의 지위를 승계한 경우
   - 관리업의 등록취소 또는 영업정지처분을 받은 경우
   - 휴업 또는 폐업을 한 경우
   - 관리업자가 자체점검을 할 때에는 관리사가 참여하여 자체점검을 하여야 한다.

2 소방시설관리업의 점검실명제

가. 점검능력평가 및 공시 등(제33조의2)

1) 소방청장은 관계인 또는 건축주가 적정한 관리업자를 선정할 수 있도록 하기 위하여 관리업자의 신청이 있는 경우 해당 관리업자의 ☞점검능력을 종합적으로 평가하여 공시할 수 있다.

용어의 이해 **점검능력평가**

- 저가경쟁에 따른 소방시설점검의 부실화를 방지하기 위해 점검능력을 평가한다.
- '(사)소방시설관리협회'가 평가기관으로서 매년 7월31일까지 평가결과를 공시한다.
- 평가항목은 실적, 기술력, 경력, 신인도로 구성된다.
- 점검능력의 평가에 관해서는 다음 장에서 학습하기로 한다.

2) 제1항에 따른 점검능력평가 및 공시방법, 수수료 등 필요한 사항은 행정안전부령으로 정한다.

3) 소방청장은 제1항에 따른 점검능력을 평가하기 위하여 관리업자의 기술인력 및 장비 보유현황, 점검실적, 행정처분이력 등 필요한 사항에 대하여 데이터베이스를 구축할 수 있다.

나. 점검실명제(제33조의3)

1) 관리업자가 소방시설등의 점검을 마친 경우 점검일시, 점검자, 점검업체 등 점검과 관련된 사항을 점검기록표에 기록하고 이를 해당 특정소방대상물에 부착하여야 한다.

2) 점검기록표에 관한 사항은 행정안전부령으로 정한다.

용어의 이해 **점검기록표**

1. 작동기능점검의 기록표

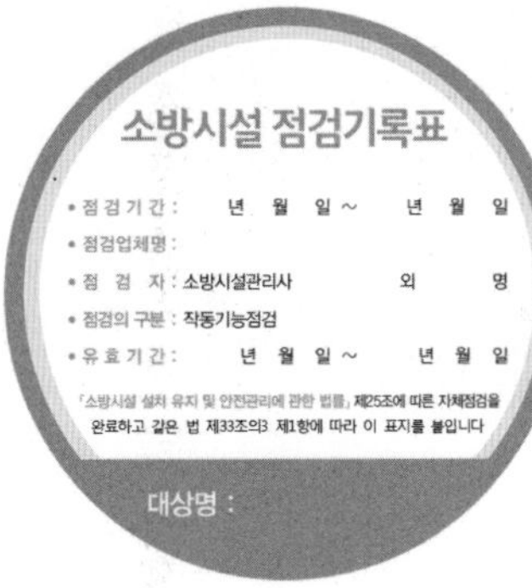

2. 종합정밀점검의 기록표

출처 : 소방시설법 시행규칙 별표3

3 소방시설관리업의 처벌

가. 등록의 취소와 영업정지 등(제34조)

1) 시·도지사는 관리업자가 다음 각 호의 어느 하나에 해당할 때에는 행정안전부령으

로 정하는 바에 따라 그 등록을 취소하거나 6개월 이내의 기간을 정하여 이의 시정이나 그 영업의 정지를 명할 수 있다. 다만, 제1호·제4호 또는 제7호에 해당할 때에는 등록을 취소하여야 한다.

- 거짓이나 그 밖의 부정한 방법으로 등록을 한 경우
- 점검을 하지 아니하거나 점검 결과를 거짓으로 보고한 경우
- 등록기준에 미달하게 된 경우
- 등록의 결격사유에 해당하게 된 경우
- 등록사항의 변경신고를 하지 아니하거나 거짓으로 신고한 경우
- 지위승계신고를 하지 아니하거나 거짓으로 신고한 경우
- 다른 자에게 등록증이나 등록수첩을 빌려준 경우
- 관계인에게 지위승계 등의 사실을 알리지 아니하거나 거짓으로 알린 경우
- 소방관서의 감독에 필요한 명령을 위반하여 보고 또는 자료제출을 하지 아니하거나 거짓으로 보고 또는 자료제출을 한 경우
- 소방관서의 감독에 따른 관계 공무원의 출입 또는 검사·조사를 거부·방해, 또는 기피한 경우

나. 과징금처분

1) 시·도지사는 영업정지를 명하는 경우로서 그 영업정지가 국민에게 심한 불편을 주거나 그 밖에 공익을 해칠 우려가 있을 때에는 영업정지처분을 갈음하여 3천만원 이하의 과징금을 부과할 수 있다.

2) 과징금 부과기준(소방시설법 시행규칙 별표4)

(1) 일반기준

- 영업정지 1개월은 30일로 계산한다.
- 과징금 산정은 영업정지기간(일)에 영업정지 1일에 해당하는 금액을 곱한 금액으로 한다.
- 위반행위가 둘 이상 발생한 경우 과징금 부과에 의한 영업정지기간(일) 산정은 개별기준에 따른 각각의 영업정지 처분기간을 합산한 기간으로 한다.
- 영업정지에 해당하는 위반사항으로서 위반행위의 동기·내용·횟수 또는 그 결과를 고려하여 그 처분기준의 2분의 1까지 감경한 경우 과징금 부과에 의한 영업정지기간(일) 산정은 감경한 영업정지기간으로 한다.

- 연간 매출액은 해당 업체에 대한 처분일이 속한 연도의 전년도의 1년간 위반사항이 적발된 업종의 각 매출금액을 기준으로 한다. 다만, 신규사업·휴업 등으로 인하여 1년간의 위반사항이 적발된 업종의 각 매출금액을 산출할 수 없거나 1년간의 위반사항이 적발된 업종의 각 매출금액을 기준으로 하는 것이 불합리하다고 인정되는 경우에는 분기별·월별 또는 일별 매출금액을 기준으로 산출 또는 조정한다.
- 과징금 산정금액이 3천만원을 초과하는 경우 3천만원으로 한다.

(2) 과징금을 부과할 수 있는 위반행위의 종별

위반사항	행정처분기준		
	1차	2차	3차
점검을 하지 않거나 거짓으로 한 경우		영업정지 3개월	
등록기준에 미달하게 된 경우		영업정지 3개월	

(3) 과징금 금액 산정기준

등급	연간매출액 (단위 : 백만원)	영업정지 1일에 해당되는 금액 (단위 : 원)
1	10 이하	25,000
2	10 초과 ~ 30 이하	30,000
3	30 초과 ~ 50 이하	35,000
4	50 초과 ~ 100 이하	45,000
5	100 초과 ~ 150 이하	50,000
6	150 초과 ~ 200 이하	55,000
7	200 초과 ~ 250 이하	65,000
8	250 초과 ~ 300 이하	80,000
9	300 초과 ~ 350 이하	95,000
10	350 초과 ~ 400 이하	110,000
11	400 초과 ~ 450 이하	125,000
12	450 초과 ~ 500 이하	140,000
13	500 초과 ~ 750 이하	160,000
14	750 초과 ~ 1,000 이하	180,000
15	1,000 초과 ~ 2,500 이하	210,000
16	2,500 초과 ~ 5,000 이하	240,000
17	5,000 초과 ~ 7,500 이하	270,000
18	7,500 초과 ~ 10,000 이하	300,000
19	10,000 초과	330,000

시·도지사는 제1항에 따른 과징금을 내야 하는 자가 납부기한까지 내지 아니하면 지방세 체납처분의 예에 따라 징수한다.

SECTION 3 소방시설 관리업체의 점검능력평가

1 점검능력평가 계산

가. 평가 계산식

점검능력평가 = 실적평가 + 기술력평가 + 경력평가 ± 신인도평가

나. 평가항목의 계산

구분	계산
실적 평가	점검실적 + 대행실적 (3개년 평균)
기술력 평가	기술인력 가중치 1단위당 평균 점검실적 × 보유기술인력 가중치합계 × $\frac{20}{100}$
경력 평가	①×관리업 경영기간 평점× $\frac{10}{100}$
신인도 평가	(① + ② + ③)×신인도 반영비율 합계

용어의 이해 **점검능력평가**

- 저가경쟁에 따른 소방시설점검의 부실화를 방지하기 위해 점검능력을 평가한다.
- 평가항목은 실적, 기술력, 경력, 신인도로 구성된다.

2 평가항목

[별표] (소방시설 관리업자의 점검능력평가 기준 등에 관한 고시)

소방시설관리업자의 점검능력평가의 세부기준

소방시설관리업자의 점검능력평가는 다음 계산식으로 산정하되, 10만원 미만의 숫자는 버린다. 이 경우 산정기준일은 평가를 하는 해의 전년도 말일로 한다.

점검능력평가액 = 실적평가액 + 기술력평가액 + 경력평가액 ± 신인도평가액

1. 실적평가액은 다음 계산식으로 산정한다.

실적평가액 = 연평균점검실적액 + 연평균대행실적액

가. 점검실적액(발주자가 공급하는 자제비를 제외한다) 및 대행실적액은 해당 업체의 수급금액 중 하수급금액은 포함하고 하도급금액은 제외한다.

가의1. 종합정밀점검과 작동기능점검 또는 소방안전관리업무 대행을 일괄하여 수급한 경우에는 그 일괄수급금액에 0.55를 곱하여 계산된 금액을 종합정밀점검 실적액으로, 0.45를 곱하여 계산된 금액을 작동기능점검 또는 소방안전관리업무 대행 실적액으로 본다. 다만, 다른 입증자료가 있는 경우에는 그 자료에 의한다.

가의2. 작동기능점검과 소방안전관리업무 대행을 일괄하여 수급한 경우에는 그 일괄수급금액에 0.5를 곱하여 계산된 금액을 작동기능점검 또는 소방안전관리업무 대행 실적액으로 본다. 다만, 다른 입증자료가 있는 경우에는 그 자료에 의한다.

가의3. 종합정밀점검, 작동기능점검 및 소방안전관리업무 대행을 일괄하여 수급한 경우에는 그 일괄수급금액에 0.38을 곱하여 계산된 금액을 종합정밀점검 실적액으로, 0.31을 곱하여 계산된 금액을 작동기능점검 또는 소방안전관리업무 대행 실적액으로 본다. 다만, 다른 입증자료가 있는 경우에는 그 자료에 의한다

나. 관리업을 한 기간이 산정일을 기준으로 3년 이상인 경우에는 최근 3년간의 점검실적

을 합산하여 3으로 나눈 금액을 연평균점검실적액으로 한다.

다. 관리업을 한 기간이 산정일을 기준으로 1년 이상 3년 미만인 경우에는 그 기간의 점검실적을 합산한 금액을 그 기간의 개월수로 나눈 금액에 12를 곱한 금액을 연평균점검실적액으로 한다.

라. 관리업을 한 기간이 산정일을 기준으로 1년 미만인 경우에는 그 기간의 점검실적액을 연평균점검실적액으로 한다.

마. 다음의 어느 하나에 해당하는 경우에 실적은 종전 관리업자의 실적과 관리업을 승계한 자의 실적을 합산한다.

1) 관리업자인 법인이 분할에 의하여 설립되거나 분할합병한 회사에 그가 경영하는 관리업 전부를 양도하는 경우

2) 개인이 경영하던 관리업을 법인사업으로 전환하기 위하여 관리업을 양도하는 경우(관리업의 등록을 한 개인이 당해 법인의 대표자가 되는 경우에만 해당한다)

3) 합명회사와 합자회사 간, 주식회사와 유한회사 간의 전환을 위하여 관리업을 양도하는 경우

4) 관리업자는 법인 간에 합병을 하는 경우 또는 관리업자인 법인과 관리업자가 아닌 법인이 합병을 하는 경우

2. 기술력평가액은 다음 계산식으로 산정한다.

기술력평가액 = 전년도 기술인력 가중치 1단위당 평균 점검실적금액 × 보유기술인력 가중치합계 × 20/100

가. 전년도 기술인력 가중치 1단위당 평균점검 실적금액은 점검능력평가를 신청한 관리업자의 국내 총기성액을 점검능력평가를 신청한 관리업자가 보유한 기술인력의 가중치 총합으로 나눈 금액으로 하되, 이 경우 국내 총기성액 및 기술인력 가중치 총합은 평가기관이 관리하고 있는 정보를 기준으로 한다(전년도 기술인력 1단위당 평균 점검 실적금액이 산출되지 아니하는 경우에는 전전년도 기술인력 1단위당 평균 점검 실적금액을 적용한다)

나. 보유기술인력 가중치의 계산은 다음의 방법에 따른다.

1) 보유기술인력은 해당 관리업체에 평가 전년도 12월 31일 현재 등록된 사람에 한한다.

2) 보유기술인력은 주인력 관리사와 보조인력을 특급, 고급, 중급 및 초급으로 구분하되, 등급구분의 기준은 부표와 같다. 이 경우 1인이 2이상의 자격, 학력 또는 경력을 가지고 있는 경우 대표되는 하나의 것만 적용한다.

3) 보유기술인력의 등급별 가중치는 다음 표와 같다.

보유기술인력	관리사 (경력 5년이상)	관리사	특급	고급	중급	초급
가중치	3.5	3.0	2.5	2	1.5	1

3\. 경력평가액은 다음 계산식으로 산정한다.

> 경력평가액 = 실적평가액 × 관리업 경영기간 평점 × 10/100

가. 관리업경영기간은 등록일·양도신고일 또는 합병신고일부터 산정기준일까지로 한다.

나. 종전 관리업자의 관리업 경영기간과 관리업을 승계한 자의 관리업 경영기간의 합산에 관해서는 제1호마목을 준용한다.

다. 관리업 경영기간 평점은 다음 표에 따른다.

관리업 경영기간	2년 미만	2년 이상 4년 미만	4년 이상 6년 미만	6년 이상 8년 미만	8년 이상 10년 미만
평점	0.5	0.55	0.6	0.65	0.7

10년 이상 12년 미만	12년 이상 14년 미만	14년 이상 16년 미만	16년 이상 18년 미만	18년 이상 20년 미만	20년 이상
0.75	0.8	0.85	0.9	0.95	1.0

4\. 신인도평가액은 다음 계산식으로 산정하되, 신인도평가액은 실적평가액·기술력평가액·경력평가액을 합친 금액의 ±10%의 범위를 초과할 수 없으며, 가점요소와 감점요소가 있는 경우에는 이를 상계한다.

> 신인도평가액 = (실적평가액 + 기술력평가액 + 경력평가액) × 신인도 반영비율 합계

가. 신인도 반영비율 가점요소는 다음과 같다.
  1) 최근 3년간 국가기관·지방자치단체로부터 점검업과 관련한 표창을 받은 경우
    - 대통령 표창 : +3%
    - 장관 표창이상, 소방청장 또는 광역자치단체장 표창 : +2%
    - 그 밖의 표창(+1%)
  2) 소방시설관리에 관한 국제품질경영인증(ISO)을 받은 경우 : +2%
  3) 소방시설관리업에 관한 특허를 보유한 경우 : +1%
  4) 전년도 기술개발투자액 : 「조세특례제한법 시행령」 별표 6에 규정된 비용 중 소방시설관리업 분야에 실제로 사용된 금액으로 다음 기준에 의한다.
    - 실적평가액의 1% 이상 3% 미만 : 0.5%
    - 실적평가액의 3% 이상 5% 미만 : 1.0%
    - 실적평가액의 5% 이상 10% 미만 : 1.5%
    - 실적평가액의 10% 이상 : 2%

나. 신인도 반영비율 감점요소는 아래와 같다.
  1) 점검인력 배치기준을 위반한 경우 : -3%
  2) 최근 1년간 법 영업정지처분 및 과징금처분을 받은 사실이 있는 경우
    - 1개월 이상 3개월 이하 : -2%
    - 3개월 초과 : -3%
  3) 최근 1년간 국가기관·지방자치단체·공공기관으로부터 부정당업자로 제재처분을 받은 사실이 있는 경우 : -2%
  4) 최근 1년간 이 법에 의한 과태료처분을 받은 사실이 있는 경우: -2%
  5) 최근 1년간 환경관리법에 의한 과태료처분을 받은 사실이 있는 경우: -1%
  6) 최근 1년간 부도가 발생한 사실이 있는 경우 : -2%

5. 신인도등급 결정은 다음기준에 의한다.
  가. 제4호의 신인도 평가결과가 +5% 이상인 경우 A2+등급
  나. 제4호의 신인도 평가결과가 +2% 이상 +5% 미만인 경우 A+등급
  다. 제4호의 신인도 평가결과가 -2% 이상 +2% 미만인 경우 A등급
  라. 제4호의 신인도 평가결과가 -5% 이상 -2% 미만인 경우 B등급
  마. 제4호의 신인도 평가결과가 -5% 미만인 경우 C등급

CHAPTER 03

연습문제

■ 견적의뢰, 발주 I

01 국가직무능력표준(NCS) 소방분야의 직무능력유형 중에서 소방시설관리사가 최상위의 직무능력수준으로 인정되는 분야는?

① 소방시설분야
② 구조구급분야
③ 소방안전관리분야
④ 위험물운송·운반관리분야

해설 국가직무능력표준(NCS) 소방분야의 소방안전관리 분야에서는 소방시설관리사 및 기술사를 직무능력 수준 6의 특급1기술자 수준으로 인정하고 있다.

02 다음 중 소방시설관리업자의 점검실명제에 대한 설명으로 옳은 것은?

① 업체의 대표가 직접 점검에 실명으로 참여하여야 한다.
② 점검을 마친 후 점검기록표를 작성하고 해당 특정소방대상물에 부착하여야 한다.
③ 점검기록표는 점검일시, 점검금액, 관할소방서의 담당자를 한다.
④ 점검기록표에 관한 서식, 내용은 관계인의 요구에 따라 결정한다.

해설 관리업자가 소방시설 등의 점검을 마친 경우 점검일시, 점검자, 점검업체 등 점검과 관련된 사항을 점검기록표에 기록하고 이를 해당 특정소방대상물에 부착하여야 한다.

03 다음 중 소방시설관리업의 점검능력평가에 대한 설명으로 옳은 것은?

① 점검능력은 관리업체의 자본금을 가장 큰 비중으로 평가한다.
② 점검능력의 평가항목은 실적, 기술력, 경력, 신인도로 구분된다.
③ 점검능력평가기관은 소방시설협회에서 대행하고 있다.
④ 점검능력평가액은 업체의 정보보호를 위해 관계기관에만 일부 공개된다.

해설 소방시설관리업의 실적, 기술력, 경력, 신인도를 종합하여 평가한다.

정답 01. ③ 02. ② 03. ②

CHAPTER 03

학습정리

■ 견적의뢰, 발주 Ⅰ

1. 소방시설관리사는 NCS의 소방안전관리 직무유형에서 최상위 수준의 자격으로 인정되고 있음

2. 소방시설관리업은 소방시설관리사를 주인력으로 두어야 함

3. 소방시설관리업의 점검능력평가요소
   - 실적 평가
   - 기술력 평가
   - 경력 평가
   - 신인도 평가

참고문헌

- 화재예방, 소방시설의 설치·유지 및 안전관리에 관한 법률
- 국가직무능력표준(NCS) 소방분야 학습모듈

CHAPTER

04

견적의뢰, 발주 Ⅱ

학습 목표	1. 특정소방대상물의 용도와 규모에 적합한 점검인력을 배치할 수 있다. 2. 자체점검에 관한 점검수수료 산출 및 외주계약을 차질없이 수행할 수 있다.
학습 목차	1. 점검인력 배치기준 2. 점검인력 배치 예시 3. 점검수수료 산출 및 계약

복습 점검

01 소방시설관리사는 국가직무능력표준(NCS)의 소방안전관리분야에서 소방기술사의 바로 아래수준으로 높게 인정된다.

해설 국가직무능력표준(NCS) 소방분야의 소방안전관리 분야에서는 소방시설관리사 및 기술사를 직무능력수준 6의 특급1기술자 수준으로 동등하게 인정하고 있다.

02 소방시설관리업자는 제체점검을 마친 후 점검기록표를 소방계획서 표지에 부착하여야 한다.

해설 관리업자가 소방시설 등의 점검을 마친 경우 점검일시, 점검자, 점검업체 등 점검과 관련된 사항을 점검기록표에 기록하고 이를 해당 특정소방대상물에 부착하여야 한다.

03 소방시설관리업의 점검능력은 점검업체의 실적, 기술력, 경력, 신인도를 종합적으로 반영하여 평가되어 진다.

해설 실적, 기술력, 경력, 신인도를 종합하여 평가한다.

 정답 01. X 02. X 03. O

FIRE INSPECTION THEORY

CHAPTER 04 견적의뢰, 발주 Ⅱ

SECTION 1 점검인력 배치기준

1 점검인력

가. 점점인력

1) 소방시설관리업의 등록

소방시설관리업은 점검인력을 최소 1단위 이상 갖추어야 등록할 수 있다.

2) 점검인력 1단위

<table>
<tr><th>점검인력</th><th colspan="2">자격</th><th>명</th></tr>
<tr><td>주된
기술인력</td><td colspan="2">소방시설관리사 1명 이상</td><td>1명</td></tr>
<tr><td rowspan="2">보조
기술인력</td><td colspan="2">소방설비기사 또는 소방설비산업기사</td><td rowspan="2">2명</td></tr>
<tr><td>소방공무원으로 3년 이상 근무
소방 관련 학과의 학사학위
소방기술과 관련된 자격·경력 및 학력</td><td>+갖춘 사람으로서 소방기술인정자격수첩을 발급받은 사람</td></tr>
</table>

- 소방시설관리사 1명과 보조인력 2명을 점검인력 1단위로 한다.
- 점검인력 1단위에 2명(같은 건축물을 점검할 때는 4명) 이내의 보조인력을 추가할 수 있다.

2 배치신고

가. 목적

- 중복배치 방지를 통한 최소 점검인력의 확보
- 1일 점검 면적 제한으로 부실점검 방지
- 부실점검 방지를 위한 저가수주 차단

나. 배치신고

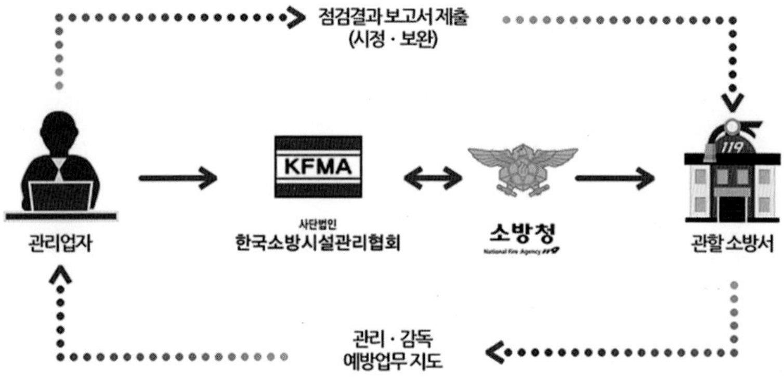

출처 : (사)한국소방시설관리협회 홈페이지 http://www.kfma.kr

- 점검이 끝난 10일 이내에 점검인력 배치상황을 포함한 자체점검실적을 신고
- 협회는 배치신고 적합여부를 판정하여 관할 소방서에 통보
- 소방청 및 관할 소방서는 협회 전산망에 접속하여 자체점검 실적을 확인

3 점검한도

가. 점검한도 면적

점검인력 1단위가 하루 동안 점검할 수 있는 특정소방대상물의 연면적

종합정밀점검	작동기능점검	
	일반	소규모
10,000 m^2	12,000 m^2	3,500 m^2

나. 보조인력의 추가

- 보조인력을 1명씩 추가할 때마다 아래의 점검한도 면적이 증가
- 종합정밀점검의 경우 3,000 m^2
- 작동기능점검의 경우 3,500 m^2

다. 실제 점검면적과 점검면적

1) 실제 점검면적

관리업자가 하루 동안 점검한 실제 점검면적

(1) 지하구

지하구 길이에 폭의 길이 1.8 m를 곱하여 계산된 값

(2) 터널

- 3차로 이하인 경우에는 그 길이에 폭의 길이 3.5 m를 곱하여 계산된 값
- 4차로 이상인 경우에는 그 길이에 폭의 길이 7 m를 곱하여 계산된 값
- 한쪽 측벽에 소방시설이 설치된 4차로 이상인 터널의 경우에는 그 길이와 폭의 길이 3.5 m를 곱하여 계산된 값

2) 점검면적

- 실제면적에 다음의 기준을 적용하여 계산한 면적
- 점검면적은 점검한도면적을 초과하여서는 아니 된다.

(1) 용도에 따른 가감

실제 점검면적에 대상용도에 따라 다음의 가감계수를 곱한다.

구분	대상용도	가감 계수
1류	노유자시설, 숙박시설, 위락시설, 의료시설(정신보건의료기관), 수련시설	1.2
2류	문화 및 집회시설, 종설, 의료시설(정신보건시설 제외), 교정 및 군사시설(군사시설 제외), 지하가, 복합건축물, 발전시설, 판매시설	1.1
3류	근린생활시설, 운동시설, 업무시설, 방송통신시설, 운수시설	1.0
4류	공장, 위험물 저장 및 처리시설, 창고시설	0.9
5류	공동주택(아파트 제외), 교육연구시설, 항공기 및 자동차 관련 시설, 동물 및 식물 관련 시설, 분뇨 및 쓰레기 처리시설, 군사시설, 묘지 관련 시설, 관광휴게시설, 장례식장, 지하구, 문화재	0.8

(2) 설치되지 않은 소방시설에 따른 감소

다음 항목에 따라 계산된 값만큼을 가감계수에 따라 계산된 값에서 감한다.

설치되지 않은 소방시설	점검면적 감소
스프링클러설비가 설치되지 않은 경우	10%
물분무등소화설비가 설치되지 않은 경우	15%
제연설비가 설치되지 않은 경우	10%

(3) 2개 이상의 특정소방대상물을 하루에 점검하는 경우

2개 이상의 대상물을 하루에 점검하는 경우	점검면적 증가
특정소방대상물 간의 최단 주행거리 5 km마다	2%

3) 아파트의 점검 세대수

(1) 아파트의 적용

- 공용시설, 부대시설 또는 복리시설은 포함한다
- 아파트가 포함된 복합건축물의 아파트 외의 부분은 제외한다.

(2) 점검한도 세대수

- 점검인력 1단위가 하루 동안 점검할 수 있는 아파트의 세대수

종합정밀점검	작동기능점검	
	일반	소규모
300 세대	350 세대	90 세대

- 보조인력을 1명씩 추가

종합정밀점검	작동기능점검
70 세대	90 세대

- 할 때마다 종합정밀점검의 경우에는 70세대, 작동기능점검의 경우에는 90세대씩을 점검한도 세대수에 더한다.

(3) 설비에 따른 점검 세대수 감소

다음 항목에 따라 계산된 값만큼을 가감계수에 따라 계산된 값에서 감한다.

설치되지 않은 소방시설	점검 세대수 감소
스프링클러설비가 설치되지 않은 경우	10%
물분무등소화설비가 설치되지 않은 경우	15%
제연설비가 설치되지 않은 경우	10%

(4) 2개 이상의 아파트를 하루에 점검하는 경우

2개 이상의 아파트를 하루에 점검하는 경우	점검 세대수 증가
특정소방대상물 간의 최단 주행거리 5 km마다	2%

4) 아파트와 아파트 외 용도를 하루에 점검하는 경우

- 위에 따라 계산된 점검 세대수에 아래를 곱한 값을 점검면적으로 본다.

종합정밀점검	작동기능점검	
	일반	소규모
세대수×33.3	세대수×34.3	세대수×38.9

5) 종합정밀점검과 작동기능점검을 하루에 점검하는 경우

- 작동기능점검의 점검면적 또는 점검 세대수에 0.8을 곱한 값을 종합정밀점검 점검면적 또는 점검세대수로 본다.

6) 계산된 값은 소수점 이하 둘째 자리에서 반올림한다.

4 점검인력과 점검한도

<table>
<tr><th colspan="2">구 분</th><th>종합정밀점검</th><th>작동기능점검</th><th>소규모점검</th></tr>
<tr><td colspan="2">점검 1단위</td><td colspan="2">소방시설관리사 1명
보조인력 2명</td><td>보조인력 1명</td></tr>
<tr><td rowspan="3">아파트 외</td><td>점검한도 면적</td><td>10,000 m^2</td><td>12,000 m^2</td><td rowspan="2">3,500 m^2</td></tr>
<tr><td>보조인력 1인당 가산</td><td>3,000 m^2</td><td>3,500 m^2</td></tr>
<tr><td>점검면적의 가감</td><td colspan="3">• 대상용도에 따라 1류~6류로 구분하여 0.8~1.2를 곱하여 가감한다.
• 스프링클러, 물분무등, 제연설비가 설치되지 않은 경우에 따라 10~15%를 감한다.</td></tr>
<tr><td rowspan="3">아파트</td><td>점검한도 세대수</td><td>300 세대</td><td>350 세대</td><td rowspan="2">90 세대</td></tr>
<tr><td>보조인력 1인당 가산</td><td>70 세대</td><td>90 세대</td></tr>
<tr><td>점검세대수의 가감</td><td colspan="3">• 대상용도에 따라 1류~6류로 구분하여 0.8~1.2를 곱하여 가감한다.
• 스프링클러, 물분무등, 제연설비가 설치되지 않은 경우에 따라 10~15%를 감한다.</td></tr>
</table>

5 공동주택과 아파트

가. 용도별 건축물의 종류[건축법 시행령 별표1]

구 분	구 분2	층수	비 고
단독주택	단독주택		
	다중 주택	주택부분이 3층 이하	• 각 동의 바닥면적 330 m^2 이하 • 독립된 주거의 형태를 갖추지 아니한 것
	다가구 주택	주택부분이 3개층 이하	• 동별 19세대 이하 • 각 동의바닥면적 660 m^2 이하 • 1층이 필로티의 주차장일 경우 4층까지 해당
	공관		
공동주택	아파트	주택부분이 5개층 이상	20세대 이상이면 사업승인 대상
	연립 주택	4개층 이하	각 동의 바닥면적 660 m^2 초과
	다세대 주택	4개층 이하	각 동의 바닥면적 660 m^2 이하
	기숙사		• 학생 또는 종업원 등의 기숙을 위한 시설 • 1개 동의 공동취사시설 이용 세대 수가 전체의 50% 이상인 것 • 교육기본법의 학생복지주택을 포함한다.

나. 특정소방대상물[소방시설법 시행령 별표2]

구 분	구 분2	층수	비 고
공동주택	아파트 등	주택부분이 5개층 이상	주택으로 쓰이는 층수가 5층 이상인 주택
	기숙사		• 학생 또는 종업원 등의 기숙을 위한 시설 • 공동취사 등을 할 수 있는 구조를 갖추되, 독립된 주거의 형태를 갖추지 않은 것

- 단독주택은 소방시설법 상의 특정소방대상물에 해당하지 않는다.
- 자체점검에서의 아파트는 주택부분이 5층 이상인 주택으로서 연립주택, 다세대주택 및 기숙사를 포함하지 않는다.

SECTION 2 점검인력 배치 예시

1 점검인력 배치 – 단일 대상

가. 예시01(노유자시설 19,200 m^2)

1) 대상물 현황

구 분	현 황	비 고
용 도	노유자 시설	
층 수	지하1층 / 지상5층	
동 수	1 동	
연 면 적	19,200 m^2	
소화설비	☑스프링클러 설비 □물분무등 소화설비 □제연설비	

출처 : (사)한국소방시설관리협회 홈페이지 http://www.kfma.kr

2) 점검면적 계산

(1) 실제면적 : 19,200 m^2

(2) 용도에 따른 가감

- 노유자 시설은 1류로서 가감계수는 1.2
- $19,200 \times 1.2 = 23,040$ m^2

(3) 설치되지 않는 소방시설에 따른 감소

- 물분무등소화설비가 없으므로 15% 감소
- 제연설비가 없으므로 10% 감소
- $23,040 \times (1 - 0.25) = 17,280$ m^2

(4) 점검면적은 17,280 m^2 이다.

3) 점검인력 배치

구분	종합정밀점검	작동기능점검
1 단위	$\frac{17280}{10000} ≒ 1.72$ 1단위(3인, 표준)로 2일	$\frac{17280}{12000} ≒ 1.44$ 1단위(3인, 표준)로 2일
최소일수	$17280 < 10000+(3000\times 3)$ 보조인력 3인을 추가하면 1일	$17280 < 10000+(3500\times 3)$ 보조인력 3인을 추가하면 1일

나. 예시02(아파트 380 세대)

1) 대상물 현황

구 분	현 황	비 고
용 도	아파트	
층 수	지하1층, 지상18층	
세 대 수	380 세대	
연 면 적	19,935 m^2	
소화설비	☑스프링클러 설비 ☐물분무등 소화설비 ☑제연설비	

출처 : (사)한국소방시설관리협회 홈페이지 http://www.kfma.kr

2) 점검세대 계산

(1) 실제세대 : 380 세대

(2) 설치되지 않는 소방시설에 따른 감소

• 물분무등소화설비가 없으므로 15% 감소

• 380×(1－0.15)=323 세대

(3) 점검세대수는 323세대이다

3) 점검인력 배치

구분	종합정밀점검	작동기능점검
1 단위	$\frac{323}{300} ≒ 1.07$ 1단위(3인, 표준)로 2일	$\frac{323}{350} ≒ 0.92$ 1단위(3인, 표준)로 1일
최소일수	$323 < 300+(70\times 1)$ 보조인력 1인을 추가하면 1일	상동

다. 예시03(업무시설 2,831 m^2)

1) 대상물 현황

구 분	현 황	비 고
용 도	업무시설 및 주차장	
층 수	지하1층, 지상5층	
동 수	1 동	
연 면 적	2,831 m^2	
소화설비	☑스프링클러 설비 □물분무등 소화설비 □제연설비	

출처 : (사)한국소방시설관리협회 홈페이지 http://www.kfma.kr

2) 점검면적 계산

(1) 실제면적 : 2,831 m^2

(2) 용도에 따른 가감

업무시설은 3류로서 가감계수는 1.0

(3) 설치되지 않는 소방시설에 따른 감소

- 물분무등소화설비가 없으므로 15% 감소
- 제연설비가 없으므로 10% 감소
- $2,831 \times (1-0.25) = 2,123\ m^2$

(4) 점검면적은 2,123 m^2이다

3) 점검인력 배치

1단위의 작동기능점검은 12,000 m^2/일당 $\frac{2123}{12000} = 0.18$ 이므로 1일

라. 예시04(공장 37,900 m^2)

1) 대상물 현황

구 분	현 황	비 고
용 도	공장	
층 수	지상3층	
동 수	2 동	
연 면 적	37,900 m^2	
소화설비	□스프링클러 설비 □물분무등 소화설비 □제연설비	

출처 : (사)한국소방시설관리협회 홈페이지 http://www.kfma.kr

2) 점검면적 계산

(1) 실제면적 : 37,900 m^2

(2) 용도에 따른 가감

- 공장은 4류로서 가감계수는 0.9
- $37,900 \times 0.9 = 34,110$ m^2

(3) 설치되지 않는 소방시설에 따른 감소

- 스프링클러설비가 없으므로 10% 감소
- 물분무등소화설비가 없으므로 15% 감소
- 제연설비가 없으므로 10% 감소
- $34,110 \times (1-0.35) = 22,172$ m^2

(4) 점검면적은 22,172 m^2이다.

3) 점검인력 배치

- 1단위의 작동기능점검은 12,000 m^2/일당 이므로 $\frac{22172}{12000} = 1.84$이므로 2일
- $22172 < 12000 + (3500 \times 3)$
- 보조인력 3인을 추가하면 1일

마. 예시05(아파트 689세대)

1) 대상물 현황

구 분	현 황	비 고
용 도	아파트	
층 수	지하1층, 지상13층	
세 대 수	689 세대	
연 면 적	53,520 m^2	
소화설비	☑스프링클러 설비 □물분무등 소화설비 □제연설비	

출처 : (사)한국소방시설관리협회 홈페이지 http://www.kfma.kr

2) 점검세대 계산

(1) 실제세대 : 689 세대

(2) 설치되지 않는 소방시설에 따른 감소

- 물분무등소화설비, 제연설비가 없으므로 25% 감소
- $689 \times (1 - 0.25) = 516.75$ 세대

(3) 점검세대수는 516.75 세대이다.

3) 점검인력 배치

구분	종합정밀점검	작동기능점검
1 단위	$\frac{517}{300} \fallingdotseq 1.72$ 1단위(3인, 표준)로 2일	$\frac{517}{350} \fallingdotseq 1.48$ 1단위(3인, 표준)로 2일
최소일수	$517 < 300 + (70 \times 4)$ 보조인력 4인을 추가하면 1일	$517 < 350 + (90 \times 2)$ 보조인력 2인을 추가하면 1일

바. 예시06(주상복합 4,800 m^2)

1) 대상물 현황

구 분	현 황		비 고
용 도	아파트	근린생활시설 및 주차장	
규 모	47 세대 / 3,577 m^2	1,223 m^2	
연 면 적	4,800 m^2		
층 수	지하2층, 지상12층		
소화설비	☑스프링클러 설비 □물분무등 소화설비 ☑제연설비		

출처 : (사)한국소방시설관리협회 홈페이지 http://www.kfma.kr

2) 점검면적 계산

(1) 실제면적 : 4,800 m^2

(2) 용도에 따른 가감

- 아파트는 세대당 환산면적으로 계산
- 작동기능점검 환산면적 $47 \times 34.3 = 1612.1\ m^2$
- 복합건축물은 2류로서 가감계수는 1.1
- $(1,612.1 + 1,223) \times 1.1 = 3,118.6\ m^2$

(3) 설치되지 않는 소방시설에 따른 감소

- 물분무등소화설비가 없으므로 15% 감소
- $3,118.6 \times (1 - 0.15) = 2,650.81\ m^2$

(4) 점검면적은 2,651 m^2이다

3) 점검인력 배치

1단위의 작동기능점검은 12,000 m^2/일당 이므로 $\frac{2651}{12,000} = 0.22$이므로 1일

사. 예시07(주상복합 385,950 m²)

1) 대상물 현황

구 분	현 황		비 고
용 도	아파트	업무시설(오피스텔), 판매시설(백화점)	
규 모	396 세대 / 139,038 m^2	246,912 m^2	
연면적	385,950 m^2		
층 수	지하6층, 지상69층		
소화설비	☑스프링클러 설비 ☑물분무등 소화설비 ☑제연설비		

출처 : (사)한국소방시설관리협회 홈페이지 http://www.kfma.kr

2) 점검면적 계산

(1) 실제면적 : 385,950 m^2

(2) 용도에 따른 가감

- 아파트는 세대당 환산면적으로 계산
- 종합정밀점검 환산면적 $396 \times 33.3 = 13,186.8\ m^2$
- 복합건축물은 2류로서 가감계수는 1.1
- $(13,186.8 + 246,912) \times 1.1 = 286,108.68\ m^2$

(3) 설치되지 않는 소방시설에 따른 감소

감소할 수 있는 소방시설 해당사항 없음

(4) 점검면적은 286,108.68 m^2이다

3) 점검인력 배치

구분	종합정밀점검
1 단위	$\frac{286108}{10000} \fallingdotseq 28.6$ 1단위(3인, 표준)로 29일
최소 주인력	$\frac{286108}{10000 + (3000 \times 4)} = 13.004$ 보조인력 4인을 추가하면 14일
	점검일을 더 단축시키기 위해서는 주인력을 늘려야 한다.

2 점검인력 배치-복수 대상

가. 예시08(아파트 종합정밀점검+업무시설 작동기능점검)

1) 대상물 현황

(1) 아파트

구 분	현 황	비 고
용 도	아파트	
층 수	지하1층, 지상25층	
세 대 수	700 세대	
연 면 적	100,232 m^2	
소화설비	☑스프링클러 설비 □물분무등 소화설비 ☑제연설비	

출처 : (사)한국소방시설관리협회 홈페이지 http://www.kfma.kr

(2) 업무시설

구 분	현 황	비 고
용 도	업무시설	
층 수	지하1층, 지상3층	
연 면 적	1,745 m^2	
소화설비	□스프링클러 설비 □물분무등 소화설비 □제연설비	

출처 : (사)한국소방시설관리협회 홈페이지 http://www.kfma.kr

(1)대상에서 (2)대상까지의 최단 주행거리는 16 km이다.

2) 아파트 점검세대수 계산

(1) 실제세대수 : 700 세대

(2) 설치되지 않는 소방시설에 따른 감소

$700 \times (1-0.15) = 595$

(3) 점검세대수는 595 세대이다.

3) 업무시설 점검면적 계산

(1) 실제면적 : 1,745 m^2

(2) 용도에 따른 가감

업무시설은 3류로서 가감계수는 1.0

(3) 설치되지 않는 소방시설에 따른 감소

$1{,}745 \times (1-0.35) = 1{,}134.25$

(4) 최단 주행거리에 따른 증가

- 최단 주행거리가 16 km, 매 5 km마다 2%씩 가산하므로
- $1{,}134.3 \times (1+0.02 \times 4) = 1{,}225.04\ m^2$

(5) 점검면적은 1,225.04 m^2이다.

4) 종합정밀점검 면적으로 합산

(1) 아파트 점검면적 환산

$595 \times 33.3 = 19{,}813.5\ m^2$

(2) 업무시설의 작동기능점검 면적을 종합정밀점검 면적으로 환산

- $1{,}225 \times 0.8 = 980\ m^2$
- $19{,}813.5 + 980 = 20{,}793.5\ m^2$

(3) 합산한 점검면적은 20,793.5 m^2이다.

5) 점검인력 배치

구분	종합정밀점검
1 단위	$\frac{20793.5}{10000} \fallingdotseq 2.08$ 1단위(3인, 표준)로 3일
최소일수	$\frac{20793.5}{10000+(3000 \times 4)} = 0.95$ 보조인력 4인을 추가하면 1일

나. 예시09(근린생활시설 종합정밀점검＋OO정신병원 종합정밀점검)

1) 대상물 현황

(1) 근린생활시설

구 분	현 황	비 고
용 도	근린생활시설	
층 수	지하2층, 지상7층	
연면적	34,100 m^2	
소화설비	☑스프링클러 설비 □물분무등 소화설비 □제연설비	

출처 : (사)한국소방시설관리협회 홈페이지 http://www.kfma.kr

(2) 업무시설

구 분	현 황	비 고
용 도	정신보건의료기관	
층 수	지하2층, 지상6층	
연면적	38,938 m^2	
소화설비	☑스프링클러 설비 □물분무등 소화설비 ☑제연설비	

출처 : (사)한국소방시설관리협회 홈페이지 http://www.kfma.kr

(1)대상에서 (2)대상 까지의 최단 주행거리는 3 km이다.

2) 근린생활시설 점검면적 계산

(1) 실제면적 : 34,100 m^2

(2) 용도에 따른 가감

근린생활시설은 3류로서 가감계수는 1.0

(3) 설치되지 않는 소방시설에 따른 감소

$34,100\times(1-0.25)=25,575$ m^2

(4) 점검면적은 25,575 m^2이다.

3) 정신보건의료기관 점검면적 계산

(1) 실제면적 : 38,938 m^2

(2) 용도에 따른 가감

- 정신보건의료기관은 1류로서 가감계수는 1.2
- $38938\times1.2=46,725.6$ m^2

(3) 설치되지 않는 소방시설에 따른 감소

$46{,}725.6 \times (1-0.15) = 39{,}716.76\ m^2$

(4) 최단 주행거리에 따른 증가

- 최단 주행거리가 3 km, 매 5 km마다 2%씩 가산하므로
- $39{,}716.76 \times (1+0.02 \times 1) = 40{,}511.10\ m^2$

(5) 점검면적은 40,511.1 m^2이다.

4) 종합정밀점검 면적으로 합산

(1) 점검면적 합산

$25{,}575 + 40{,}511.1 = 66{,}086.1\ m^2$

(2) 합산한 점검면적은 66,086.1 m^2이다.

5) 점검인력 배치

구분	종합정밀점검
1 단위	$\frac{66086.1}{10000} \fallingdotseq 6.61$ 1단위(3인, 표준)로 7일
최소일수	$\frac{66086.1}{10000+(3000 \times 4)} = 3.004$ 보조인력 4인을 추가하면 4일
	점검일을 더 단축시키기 위해서는 주인력을 늘려야 한다.

다. 예시10(3개의 공공기관/업무시설 종합정밀점검)

1) 대상물 현황

(1) 업무시설1

구 분	현 황	비 고
용 도	업무시설/공공	
층 수	지하1층, 지상4층	
연 면 적	4,700 m^2	
소화설비	☑스프링클러 설비 □물분무등 소화설비 □제연설비	

출처 : (사)한국소방시설관리협회 홈페이지 http://www.kfma.kr

(2) 업무시설2

구 분	현 황	비 고
용 도	업무시설/공공	
층 수	지하1층, 지상3층	
연 면 적	3,150 m^2	
소화설비	☑스프링클러 설비 □물분무등 소화설비 □제연설비	

출처 : (사)한국소방시설관리협회 홈페이지 http://www.kfma.kr

(1)대상에서 (2)대상까지의 최단 주행거리는 8 km이다.

(3) 업무시설3

구 분	현 황	비 고
용 도	업무시설/공공	
층 수	지하1층, 지상4층	
연 면 적	4200 m^2	
소화설비	☑스프링클러 설비 □물분무등 소화설비 □제연설비	

출처 : (사)한국소방시설관리협회 홈페이지 http://www.kfma.kr

(2)대상에서 (3)대상까지의 최단 주행거리는 7 km이다.

2) 업무시설1 점검면적 계산

(1) 실제면적 : 4,700 m^2

(2) 용도에 따른 가감

업무시설은 3류로서 가감계수는 1.0

(3) 설치되지 않는 소방시설에 따른 감소

$4,700 \times (1-0.25) = 3,525$ m^2

(4) 점검면적은 3,525 m^{2}이다.

3) 업무시설2 점검면적 계산

(1) 실제면적 : 3,150 m^2

(2) 용도에 따른 가감

업무시설은 3류로서 가감계수는 1.0

(3) 설치되지 않는 소방시설에 따른 감소

$3,150 \times (1-0.25) = 2,362.5$ m^2

(4) 최단 주행거리에 따른 증가

- 최단 주행거리가 8 km, 매 5 km마다 2%씩 가산하므로
- $2{,}362.5\times(1+0.02\times2)=2{,}457\ m^2$

(5) 점검면적은 2,457 m^2이다.

4) 업무시설3 점검면적 계산

(1) 실제면적 : 4,200 m^2

(2) 용도에 따른 가감

업무시설은 3류로서 가감계수는 1.0

(3) 설치되지 않는 소방시설에 따른 감소

$4{,}200\times(1-0.25)=3{,}150\ m^2$

(4) 최단 주행거리에 따른 증가

- 최단 주행거리가 7 km, 매 5 km마다 2%씩 가산하므로
- $3{,}150\times(1+0.02\times2)=3{,}276\ m^2$

(5) 점검면적은 3,276 m^2이다.

5) 종합정밀점검 면적으로 합산

(1) 점검면적 합산

$3{,}525+2{,}457+3{,}276=9{,}258\ m^2$

(2) 합산한 점검면적은 9,258 m^2이다.

6) 점검인력 배치

구분	종합정밀점검
1 단위	$\frac{9258}{10000} \fallingdotseq 0.93$ 1단위(3인, 표준)로 1일

SECTION 3 점검수수료 산출 및 계약

1 실비정액가산방식

가. 정의

• 직접인건비, 직접경비, 제경비, 기술료를 합산하여 대가를 산출하는 방식을 말한다.
• 산업통상자원부에서 고시하는 '엔지니어링사업대가의 기준'에 따른다.

나. 구성

구분	내용
직접 인건비	• 투입된 엔지니어링기술자 수 × 기술등급별 노임단가 • 노임단가는 한국엔지니어링협회의 임금 실태조사보고서에 따른다.
직접경비	• 업무 수행과 관련이 있는 경비 • 특수자료비, 제출도서의 인쇄비, 자문비, 보조원의 급여, 현장사무실의 운영비 등
제경비	• 사업자의 행정운영을 위한 간접경비 • 서무직 급여, 소모품비, 통신비, 운영활동비 등
기술료	• 사업자가 개발, 보유한 기술의 사용 및 기술축적을 위한 대가 • 조사연구비, 기술개발비, 기술훈련비 및 이윤 등 • (직접인건비 + 제경비) × 20~40%

2 기술등급별 노임단가

가. 소방시설등의 자체점검

• 2015년 조사에서부터 7개 기술부문으로 공표
• 기계/설비, 전기, 정보통신, 건설, 환경, 원자력, 기타 의 7개 부문에서 소방은 '기타' 부문에 속한다.

나. 엔지니어링기술부문별 노임단가

구 분	기계/설비	전기	정보통신	건설	환경	원자력	기타
기술사	366,492	354,588	346,425	351,417	347,860	460,251	309,039
특급기술자	310,906	282,385	249,997	270,333	264,374	433,208	269,759
고급기술자	244,451	226,393	222,682	219,469	221,318	302,945	213,462
중급기술자	207,720	190,623	180,836	194,687	182,691	248,735	190,700
초급기술자	176,081	176,106	162,724	152,187	158,171	215,537	145,234

- ‘기타’부문의 특급 이하 노임단가를 적용한다.
- 매년 12월경에 그 다음 해에 적용할 노임단가를 새로이 공표한다.

3 점검 수수료의 산출

가. 1인당 점검 수수료

구 분	1인당 점검수수료				비 고
	특급	고급	중급	초급	
직접인건비	269,759	213,462	190,700	145,234	노임단가
직접경비	26,976	21,346	19,070	14,523	직접인건비×10%
제경비	310,223	245,481	219,305	167,019	직접인건비×115%
기술료	173,995	137,683	123,002	93,676	(직접인건비＋제경비)×30%
[소 계]	780,953	617,972	552,077	420,452	

나. 1단위당 점검 수수료

- 주 인력 1인과 보조 인력 2인이 점검 1단위이므로 특급1명＋중급1명＋초급1명으로 산출
- 780,953＋552,077＋420,452＝1,753,482

다. 연면적 10,000 m^2 미만

- 연면적 5,000 m^2 미만은 30% 범위 이내에서 산출된 점검 수수료를 감할 수 있다.
- 연면적 10,000 m^2 미만은 20% 범위 이내에서 산출된 점검 수수료를 감할 수 있다.

라. 1일 점검가능 규모 및 수수료

인원 \ 용도		1일 점검가능면적(m^2) 및 세대수					
		3인 (표준)		5인 (+보조2인)		7인 (+보조4인)	
		특(1)+중(1)+초(1)		특(1)+중(1)+초(3)		특(1)+중(1)+초(5)	
		종합	작동	종합	작동	종합	작동
3 류		10,000	12,000	16,000	19,000	22,000	26,000
아파트(세대)		300	350	440	530	580	710
1일 수수료	계산	(780,953+552,077 +420,452)		(780,953+552,077 +420,452×3)		(780,953+552,077 +420,452×5)	
	결과	1,753,482		2,594,386		3,435,290	

출처 : (사)한국소방시설관리협회 홈페이지 http://www.kfma.kr

마. 상주점검

1) 정의

화재 또는 2차 재해의 위험성이 중시되는 공공기관이나 시설물 등에서 상시 소방안전 확보를 위해 현장에 배치되어 수행하는 유지관리 업무이다.

순회 소방시설 상태점검 및 간이작동시험을 수행하는 일상점검, 화재, 비화재보에 대한 응급 대응조치, 감지기 교체 등 수시로 수행하는 경미한 정비 등을 포함한다.

업무대가는 엔지니어링사업대가 기준 중 실비정액가산방식을 적용한다.

2) 수수료 산출

(1) 실비정액가산방식

- 직접경비는 직접인건비의 30%
- 제경비는 직접인건비의 115%
- 기술료는 직접인건비와 제경비의 30%
- 단, 발주처의 요구에 의한 공휴일 인근 비상대기는 별도 정산한다.

(2) 상주인력 수

- 최소인원은 2명 초과(연면적 100,000 m^2 이하는 2명 초과)
- 산출결과 소수점이하는 1로 본다.
- 상주점검 투입인력수(단위 : 명)=대상처의 연면적 / 50,000 m^2

(3) 발전소의 배치인력 수

- 화력발전소의 경우 4개 호기(기준용량 500 MW×4) 이하로 구성된 발전소마다
- 원자력발전소는 2개 호기(기준용량 700 MW×2) 이하로 구성된 단위 발전소마다
- 선임은 중급 1명, 보조는 초급 1명, 계 2명을 기준으로 한다.
- 4명 초과 배치되는 경우 그 중 1명 초과는 고급 초과를 현장대리인으로 배치하고, 발주자 요구로 주기점검이 포함될 경우에는 소요 공량에 따라 추가 투입인력(일부는 기능인력 포함가능)을 발주자와 협의하여 별도 적용한다.
  종합정밀점검 및 작동기능점검은 본사 별도수행을 원칙으로 한다.

바. 점검 수수료의 할증

일과시간(09:00~18:00) 외 또는 공휴일(토,일요일 포함) 점검 시는 점검수수료의 50% 할증한다. 공휴일(토, 일요일 포함), 일과시간 외의 점검의 경우에는 공휴일 수수료의 50%를 가산하여 적용한다.

4 소방안전관리 업무대행 수수료

가. 규모별 월정 수수료

아파트 외		아파트	
연면적	월정 수수료	세대수	월정 수수료
~ 1000 m^2 이하	175,000 원	~ 30 세대 이하	175,000 원
~ 2000 m^2 이하	200,000 원	~ 50 세대 이하	200,000 원
~ 3000 m^2 이하	225,000 원	~ 100 세대 이하	225,000 원
~ 4000 m^2 이하	250,000 원	~ 150 세대 이하	250,000 원
~ 5000 m^2 이하	275,000 원	~ 200 세대 이하	275,000 원
~ 6000 m^2 이하	300,000 원	~ 250 세대 이하	300,000 원
~ 7000 m^2 이하	325,000 원	~ 300 세대 이하	325,000 원
~ 8000 m^2 이하	350,000 원	~ 350 세대 이하	350,000 원
~ 9000 m^2 이하	375,000 원	~ 400 세대 이하	375,000 원
~ 10000 m^2 이하	400,000 원	~ 500 세대 이하	400,000 원
10000 m^2 초과	1 m^2당 40 원	500 세대 초과	세대당 800 원

출처 : (사)한국소방시설관리협회 홈페이지 http://www.kfma.kr

- 기본 1년(12개월)간을 기준으로 한다.
- 1년 이하의 경우 월정수수료의 30%를 가산한 금액으로 산출한다.
- 자체점검은 소방안전관리 업무대행 월정수수료에 포함하지 않는다.
- 아파트와 아파트 외의 면적구분이 불분명한 경우에는 면적을 68.6으로 나눈 값을 세대수로 환산하여 산정한다.

나. 소방안전관리 수수료 예시

1) 30세대 이하의 아파트 또는 1,000 m^2 이하의 아파트 외 대상일 경우

(1) 1년 계약일 경우

175,000원(월)×12개월 = 2,100,000원(1년)

(2) 6개월 계약일 경우

175,000원(월)×6개월×130% = 1,365,000원(6개월)

2) 주상복합아파트의 경우

(1) 수수료 산출

아파트 세대수에 따른 월정수수료 + 아파트 외의 면적에 따른 월정수수료

(2) 주상복합아파트로서 세대수 100세대 + 상가건물 5,000 m^2 + 구분이 불분명한 주차장면적이 3,000 m^2인 경우

- 세대수 100세대이므로 225,000원
- 상가 5,000 m^2이므로 275,000원
- 불분명한 주차장 면적이 3000 m^2이면 3000/17.15 = 43.7세대이므로 200,000원
- 따라서, 225,000 + 275,000 + 200,000 = 700,000원

5 계약체결

가. 계약체결 절차

예산 수립		견적 접수		계약 체결
대상과 시기를 결정 사전 예산수립	⇒	소방시설 설치계획표, 도면 및 관련자료 제공 소방시설관리업체에 견적요청, 접수	⇒	복수의 업체로부터 접수한 견적 비교 가격의 적정성, 점검능력을 검토하여 최적의 업체와 계약

- 용역견적 산출에 필요한 특이사항을 사전에 모두 고지하고 제공한다.
- 최저가만을 선택하지 않고 점검능력 및 가격의 적정성을 종합적으로 평가하여 결정한다.

나. 계약체결 시 사전 고려사항

- 적정 업체를 선정할 수 있는 기준과 법령을 이해한다.
- 계약 후 법정기한까지 점검을 수행하는 순서를 숙지한다.
- 관리에 필요한 점검인력을 배치하는 방법을 이해한다.
- 점검인력 배치에 따른 적정한 용역비를 예상한다.

CHAPTER 04

연습문제

■ 견적의뢰, 발주 Ⅱ

01 자체점검을 위한 점검인력 1단위의 기본구성으로 맞는 것은?

① 소방시설관리사 1인 + 보조기술인력 2인
② 소방기술사 1인 + 소방시설관리사 1인
③ 소방시설관리사 1인 + 보조기술인력 3인
④ 소방기술사 1인 + 소방시설관리사 2인

해설 소방시설관리업을 등록하기 위해 최소한으로 갖추어야 하는 점검인력 1단위는 주된 기술인력인 소방시설관리사 1인과 보조기술인력 2인으로 구성된다.

02 노유자시설의 연면적이 10000 m^2이고, 스프링클러, 제연설비가 설치되어 있으며 물분무등소화설비는 설치되어 있지 않다면 다음 중 '용도별 할증계수'/소방시설에 따른 감소율/점검면적이 옳게 나열된 것은?

① 1.0 / −0% / 10,000 m^2　　② 1.2 / −15% / 10,200 m^2
③ 1.1 / −25% / 8,250 m^2　　④ 1.2 / −15% / 8,250 m^2

해설 노유자시설은 1류로서 용도별 할증계수는 1.2이며 물분무등 소화설비가 설치되어 있지 않으므로 −15%를 감소하여 점검면적을 계산한다. $10,000 \times 1.2 \times 0.85 = 10,200\ m^2$

03 자체점검을 위한 소방시설관리업체와의 계약체결 시 사전 고려사항으로 옳지 않은 것은?

① 적정 업체를 선정할 수 있는 기준과 법령을 이해한다.
② 계약 후 법정기한까지 점검을 수행하는 순서를 숙지한다.
③ 관리에 필요한 점검인력을 배치하는 방법을 이해한다.
④ 점검인력 배치를 여러 가지로 검토하여 최저가의 외주용역비를 집행한다.

해설 최저가만을 고집하면 부실점검을 초래하게 되므로 적정한 용역비를 사전에 예상하여 점검능력이 우수한 업체와 계약을 체결할 수 있도록 한다.

정답 01. ① 02. ② 03. ④

CHAPTER 04

학습정리

■ 견적의뢰, 발주 Ⅱ

1. 자체점검을 위한 점검인력 1단위의 기본구성
    - 주인력1인+보조인력2인

2. 아파트 외 점검대상은 용도에 따라 0.8~1.2의 가감계수를 반영함

3. 스프링클러, 물분무등, 제연설비가 설치되지 않은 경우 최대 35%까지 감소함

4. 자체점검용역비는 실비정액가산방식을 적용함

5. 실비정액가산방식의 구성
    - 직접인건비
    - 직접경비
    - 제경비
    - 기술료

6. 사전에 적정한 용역비를 예상할 수 있다면 최저가경쟁으로 인한 부실점검을 방지할 수 있음

참고문헌

- 화재예방, 소방시설의 설치·유지 및 안전관리에 관한 법률
- (사)한국소방시설관리협회 홈페이지 http://www.kfma.kr
- 국가직무능력표준(NCS) 소방분야 학습모듈
- 엔지니어링 사업대가의 기준고시

CHAPTER 05

소방시설의 점검실무 I

학습 목표	1. 소방시설의 자체점검표를 이해하고 설명할 수 있다. 2. 소화기구 등의 설치기준을 이해하고 설명할 수 있다. 3. 소화기구 등의 자체점검표를 작성할 수 있다.
학습 목차	1. 소방시설의 자체점검표 2. 소화기구 및 자동소화장치 설치기준 3. 소화기구 및 자동소화장치 점검실무

복습 점검

01 자체점검을 위한 점검인력 1단위는 소방기술사, 소방시설관리사, 소방설비기사, 소방설비산업기사 중 3인으로 구성되어진다.

해설 소방시설관리업을 등록하기 위해 최소한으로 갖추어야 하는 점검인력 1단위는 주된 기술인력인 소방시설관리사 1인과 보조기술인력 2인으로 구성된다.

02 1단위의 점검인력이 노유자시설을 종합정밀점검을 하는 경우 연면적 10,000 ㎡까지 점검할 수 있다.

해설 노유자시설은 1류로서 용도별 할증계수는 1.2이므로 점검면적은 12,000 m^2가 되며 스프링클러설비, 제연설비 및 물분무등소화설비의 설치여부를 확인하여 검토하여야 한다.

03 소방시설관리업체와의 계약 시 최저가의 견적을 요구한다면 부실점검을 초래할 우려가 높아진다.

해설 최저가만을 고집하면 부실점검을 초래하게 되므로 적정한 용역비를 사전에 예상하여 점검능력이 우수한 업체와 계약을 체결할 수 있도록 한다.

정답 01. X 02. X 03. O

FIRE INSPECTION THEORY

CHAPTER 05 소방시설의 점검실무 Ⅰ

SECTION 1 소방시설의 자체점검표

1 자체점검 방법

가. 제도

- 소방시설은 자체점검의 구분에 따라 점검사항, 점검인원배치, 세부점검방법 등을 달리 정하여 하도록 하고 있다.
- 소방청장의 「소방시설 자체점검사항 등에 관한 고시」에서 위 항목의 내용 및 서식을 규정하고 있다.

나. 소방시설 자체점검사항 등에 관한 고시

조	제 목	주 요 내 용
2조	점검인력 배치상황 통보 등	관리업자가 평가기관의 전산망에 직접 입력한다.
3조	점검사항·세부점검방법 및 소방시설등점검표	소방시설등(작동기능, 종합정밀)점검표 : 별지 제3호 서식
4조	소방시설 종합정밀점검표의 준용	완공 시 감리결과보고서에 첨부하는 소방시설성능시험조사표의 붙임서류인 소방시설의 항목별 성능시험표 : 별지 제4호 서식(소방시설 성능시험조사표)
5조	공공기관의 자체소방 점검표	자체점검 별도 기록 : 별지 제6호 서식(소방시설자체점검기록부) 외관점검 : 별지 제5호 서식(소방시설외관점검표)

2 자체점검 Check－list

가. 점검인력 배치상황 통보

구 분	단일 대상	2이상 대상
서식	별지 제1호 서식	별지 제1호의 2서식
배치장소(점검대상)	상호, 소재지, 관계인, 용도 점검구분, 미보유시설 연면적 및 총 세대수	배치장소① 배치장소② (필요시 추가)
배치인력(점검인력)	주인력, 보조인력의 자격사항 성명, 자격, 자격증번호	
배치상황	전체기간 일차, 보조인력별 배치일람(필요시 추가)	
기타사항	처리기간은 즉시 소방시설관리업자의 인적사항	

나. 소방시설등(작동기능, 종합정밀) 점검표(별지 제3호서식)

	제목		제목
	소방시설등의 세부현황	17	자동화재속보설비 및 통합감시시설 점검표
1	소화기구 및 자동소화장치 점검표	18	누전경보기 점검표
2	옥내소화전설비 점검표	19	가스누설경보기 점검표
3	스프링클러설비 점검표	20	피난기구 및 인명구조기구 점검표
4	간이스프링클러설비 점검표	21	유도등 및 유도표지 점검표
5	화재조기진압용 스프링클러설비 점검표	22	비상조명등·휴대용비상조명등 점검표
6	물분무소화설비 점검표	23	소화용수설비 점검표
7	미분무소화설비 점검표	24	제연설비 점검표
8	포소화설비 점검표	25	특별피난계단의 계단실 및 부속실의 제연설비 점검표
9	이산화탄소소화설비 점검표	26	연결송수관설비 점검표
10	할론소화설비 점검표	27	연결살수설비 점검표
11	할로겐화합물 및 불활성기체소화설비 점검표	28	비상콘센트설비 점검표

12	분말소화설비 점검표	29	무선통신보조설비 점검표
13	옥외소화전설비 점검표	30	연소방지설비 점검표
14	비상경보설비·단독경보형감지기 점검표	31	기타 사항 확인표 점검표
15	자동화재탐지설비·시각경보기 점검표	32	다중이용업소 점검표
16	비상방송설비 점검표		

SECTION 2 소화기구 및 자동소화장치 설치기준

1 소화기구의 정의 및 분류

1) 정의

물과 그 밖의 소화약제를 사용하여 화재 초기 단계에서 화재가 발생된 장소의 관계인이 수동으로 조작하여 소화하거나 자동으로 작동되어 소화하는 기계·기구이다.

2) 분류

기 준	소화약제	능력단위	방출방식
분류	포 소화기 강화액 소화기 물 소화기 분말 소화기 할로겐화합물 소화기 이산화탄소 소화기	소형 소화기 대형 소화기	가압식 소화기 축압식 소화기

화재 시 작동방법에 따라 수동식소화기 및 자동소화장치, 그 밖의 간이소화용구가 있다.

2 소화기구 설치기준

가. 약제별 적응성

소화약제 구분 / 적응대상	가스			분말		액체				기타			
	이산화탄소소화약제	할론소화약제	할로겐화합물 및 불활성기체소화약제	인산염류소화약제	중탄산염류소화약제	산알칼리소화약제	강화액소화약제	포소화약제	물·침윤소화약제	고체에어로졸화합물	마른모래	팽창질석·팽창진주암	그 밖의 것
일반화재 (A급 화재)		○	○	○		○	○	○	○	○	○	○	
유류화재 (B급 화재)	○	○	○	○	○	○	○	○	○	○	○	○	
전기화재 (C급 화재)	○	○	○	○	○	*	*	*	*	○			
주방화재 (K급화재)					*		*	*	*				*

출처 : 소화기구의 화재안전기준 별표1

나. 바닥면적 기준 능력단위

특정소방대상물	능력단위
위락시설	$\frac{1\text{단위}}{30\ m^2}$
장례식장 및 의료시설, 관람장, 집회장, 공연장, 문화재	$\frac{1\text{단위}}{50\ m^2}$
근린, 판매, 숙박, 전시장, 창고, 노유자, 운수, 업무, 공장, 자동차 및 항공기 관련, 관광휴게, 공동주택, 방송통신	$\frac{1\text{단위}}{100\ m^2}$
기타	$\frac{1\text{단위}}{200\ m^2}$

(주) 주요구조부 : 내화구조, 실내 : 난연재 이상일 경우 기준면적×2배

다. 용도별 추가 능력단위

<table>
<tr><th colspan="3">특정소방대상물</th><th>능력단위</th></tr>
<tr><td colspan="3">보일러실(아파트의 방화구획실 제외), 건조실, 세탁소, 대량화기 취급소
(음식점, 지하가, 다중이용업소, 호텔, 기숙사, 노유자시설, 장례식장, 교육연구시설, 교정 및 군사시설)의 주방
(의료시설, 업무시설, 공장)의 공동취사를 위한 주방
관리자 출입이 곤란한 송전실, 배전반실, 변전실, 변압기실(불연재 상자 내에 장치 제외), 지하구 제어반, 분전반
※ SP, 간이SP, 물분무등, 주방용 자동소화장치 설치 시 자동확산 소화장치 설치제외</td><td>능력단위 $\leq \frac{\text{바닥면적}}{25\ \text{m}^2}$
+자동확산
$\frac{1\text{개}}{10\ \text{m}^2\ \text{이하}}$, $\frac{2\text{개}}{10\ \text{m}^2\ \text{초과}}$
지하구 제어반, 분전반 마다 가스식, 분말식, 고체에어로졸식 자동소화장치 설치
주방의 경우 소화기중 1개 이상은 주방화재용 소화기(K급) 설치</td></tr>
<tr><td colspan="3">발전실, 송전실, 변전실, 변압기실, 배전반실, 통신기기실, 전산기기실, 기타 이와 유사한 장소</td><td>$\frac{1\text{개}}{50\ \text{m}^2}$ 또는 가스식, 분말식, 고체에어로졸식, 캐비넷형(다만, 통신기기실, 전자기기실을 제외한 장소는 교류 600 V, 직류 750 V 이상의 것에 한한다.)</td></tr>
<tr><td colspan="3">위험물 지정수량 0.2~1.0미만을 저장 또는 취급하는 장소</td><td>2단위 이상 또는 가스식, 분말식, 고체에어로졸식, 캐비넷형</td></tr>
<tr><td rowspan="2">특수가연물 저장, 취급 장소</td><td colspan="2">지정수량 이상</td><td>$\frac{1\text{단위}}{50\text{배}}$</td></tr>
<tr><td colspan="2">지정수량 500배 이상</td><td>대형소화기 1개 이상</td></tr>
<tr><td rowspan="2">가연성가스를 연료로 사용하는 장소</td><td colspan="2">액화석유가스, 기타 가연성가스를 연료로사용하는 연소기기가 있는 장소</td><td>연소기 보행거리 10 m 이내, 3단위 이상 1개(단, 상업용 주방자동소화장치 설치 시 제외)</td></tr>
<tr><td colspan="2">액화석유가스, 기타 가연성가스를 연료로사용하기 위한 저장실
(300 kg 미만 제외)</td><td>5단위 이상 소화기 2개 이상 및 대형소화기 1개 이상</td></tr>
<tr><td rowspan="6">가연성가스를 제조하거나 연료 외의 용도로 저장사용하는 장소(저장량 또는 1개월간 제조·사용하는 양)</td><td rowspan="2">200 kg 미만</td><td>저장장소</td><td rowspan="2">3단위 이상 소화기 2개 이상</td></tr>
<tr><td>제조·사용장소</td></tr>
<tr><td rowspan="2">200 kg 이상
~300 kg 미만</td><td>저장장소</td><td>5단위 이상 소화기 2개 이상</td></tr>
<tr><td>제조·사용장소</td><td>50 m^2마다 5단위 이상 소화기 1개 이상</td></tr>
<tr><td rowspan="2">300 kg 이상</td><td>저장장소</td><td>대형 2개 이상</td></tr>
<tr><td>제조·사용장소</td><td>50 m^2마다 5단위 이상 1개 이상</td></tr>
</table>

※ 비고 : 액화석유가스, 기타 가연성가스를 제조하거나 연료 외의 용도로 사용하는 장소 바닥면적 50 m^2 이하인 경우도 해당소화기 2개 이상

라. 소화기 배치 및 표지

1) 각 층마다

- 소형소화기 : 20 m 이내
- 대형소화기 : 30 m 이내 배치

(예외, 가연성물질이 없는 작업장 : 작업장의 실정에 맞게 보행거리를 완화, 지하구 : 화재발생의 우려가 있거나 사람의 접근이 쉬운 장소에 한하여 설치)

2) 추가 배치(각 층이 2 이상의 거실로 구획된 경우)

- 바닥면적이 33 m^2 이상으로 구획된 각 거실
- 아파트 : 각 세대

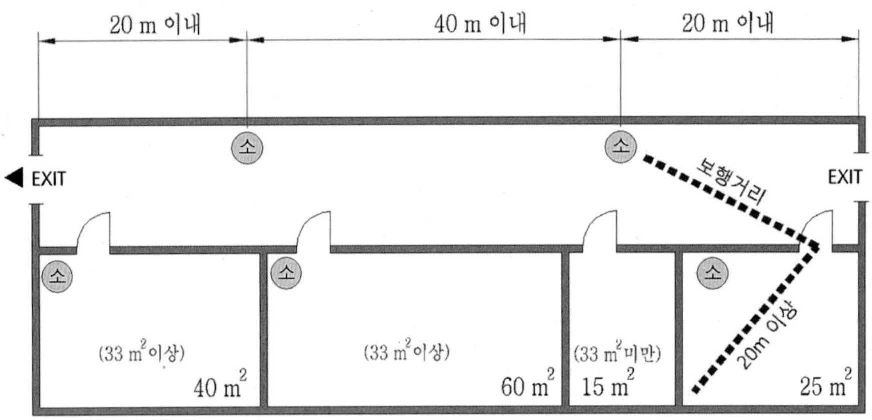

〈 소화기의 거실구획 및 보행거리에 따른 추가배치 〉

- 거실 : 거주·집무·작업·집회·오락 그 밖에 이와 유사한 목적을 위하여 사용하는 방

3) 높이 및 표지

- 거주자 등이 손쉽게 사용할 수 있는 장소 바닥에서 높이 1.5 m 이하 비치(자동소화장치 제외)
- 표지를 보기 쉬운 곳에 부착한다.

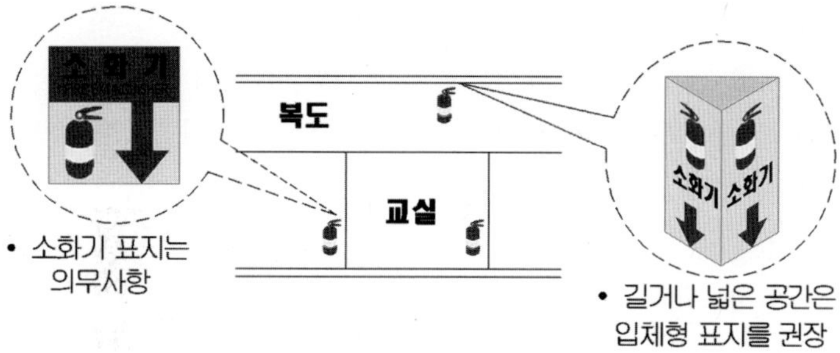

〈 소화기의 위치표지 〉

출처 : 학교안전원스톱점검 가이드라인

마. 간이소화용구 제한

2단위 이상이 소화기를 설치하여야 할 특정소방대상물 또는 그 부분에서는 간이소화용구가 전체 능력단위 1/2을 초과하지 않도록 한다(예외 : 노유자시설).

3 자동소화장치 설치기준

가. 주거용 주방자동소화장치

구분	내용
감지부	형식승인받은 유효한 높이 및 위치
소화약제 방출구	환기구의 청소부분과 분리 형식승인 받은 유효설치 높이 및 방호면적
탐지부	수신부와 분리 공기보다 가벼운 가스(CH_4) : 천장면 −30 cm 이하 공기보다 무거운 가스(C_3H_8) : 바닥면 +30 cm 이하
가스차단장치	개폐밸브로부터 2 m 이하 상시 확인 및 점검이 가능
수신부	주위의 열기류 또는 습기 등과 주위온도에 영향을 받지 아니하고 사용자가 상시 볼 수 있는 장소

나. 캐비넷형 자동소화장치

- 소화성능 : 방호체적 이상 방호
- 감지기 방호면적 : 자동화재탐지설비의 화재안전기준
- 분사헤드 : 방호구역 바닥 0.2 m 이상 3.7 m 이하(형식승인 받은 경우에는 그 범위)

- 동작 : 화재감지기의 동작
- 감지기회로 : 교차회로 방식으로 설치(특수감지기 제외)
- 개구부 및 통기구 : 약제가 방사되기 전 자동폐쇄(가스압에 폐쇄되는 것 : 소화약제 방출과 동시에 폐쇄)
- 고정 : 작동에 지장 없도록 견고히 고정
- 화재감지기 : 방호구역 내 천장 또는 옥내에 면하는 부분에 설치

다. 가스식, 분말식, 고체에어로졸식 자동소화장치

소화약제 방출구	형식승인받은 유효설치범위
자동소화장치	방호구역 내에 형식승인 된 1개의 제품(연동식 포함)
감지부	형식승인된 유효설치범위 평상시 최고주위온도에 따른 표시온도의 것 열감지선의 감지부 : 형식승인 받은 최고주위온도 범위
화재감지기를 감지부를 사용	자동화재탐지설비 기준

4 설치제한 및 감소

가. 소화기 설치제한

이산화탄소 또는 할로겐화합물의 소화기구(자동확산소화기 제외)는 지하층이나 무창층 또는 밀폐된 거실로서 그 바닥면적이 20 m^2 미만의 장소에는 설치할 수 없다. 다만, 배기를 위한 유효한 개구부가 있는 장소인 경우에는 그러하지 아니하다.

나. 소화기의 감소

<table>
<tr><th colspan="2">특정소방대상물</th><th colspan="2">감소기준</th></tr>
<tr><td rowspan="3">소형
소화기</td><td rowspan="2">감소 대상</td><td rowspan="2">옥내·옥외, 스프링클러·물분무등·대형 소화기</td><td>2/3 감소(소형 소화기)</td></tr>
<tr><td>1/2 감소(대형 소화기)</td></tr>
<tr><td>감소 제외</td><td colspan="2">층수가 11층 이상인 부분
근린생활, 판매, 숙박, 위락, 문화 및 집회시설, 노유자, 의료(약), 아파트, 운수, 운동, 교육연구, 방송통신, 업무(무인변전소 제외), 항공기 및 자동차관련, 관광 휴게시설</td></tr>
<tr><td colspan="2">대형소화기 설치대상</td><td>옥내·외소화전, 스프링클러·물분무등</td><td>대형 소화기 면제</td></tr>
</table>

SECTION 3 소화기구 및 자동소화장치 점검실무

1 점검절차

설치현황 점검		상태 점검		법정 점검
설치환경, 적응성 설치수량, 설치제한 보행거리 등	⇒	소화약제량 압력상태 안전핀체결 부식 및 파손	⇒	법정점검표 작성

- 소화기, 자동소화장치의 설치기준 및 설치제한에 따라 설치현황을 점검한다.
- 설치현황은 2의 소화기 설치기준을 통해 점검하며 3에서는 상태 점검에 관하여 다룬다.

2 소화기의 상태 점검

가. 축압식 소화기

1) 약제량

약제의 중량은 저울을 이용하여 측정한다.

2) 가스압력

가스의 압력은 소화기에 부착되어 있는 지시압력계를 보고 확인한다.

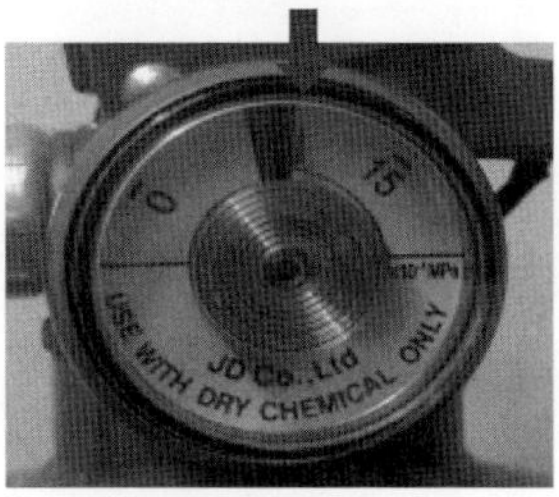

〈 정상 〉

〈 압력부족 〉

구분	내용
점검	압력계 지시바늘이 9×10^{-1}MPa 인근의 녹색 범위 내에 위치하는지를 확인한다. 정상범위의 약간 오른쪽을 지시하는 경우에도 사용 가능하다.
증상	압력이 부족한 경우 지시바늘이 정상범위의 왼쪽을 지시한다
조치	즉시 수거 후 정상압력범위의 소화기로 교체한다.

나. 가압식 소화기

1) 외관상 구별

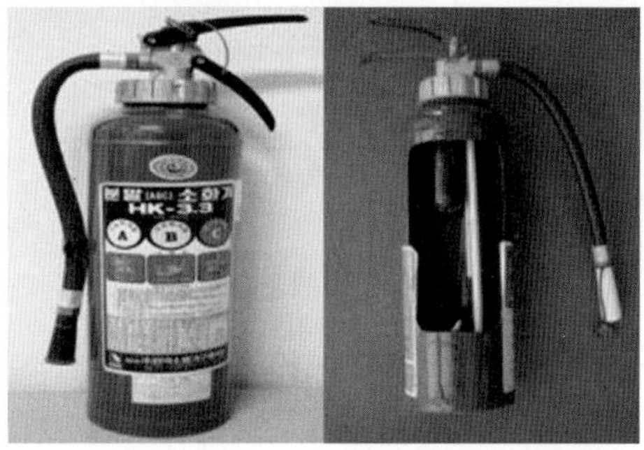

〈 가압식소화기의 외관과 내부구조 〉

출처 : 중앙매일 인터넷기사

- 가압식 소화기는 외관상 압력계가 없고 상부캡이 투박하고 크다.
- 소화기를 작동하는 즉시 내부가 가압되어 노후한 경우 소화기 폭발우려가 높다.

2) 발견시 조치

발견하는 즉시 수거하여 폐기하고 축압식 소화기로 교체한다.

다. 가스계 소화기

〈 가스계소화기의 압력 및 중량 검사〉

- 할론1301을 제외한 할론소화기는 외관상 설치된 압력계를 보고 방출압을 확인한다.
- 이산화탄소소화기 등 자체증기압에 의해 방출되는 경우 용기의 총중량을 측정하여 약제량을 확인한다.

용기중량 = 총중량 − 약제중량

약제중량 = 측정중량 − 용기중량

약제손실량 = 총중량 − 측정중량

〈 소화기에 부착된 중량표시 확인 〉

출처 : 국가직무능력표준(NCS)학습모듈

- 저울을 통해 총중량을 확인한 후 소화기에 부착된 중량과의 차이를 확인하여 약제의 누설을 확인한다.

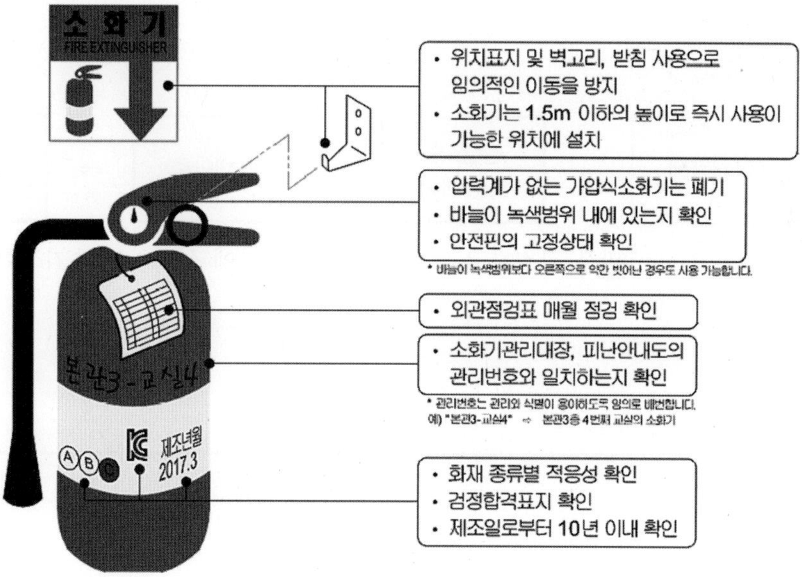

〈 소화기의 외관점검 Check-Point 〉

출처 : 학교안전원스톱점검 가이드라인

❸ 자동확산 소화기 상태 점검

가. 외형 및 구조

〈자동확산 소화장치의 외형〉

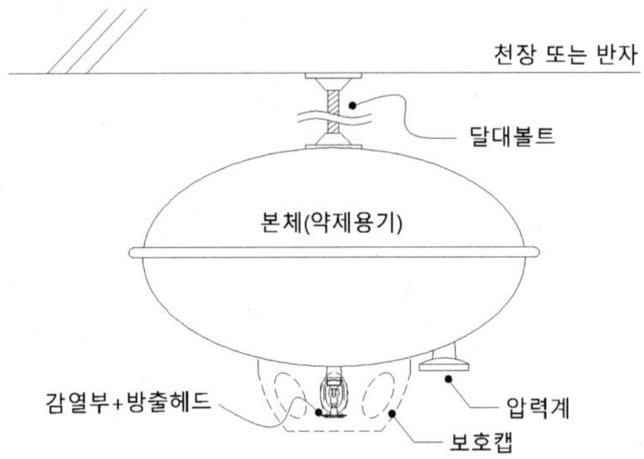

〈구조 및 명칭〉

축압식 소화기와 같은 방식으로 저장되어 있으며 퓨즈감열을 통해 자동방출하는 소화장치이다.

나. 작동순서

화재발생 ⇒ 감열 후 노즐개방 ⇒ 약제방출 ⇒ 소화

바닥면적(10 m²)만을 규정하고 있으나 화기 직상부에 설치하여 초기소화가 가능하도록 하여야 한다.

다. 점검항목

구분	내용
설치	화기 상단 중앙에 설치 여부 천장에 부착대와 본체의 결합상태 유효 방호면적은 10 m²
압력	지시압력계의 녹색범위 확인
본체	부식상태 확인

4 주거용 주방자동소화장치 상태 점검

가. 구성 및 작동

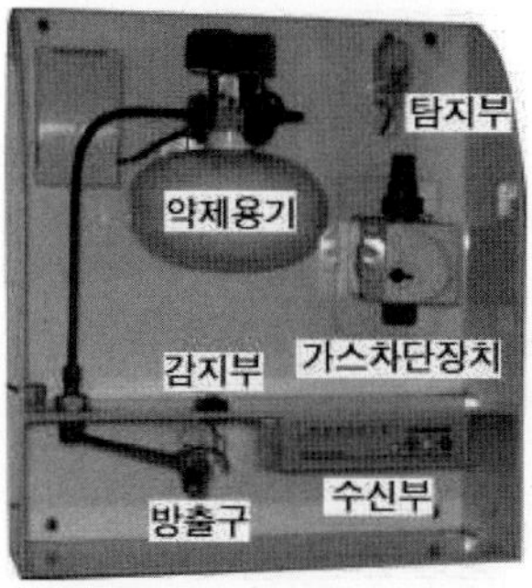

〈 자동확산 소화장치의 구성 〉

상 황	작 동
가스누설	• 가스누설경보 • 가스자동차단
화재발생	• 1차 화재경보 및 가스자동차단 • 2차 소화약제방출

출처 : 국가직무능력표준(NCS)학습모듈

나. 점검항목

구 분	내 용
감지부	• 형식승인을 받은 유효한 설치 높이 및 위치 확인 • 1차 온도(80~100 ℃), 2차 온도(100~120℃) 감지
방출구	• 환기구의 청소부분과 분리설치 되었는지 여부
탐지부	• 사용가스에 따른 적정성 확인 • 점검용 가스를 분사하여 탐지 확인
수신부	• 주위의 열기류 또는 습기 등과 주위온도에 영향을 받지 아니할 것 • 사용자가 상시 볼 수 있는 장소에 설치 • 가스누설 탐지 시 가스누설표시등이 점등되고 '삐삐' 소리의 경보음을 발할 것
가스차단장치	• 주방배관의 개폐밸브로부터 2 m 이하의 위치에 설치 • 상시확인 및 점검이 가능할 것 • 가스차단장치는 가스누설탐지와 화재감지에 의해 자동폐쇄

SECTION 4 소화기구 및 자동소화장치 자체점검

번호	점검항목	점검결과
1-A. 소화기구(소화기, 자동확산소화기, 간이소화용구)		
1-A-001	○ 거주자 등이 손쉽게 사용할 수 있는 장소에 설치되어 있는지 여부	
1-A-002	○ 설치높이 적합 여부	
1-A-003	○ 배치거리(보행거리 소형 20 m 이내, 대형 30 m 이내) 적합 여부	
1-A-004	○ 구획된 거실(바닥면적 33 m^2 이상)마다 소화기 설치 여부	
1-A-005	○ 소화기 표지 설치상태 적정 여부	
1-A-006	○ 소화기의 변형·손상 또는 부식 등 외관의 이상 여부	
1-A-007	○ 지시압력계(녹색범위)의 적정 여부	
1-A-008	○ 수동식 분말소화기 내용연수(10년) 적정 여부	
1-A-009	● 설치수량 적정 여부	
1-A-010	● 적응성 있는 소화약제 사용 여부	
1-B. 자동소화장치		
	[주거용 주방 자동소화장치]	
1-B-001	○ 수신부의 설치상태 적정 및 정상(예비전원, 음향장치 등) 작동 여부	
1-B-002	○ 소화약제의 지시압력 적정 및 외관의 이상 여부	
1-B-003	○ 소화약제 방출구의 설치상태 적정 및 외관의 이상 여부	
1-B-004	○ 감지부 설치상태 적정 여부	
1-B-005	○ 탐지부 설치상태 적정 여부	
1-B-006	○ 차단장치 설치상태 적정 및 정상 작동 여부	
	[상업용 주방 자동소화장치]	
1-B-011	○ 소화약제의 지시압력 적정 및 외관의 이상 여부	
1-B-012	○ 후드 및 덕트에 감지부와 분사헤드의 설치상태 적정 여부	
1-B-013	○ 수동기동장치의 설치상태 적정 여부	
	[캐비닛형 자동소화장치]	
1-B-021	○ 분사헤드의 설치상태 적합 여부	
1-B-022	○ 화재감지기 설치상태 적합 여부 및 정상 작동 여부	
1-B-023	○ 개구부 및 통기구 설치 시 자동폐쇄장치 설치 여부	
	[가스·분말·고체에어로졸 자동소화장치]	
1-B-031	○ 수신부의 정상(예비전원, 음향장치 등) 작동 여부	
1-B-032	○ 소화약제의 지시압력 적정 및 외관의 이상 여부	
1-B-033	○ 감지부(또는 화재감지기) 설치상태 적정 및 정상 작동 여부	
비고		

※ 점검항목 중 "●"는 종합정밀점검의 경우에만 해당한다.
※ 점검결과란은 양호 "○", 불량 "×", 해당없는 항목은 "/"로 표시한다.
※ 점검항목 내용 중 "설치기준" 및 "설치상태"에 대한 점검은 정상적인 작동 가능 여부를 포함한다.
※ '비고'란에는 특정소방대상물의 위치·구조·용도 및 소방시설의 상황 등이 이 표의 항목대로 기재하기 곤란하거나 이 표에서 누락된 사항을 기재한다.(이하 같다)

CHAPTER

05 연습문제

■ 소방시설의 점검실무 I

01 다음 중 작동기능점검표에 포함되지 않는 것은?

① 특정소방대상물의 개요표
② 가스누설경보기 점검표
③ 다중이용업소 점검표
④ 소방시설등 종합정밀점검표

해설 자체점검을 위한 점검표는 자체점검의 종류에 따라 작동기능점검표와 종합정밀점검표로 나뉜다.

02 다음 중 소화기의 방출방식에 따른 분류로 적절한 것은?

① 수계소화기 / 가스계 소화기
② 소형 소화기 / 대형 소화기
③ 포 소화기 / 강화액 소화기
④ 가압식 소화기 / 축압식 소화기

해설 소화기는 방출방식에 따라 별도의 가압용기가 내장된 가압식 소화기와 방출압력을 상시 유지하고 있는 축압식 소화기로 나뉜다.

03 자동확산 소화기에 대한 설명으로 옳은 것은?

① 1.5 m 이내의 높이에 설치하여야 한다.
② 주방에 주로 설치하며 K급 화재에 적응성을 갖는다.
③ 방출구의 퓨즈가 감열하여 자동으로 약제가 방출한다.
④ 자동작동은 수신기로 전달되어 화재신호를 알린다.

해설 자동확산 소화기는 천장, 반자 등 화기의 직상부에 설치하여 화재 시 감열개방하여 자동으로 약제를 방출하는 소화기이다.

정답 01. ④ 02. ④ 03. ③

CHAPTER 05

학습정리

■ 소방시설의 점검실무 Ⅰ

1. 소방시설은 자체점검의 구분에 따라 점검사항, 점검인원배치, 세부점검방법을 다르게 하고 있음

2. 「소방시설 자체점검사항 등에 관한 고시」에서 위 항목의 내용 및 서식을 규정하고 있음

3. 소화기구의 분류 기준
   - 소화약제
   - 능력단위
   - 방출방식

4. 소화기구 및 자동소화장치의 점검절차
   - 설치현황 점검 → 상태 점검 → 법정 점검

5. 소화기 설치현황 점검항목
   - 약제별 적응성
   - 바닥면적 기준 능력단위
   - 용도별 추가 능력단위
   - 소화기 배치 및 표지
   - 간이소화용구 제한

6. 주거용 주방자동소화장치의 구성
   - 감지부
   - 방출부
   - 탐지부
   - 수신부
   - 가스차단장치

참고문헌

- 학교안전원스톱점검 가이드라인
- 국가직무능력표준(NCS) 소방분야 학습모듈
- 소방시설의 설계 및 시공(동화기술)

CHAPTER 06

소방시설의 점검실무 Ⅱ

학습목표	1. 옥내소화전설비의 설치현황과 상태를 점검할 수 있다. 2. 가압송수장치와 그 주변배관을 점검할 수 있다. 3. 옥내소화전설비와 가압송수장치의 자체점검표를 작성할 수 있다.
학습목차	1. 옥내소화전설비의 점검실무 2. 가압송수장치의 점검실무 3. 펌프방식 가압송수장치의 점검

복습 점검

01 자체점검을 위한 점검표는 작동기능점검과 종합정밀점검에 쓰이는 서식이 동일하다.

해설 자체점검을 위한 점검표는 자체점검의 종류에 따라 작동기능점검표와 종합정밀점검표로 나뉜다.

02 소화기는 방출방식에 따라 가압식과 축압식으로 분류된다.

해설 소화기는 방출방식에 따라 별도의 가압용기가 내장된 가압식 소화기와 방출압력을 상시 유지하고 있는 축압식 소화기로 나뉜다. 가압식은 폭발사고의 발생위험이 높아 발견 즉시 축압식으로 교체하여야 한다.

03 자동확산 소화기는 화재 시 약제를 자동으로 방출하고 수신기에 화재신호를 보내 경보를 알릴 수 있도록 하는 자동소화장치이다.

해설 자동확산 소화기는 천장, 반자 등 화기의 직상부에 설치하여 화재 시 감열개방하여 자동으로 약제를 방출하는 소화기로서 화재신호를 발하는 기능은 없다.

정답 01. X 02. O 03. X

FIRE INSPECTION THEORY

CHAPTER 06 소방시설의 점검실무 Ⅱ

SECTION 1 옥내소화전설비의 점검실무

1 정의 및 구성

가. 옥내소화전설비

1) 정의

옥내소화전설비는 건축물내의 화재 시 해당 소방대상물의 관계자, 자위소방대원 또는 상주인이 이를 사용하여 화재 발화 초기에 신속하게 진압(소화)할 수 있도록 건물 내에 설치되는 소화설비이다.

2) 구성

- 수원, 가압송수장치, 배관, 옥내소화전함으로 구성되어 있다.
- 옥내소화전함은 옥내소화전방수구, 관창, 호스, 결합금속구, 표시등이 포함된다.
- 수평거리 25 m의 배치기준이 같아 함의 상부에 발신기세트를 포함하는 경우가 많다.

나. ☞옥외소화전설비

1) 정의

옥외소화전설비는 건축물의 화재 시 해당 소방대상물의 관계자, 자위소방대원 또는 상주인이 이를 사용하여 화재 발화 초기에 신속하게 진압(소화)할 수 있도록 건물 외부에 설치되는 소화설비이다.

2) 구성

- 수원, 가압송수장치, 배관, 옥외소화전함으로 구성되어 있다.
- 옥외소화전함은 옥외소화전방수구, 관창, 호스, 결합금속구, 표시등이 포함된다.

> **용어의 이해** **옥외소화전설비**
>
> 옥외소화전설비는 옥내소화전설비와 설치대상, 설치기준이 다르나 그 목적 및 개념은 거의 유사하여 옥내소화전설비를 상세히 설명하여 이해하면 옥외소화전설비를 이해하는데 전혀 무리가 없으므로 양적 부담을 줄이기 위해 본 교재에서는 생략하도록 한다.

2 옥내소화전설비의 설치대상

특정 소방대상물	설치대상	적용
연면적 (터널 제외)	3,000 m² 이상	전층
근생 · 판매 · 운수 · 의료 · 노유자 · 업무 · 숙박 · 위락 · 공장 · 창고 · 항공기 및 운수자동차관련시설 · 교정 및 군사시설 중 국방군사시설 · 방송통신 · 발전 · 장례식장 · 복합건축물 연면적	1,500 m² 이상	전층
지하층 · 무창층 · 4층 이상 층의 바닥면적	600 m² 이상	전층
위의 3중 지하층 · 무창층 · 4층 이상 층의 바닥면적	300 m² 이상	전층
건축물의 옥상에 설치된 차고 또는 주차장으로서 차고 또는 주차의 용도	200 m² 이상	옥상
지하가중 터널	1,000 m 이상	터널
공장 및 창고로서 특수가연물의 저장 · 취급량	750배 이상	전층

3 계통도

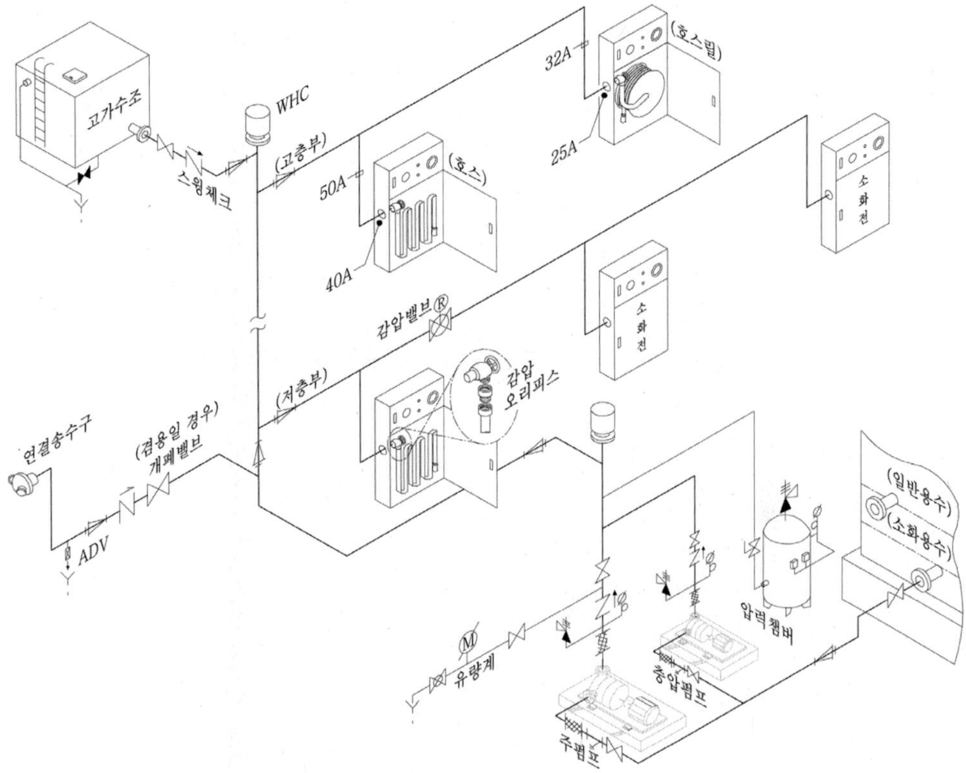

출처 : 소방시설의 설계 및 시공/강경원,백승주(동화기술)

4 옥내소화전설비의 수원

가. 저수량

주 수원+옥상 수원

나. 주 수원

- 수원의 양(m^3) = N × 130 lpm × 20분 = N × 2.6
- 여기서, N : 1개층 최대 소화전 수(최대 2개)

다. 옥상 수원

1) 목적

- 가압송수장치의 고장 시 최소한의 소화용수를 공급하기 위함(fail safe)
- 소화펌프 고장 시 중력인 자연낙차를 이용하여 수원을 확보한다.

2) 저수량

- 지하수원 유효수량의 1/3 이상

3) 옥상수원을 설치하지 않아도 되는 경우 [옥내소화전설비 화재안전기준 제4조(수원)의 ②]

- 지하층만 있는 건축물
- 고가수조를 가압송수장치로 설치한 옥내소화전설비
- 수원이 건축물의 최상층에 설치된 방수구보다 높은 위치에 설치된 경우
- 건축물의 높이가 지표면으로부터 10 m 이하인 경우
- 주펌프와 동등 이상의 성능이 있는 별도의 펌프로서 내연기관의 기동과 연동하여 작동되거나 비상전원을 연결하여 설치한 경우
- 학교, 공장, 창고시설로서 동결의 우려가 있는 장소에 수동기동방식을 적용한 경우
- 가압수조를 가압송수장치로 설치한 옥내소화전설비

4) 옥상수원의 적용

- 배관을 통하여 상시 소화수를 공급할 수 있는 구조인 특정소방대상물인 경우에는 하나의 특정소방대상물에 설치가 가능하다.

라. 유효수량

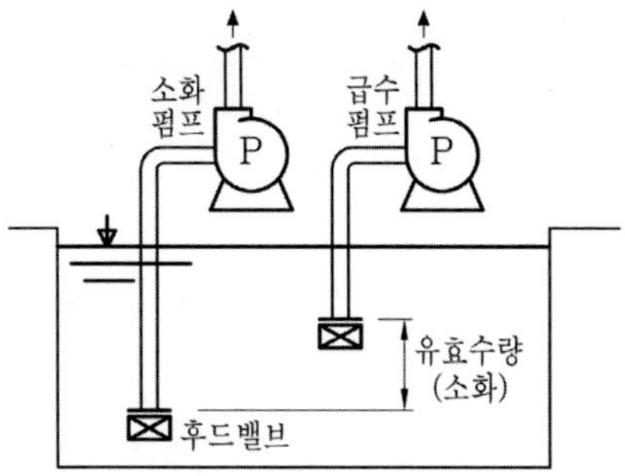

〈수원이 펌프보다 낮은 경우〉

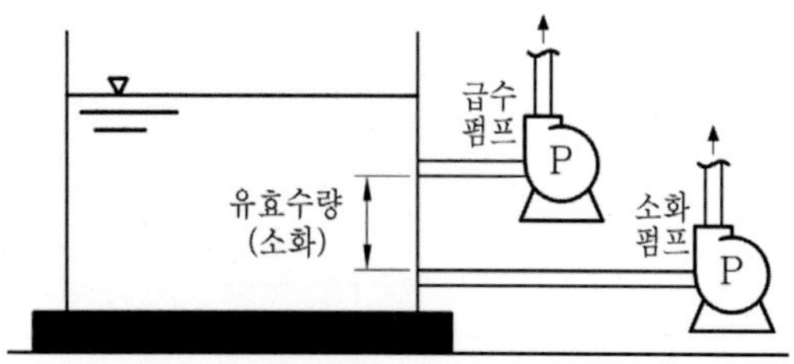

〈수원이 펌프보다 높은 경우〉

출처 : 소방시설의 설계 및 시공/강경원,백승주(동화기술)

옥내소화전설비의 후드밸브·흡수구 또는 수직배관의 급수구와 다른 설비의 후드밸브·흡수구 또는 수직배관의 급수구와의 사이의 수량이다.

마. 수조

1) 겸용수조가 가능한 경우

- 옥내소화전펌프의 후드밸브 또는 흡수배관의 흡수구(수직회전축펌프의 흡수구 포함)를 다른 설비(소방설비 외)의 후드밸브 또는 흡수구보다 낮은 위치에 설치한 때
- 고가수조로부터 옥내소화전설비의 수직배관에 물을 공급하는 급수구를 다른 설비의 급수구보다 낮은 위치에 설치한 때

2) 수조의 설치기준

(1) 상세도

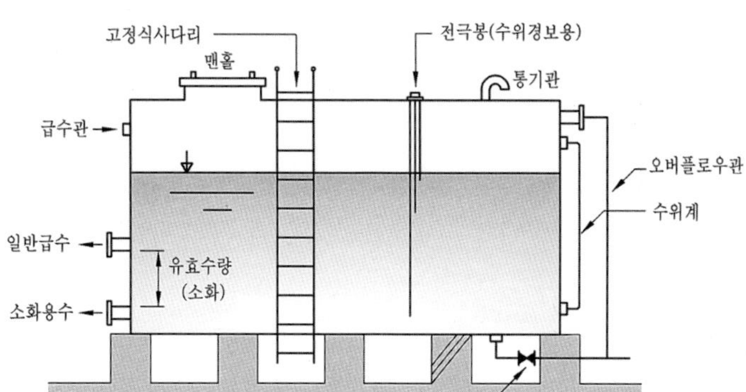

출처 : 소방시설의 설계 및 시공/강경원,백승주(동화기술)

(2) 설치기준

구 분	기 준
장소	• 점검에 편리한 곳 • 동결방지조치를 하거나 동결의 우려가 없는 장소
수위계	• 수조의 외측에 수위계 • 구조상 불가피한 경우에는 수조의 맨홀 등을 통하여 수조 안의 물의 양을 쉽게 확인할 수 있는 구조
고정식 사다리	• 수조의 상단이 바닥보다 높은 때에는 수조의 외측에 고정식 사다리
조명설비	• 실내에 설치된 때에는 그 실내에 조명설비
청소용 배수밸브 또는 배수관	• 수조의 밑 부분에는 청소용 배수밸브 또는 배수관을 설치
표지	• 수조의 외측의 보기 쉬운 곳에 "옥내소화전설비용 수조"라고 표시한 표지 • 겸용 : 겸용되는 설비의 이름을 표시한 표지 • 제외 : 수조와 가까운 장소에 옥내소화전펌프가 설치되고 "옥내소화전펌프"라고 표시한 표지를 설치한 경우

SECTION 2 가압송수장치의 점검실무

1 가압송수장치의 정의 및 종류

가. 정의

수계소화설비에 규정된 방사압, 방사량으로 수원을 공급하기 위하여 가압, 송수하는 장치이다.

나. 종류

- 펌프를 이용한 가압송수장치
- 고가수조의 낙차를 이용한 가압송수장치
- 압력수조를 이용한 가압송수장치
- 가압수조를 이용한 가압송수장치

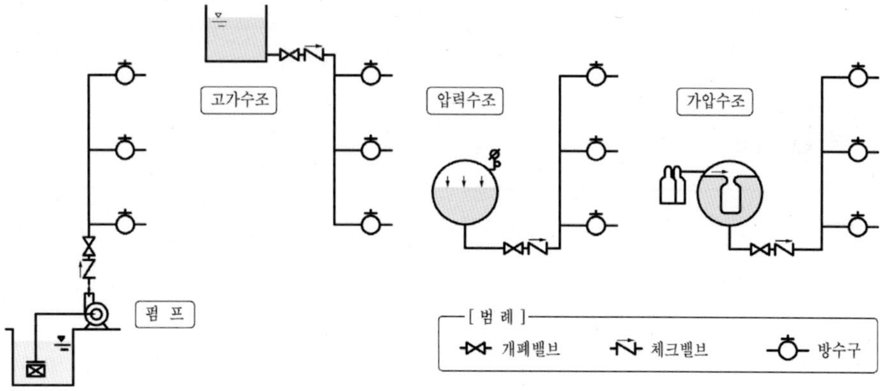

2 종류별 방사압력 확보

펌프	① 펌프의 전양정 $H = H_1 + H_2 + 10\ m$ H : 펌프의 전양정(m) H_1 : 배관 및 관 부속품의 마찰손실수두(m) H_2 : 낙차(m) 10 m : 헤드 선단의 방수압력 환산수두 (0.1 MPa ≒ 10 m)

고가수조	① 고가수조의 자연낙차압력 $H = H_1 + 10\ m$ H : 필요한 낙차(m) H_1 : 배관 및 관 부속품의 마찰손실수두(m) 10 m : 헤드 선단의 방수압력 환산수두(0.1 MPa) ② 고가수조에는 수위계, 배수관, 급수관, 오버플로우관 및 맨홀을 설치
압력탱크	① 압력수조의 압력 $P = P_1 + P_2 + 0.1\ MPa$ P : 필요한 압력(MPa) P_1 : 낙차의 환산 수두압(MPa) P_2 : 배관 및 관 부속품의 마찰손실 수두압 0.1 MPa : 헤드 선단의 방수압력 ② 압력수조에는 수위계, 배수관, 급수관, 급기관, 맨홀, 압력계, 안전장치 및 압력저하 방지를 위한 자동식 에어콤프레샤를 설치
가압수조	① 방수량 및 방수압이 20분 이상유지 ② 가압수조 및 가압원은 방화구획 된 장소에 설치 ③ 가압수조식 가압송수장치의 성능인증 및 제품검사의 기술기준에 적합한 것으로 설치

3 종류별 비교

종 류	원 리	장 점	단 점
펌프	전동기 또는 내연기관에 의한 펌프를 이용	• 설치위치에 제한받지 않는다. • 소요양정 및 토출량을 임의로 선정할 수 있다.	• 신뢰도가 낮다. • 전원 및 부대시설이 필요하다. • 캐비테이션, 써징, 수격, 과열 등 이상현상이 발생할 수 있다.
고가수조	고가수조의 자연낙차를 이용한다.	• 신뢰도가 높다. • 비상전원이 필요없다.	• 설치위치가 매우 제한적이다.
압력탱크	압력수조에 설치된 자동식 에어콤프레샤가 공기압을 유지	• 펌프방식보다 신뢰도가 높다. • 비상전원이 필요없다.	• 시간경과에 따라 방수압이 감소하게 된다. • 설치위치와 공간이 제한적이다.
가압수조	별도의 공기압이나 질소압을 이용	• 설치위치에 제한받지 않는다. • 시스템의 경량화 • 비상전원이 필요없다	• 대형설비에 부적합하다. • 부대시설이 필요

SECTION 3 펌프방식 가압송수장치의 점검

1 펌프방식 가압송수장치의 점검사항

전용	소화설비의 성능에 지장이 없을 때 겸용 가능
펌프의 토출량(전용)	$Q = N \times Q$ 여기서 , N : 1개층 최대소화전 수(최대 2개), Q : 130 lpm
펌프의 토출량(겸용)	각 소화설비 펌프 토출량을 합산 각 고정식 소화설비 저수량 중 최대의 것 이상 → 고정식 소화설비가 2개 이상 설치되어 있고, 그 소화설비가 설치된 부분이 방화벽과 방화문으로 구획되어 있는 경우
성능	옥내소화전(2개 이상 설치된 경우 2개)을 동시에 사용할 경우 → 방수압력 : 0.17 MPa~0.7 MPa, 방수량 : 130 lpm
압력계	토출측 : 압력계(펌프토출측 플랜지에서 가까운 곳) 흡입측 : 연성계 또는 진공계 제외 : 수원의 수위가 펌프의 위치보다 높거나 수직회전축 펌프의 경우
성능시험	충압펌프 제외한 소화펌프에 성능시험배관 설치
순환배관	충압펌프 제외한 소화펌프에 체절운전 시 과열을 방지하기 위해 설치
기동장치	자동 : 기동용 수압개폐장치 또는 이와 동등 이상의 성능이 있는 것 수동 : 학교, 공장, 창고로서 동결의 우려가 있는 장소 → 기동스위치에 보호판을 부착하여 옥내소화전함 내에 설치 가능
압력챔버	기동용 수압개폐장치 : 100 L 이상
물올림장치	수원의 수위가 펌프보다 낮은 위치에 있을 경우 사용 → 전용의 탱크를 설치 → 탱크의 유효수량은 100 L 이상 → 구경 15 mm 이상의 급수배관
충압펌프	토출압력 → 최고위 호스접결구의 자연압 + 0.2 MPa, → 가압송수장치의 정격토출압력과 동등 정격토출량 → Min : 정상적인 누설량 이상 → Max : 옥내소화전설비 자동 작동 옥내소화전이 각층에 1개씩 설치된 경우 제외 가능

내연기관을 사용하는 경우	자동 : 기동용 수압개폐장치 또는 동등 이상의 성능이 있는 것을 설치 수동 : 원격조작이 가능한 기동스위치와 기동표시등을 설치 제어반 : 자동기동 및 수동기동이 가능, 축전지설비 내연기관의 연료량 : 펌프를 20분 이상 운전할 수 있는 용량 (층수가 30층 이상 49층 이하 : 40분, 50층 이상 : 60분)
표지	"옥내소화전펌프" 및 겸용의 경우 그 설비의 명칭을 표지
수동정지	충압펌프 이외의 펌프는 자동정지 않도록 할 것

SECTION 4 옥내소화전설비 자체점검

(1면)

번호	점검항목	점검결과
2-A. 수원		
2-A-001 2-A-002	○ 주된수원의 유효수량 적정 여부(겸용설비 포함) ○ 보조수원(옥상)의 유효수량 적정 여부	
2-B. 수조		
2-B-001 2-B-002 2-B-003 2-B-004 2-B-005 2-B-006 2-B-007	● 동결방지조치 상태 적정 여부 ○ 수위계 설치상태 적정 또는 수위 확인 가능 여부 ● 수조 외측 고정사다리 설치상태 적정 여부(바닥보다 낮은 경우 제외) ● 실내설치 시 조명설비 설치상태 적정 여부 ○ "옥내소화전설비용 수조"표지 설치상태 적정 여부 ● 다른 소화설비와 겸용 시 겸용설비의 이름 표시한 표지 설치상태 적정 여부 ● 수조 - 수직배관 접속부분 "옥내소화전설비용 배관"표지 설치상태 적정 여부	
2-C. 가압송수장치		
 2-C-001 2-C-002 2-C-003 2-C-004 2-C-005 2-C-006 2-C-007 2-C-008 2-C-009 2-C-010 2-C-011 2-C-012 2-C-013	[펌프방식] ● 동결방지조치 상태 적정 여부 ○ 옥내소화전 방수량 및 방수압력 적정 여부 ● 감압장치 설치 여부(방수압력 0.7MPa 초과 조건) ○ 성능시험배관을 통한 펌프 성능시험 적정 여부 ● 다른 소화설비와 겸용인 경우 펌프 성능 확보 가능 여부 ○ 펌프 흡입측 연성계 · 진공계 및 토출측 압력계 등 부속장치의 변형 · 손상 유무 ● 기동장치 적정 설치 및 기동압력 설정 적정 여부 ○ 기동스위치 설치 적정 여부(ON/OFF 방식) ● 주펌프와 동등이상 펌프 추가설치 여부 ● 물올림장치 설치 적정(전용 여부, 유효수량, 배관구경, 자동급수) 여부 ● 충압펌프 설치 적정(토출압력, 정격토출량) 여부 ○ 내연기관 방식의 펌프 설치 적정(정상기동(기동장치 및 제어반) 여부, 축전지 상태, 연료량) 여부 ○ 가압송수장치의 "옥내소화전펌프"표지설치 여부 또는 다른 소화설비와 겸용 시 겸용설비 이름 표시 부착 여부	
 2-C-021	[고가수조방식] ○ 수위계 · 배수관 · 급수관 · 오버플로우관 · 맨홀 등 부속장치의 변형 · 손상 유무	
 2-C-031 2-C-032	[압력수조방식] ● 압력수조의 압력 적정 여부 ○ 수위계 · 급수관 · 급기관 · 압력계 · 안전장치 · 공기압축기 등 부속장치의 변형 · 손상 유무	

2-C-041 2-C-042	[가압수조방식] ● 가압수조 및 가압원 설치장소의 방화구획 여부 ○ 수위계 · 급수관 · 배수관 · 급기관 · 압력계 등 부속장치의 변형 · 손상 유무	

(2면)

번호	점검항목	점검결과
2-D. 송수구		
2-D-001 2-D-002 2-D-003 2-D-004 2-D-005	○ 설치장소 적정 여부 ● 연결배관에 개폐밸브를 설치한 경우 개폐상태 확인 및 조작가능 여부 ● 송수구 설치 높이 및 구경 적정 여부 ● 자동배수밸브(또는 배수공) · 체크밸브 설치 여부 및 설치 상태 적정 여부 ○ 송수구 마개 설치 여부	
2-E. 배관 등		
2-E-001 2-E-002 2-E-003 2-E-004 2-E-005 2-E-006	● 펌프의 흡입측 배관 여과장치의 상태 확인 ● 성능시험배관 설치(개폐밸브, 유량조절밸브, 유량측정장치) 적정 여부 ● 순환배관 설치(설치위치 · 배관구경, 릴리프밸브 개방압력) 적정 여부 ● 동결방지조치 상태 적정 여부 ○ 급수배관 개폐밸브 설치(개폐표시형, 흡입측 버터플라이 제외) 적정 여부 ● 다른 설비의 배관과의 구분 상태 적정 여부	
2-F. 함 및 방수구 등		
2-F-001 2-F-002 2-F-003 2-F-004 2-F-005 2-F-006 2-F-007 2-F-008	○ 함 개방 용이성 및 장애물 설치 여부 등 사용 편의성 적정 여부 ○ 위치 · 기동 표시등 적정 설치 및 정상 점등 여부 ○"소화전"표시 및 사용요령(외국어 병기) 기재 표지판 설치상태 적정 여부 ● 대형공간(기둥 또는 벽이 없는 구조) 소화전 함 설치 적정 여부 ● 방수구 설치 적정 여부 ○ 함 내 소방호스 및 관창 비치 적정 여부 ○ 호스의 접결상태, 구경, 방수 압력 적정 여부 ● 호스릴방식 노즐 개폐장치 사용 용이 여부	
2-G. 전원		
2-G-001 2-G-002 2-G-003 2-G-004	● 대상물 수전방식에 따른 상용전원 적정 여부 ● 비상전원 설치장소 적정 및 관리 여부 ○ 자가발전설비인 경우 연료 적정량 보유 여부 ○ 자가발전설비인 경우「전기사업법」에 따른 정기점검 결과 확인	
2-H. 제어반		
2-H-001	● 겸용 감시 · 동력 제어반 성능 적정 여부(겸용으로 설치된 경우)	

2-H-011 2-H-012 2-H-013 2-H-014 2-H-015 2-H-016 2-H-017	[감시제어반] ○ 펌프 작동 여부 확인 표시등 및 음향경보장치 정상작동 여부 ○ 펌프 별 자동·수동 전환스위치 정상작동 여부 ● 펌프 별 수동기동 및 수동중단 기능 정상작동 여부 ● 상용전원 및 비상전원 공급 확인 가능 여부(비상전원 있는 경우) ● 수조·물올림탱크 저수위 표시등 및 음향경보장치 정상작동 여부 ○ 각 확인회로 별 도통시험 및 작동시험 정상작동 여부 ○ 예비전원 확보 유무 및 시험 적합 여부	

(3면)

번호	점검항목	점검결과
2-H-018 2-H-019	● 감시제어반 전용실 적정 설치 및 관리 여부 ● 기계·기구 또는 시설 등 제어 및 감시설비 외 설치 여부	
2-H-021	[동력제어반] ○ 앞면은 적색으로 하고,“옥내소화전설비용 동력제어반” 표지 설치 여부	
2-H-031	[발전기제어반] ● 소방전원보존형발전기는 이를 식별할 수 있는 표지 설치 여부	

※ 펌프성능시험(펌프 명판 및 설계치 참조)

구분		체절운전	정격운전 (100%)	정격유량의 150% 운전	적정 여부	○ 설정압력: ○ 주펌프 기동: MPa 정지: MPa ○ 예비펌프 기동: MPa 정지: MPa ○ 충압펌프 기동: MPa 정지: MPa
토출량 (L/min)	주				1. 체절운전 시 토출압은 정격토출압의 140% 이하일 것( ) 2. 정격운전 시 토출량과 토출압이 규정치 이상일 것( ) 3. 정격토출량의 150%에서 토출압이 정격토출압의 65% 이상일 것( )	
	예비					
토출압 (MPa)	주					
	예비					

※ 릴리프밸브 작동압력 : MPa

비고	

CHAPTER 06

연습문제

■ 소방시설의 점검실무 Ⅱ

01 다음 중 옥내소화전설비의 옥상수원에 대한 설명으로 틀린 것은?

① 주 수원과 동일한 양으로 확보하여야 한다.
② 주 수원의 고장 시 최소한의 소화용수를 공급하기 위함이다.
③ 건축물의 높이가 지면으로부터 10 m를 초과하는 경우에만 설치한다.
④ 고가수조를 주 수원으로 한 경우에는 설치하지 않아도 된다.

해설 주 수원의 고장 시 최소한의 소화용수(1/3 이상)를 공급하기 위한 fail safe 개념의 보조적 수원이다.

02 다음 중 옥내소화전의 가압송수장치 종류 4가지로 옳은 것은?

① 고가수조, 압력수조, 수도직결, 가압수조
② 고가수조, 수도직결, 펌프, 가압수조
③ 고가수조, 압력수조, 펌프, 가압수조
④ 고가수조, 압력수조, 펌프, 수도직결

해설 옥내소화전설비의 가압송수장치는 고가수조, 압력수조, 펌프, 가압수조의 4가지 종류가 있다.

03 다음 중 충압펌프에 대한 설명으로 틀린 것은?

① 최고위 호스접결구의 자연압+0.2 MPa의 토출압 이상일 것
② 가압송수장치의 정격토출압력과 동등 이상일 것
③ 정격누설량은 정상적인 누설량 이상이어야 한다.
④ 옥내소화전이 각 층에 2개씩 설치된 경우에는 제외할 수 있다.

해설 옥내소화전이 각 층에 1개씩 설치된 경우에는 충압펌프의 설치를 제외할 수 있다.

정답 01. ① 02. ③ 03. ④

CHAPTER 06

학습정리

■ 소방시설의 점검실무 Ⅱ

1. 옥내소화전설비

- 관계인이 화재를 초기에 소화하기 위한 수동식 수계소화설비
- 주수원 및 주수원의 1/3이상인 옥상수원을 확보해야 함

2. 가압송수장치의 종류

- 고가수조 방식
- 압력수조 방식
- 펌프 방식
- 가압수조 방식

3. 펌프의 유량과 압력

- 가장 많이 설치된 층의 개수×130 lpm
- 최대개수 : 5개
- 방사압 범위 : 0.17~0.7 MPa

4. 펌프의 운전시간

- 펌프를 20분 이상 운전할 수 있는 전원 또는 연료를 확보하여야 함
- 층수가 30~49층은 40분, 50층 이상은 60분으로 함

5. 충압펌프 이외의 펌프는 자동정지하지 않도록 함

참고문헌

- 옥내소화전설비의 화재안전기준 해설서
- 국가직무능력표준(NCS) 소방분야 학습모듈
- 소방시설의 설계 및 시공(동화기술)

CHAPTER 07

소방시설의 점검실무 Ⅲ

학습 목표	1. SP설비의 구조 및 원리를 이해하고 설명할 수 있다. 2. SP설비의 설계 및 시공기준을 이해하고 설명할 수 있다. 3. SP설비의 자체점검표를 작성할 수 있다.
학습 목차	1. 스프링클러설비의 구조 및 원리 2. 스프링클러설비의 설계 및 시공 3. 스프링클러설비의 자체점검

복습 점검

01 옥내소화전설비는 Fail Safe를 위하여 주수원과 동일한 양의 옥상수원을 확보하여야 한다.

해설 옥내소화전설비는 Fail Safe를 위하여 주수원의 1/3에 해당하는 양의 옥상수원을 확보하여야 한다.

02 옥내소화전의 가압송수장치의 종류는 고가수조방식과 펌프방식으로 나뉜다.

해설 옥내소화전의 가압송수장치의 종류는 고가수조, 압력수조, 펌프, 가압수조방식이 있다.

03 옥내소화전이 각 층에 최대 1개씩만 설치되었다면 충압펌프를 설치하지 않아도 된다.

해설 옥내소화전시스템의 정상적인 누설량만을 충압하는 충압펌프는 옥내소화전의 최소단위 방사량 이하만 확보하면 되므로 주펌프가 1개의 유량인 경우에는 설치하지 않아도 된다.

정답 01. X 02. X 03. O

CHAPTER 07 소방시설의 점검실무 Ⅲ

SECTION 1 스프링클러설비의 구조 및 원리

1 정의 및 구성

가. 스프링클러설비

1) 정의

스프링클러설비는 소방대상물의 화재를 자동으로 감지하여 소화 작업을 실시하는 자동식 수계소화설비이다.

2) 구성

- 수원, 가압송수장치, 유수검지장치, 배관 및 밸브류, 스프링클러헤드로 구성되어 있다.
- 소방대상물에 화재가 발생하여 온도가 상승하면 스프링클러헤드의 감열 또는 화재 감지기의 작동으로 배관 내의 가압수가 스프링클러헤드로 방사되어 소화 작업을 하는 설비이다.

❷ 스프링클러설비의 분류

방식	설비별	경보밸브
폐쇄형헤드 방식	습식 건식 준비작동식	유수검지장치
	부압식	-
개방형헤드 방식	일제살수식	일제개방밸브

❸ 스프링클러설비의 구성 및 동작

가. 습식(폐쇄형 헤드)

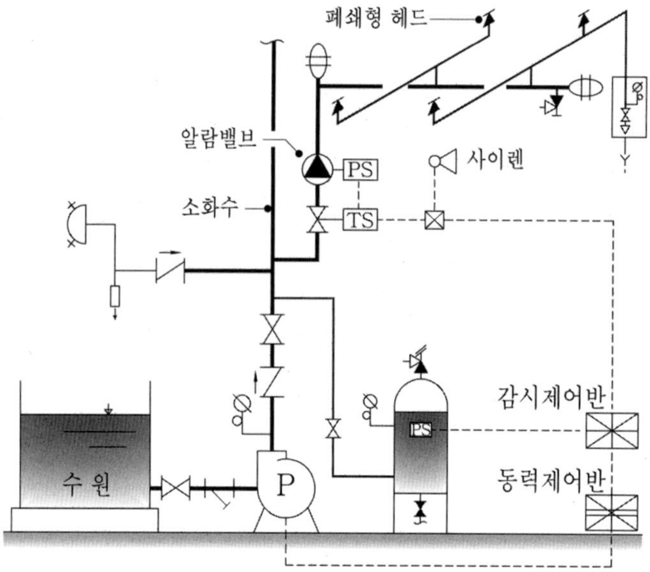

〈 습식 스프링클러의 계통도 〉

출처 : 소방시설의 설계 및 시공/강경원,백승주(동화기술)

경보밸브	알람밸브
1차 → 2차	가압수 → 가압수
동작	헤드감열 → 감열헤드 방사
장점	• 구조 간단 • 즉시 방사 • 유지관리 용이
단점	• 동결 우려 장소 부적합 • 오작동 시 수손 피해

나. 건식(폐쇄형 헤드)

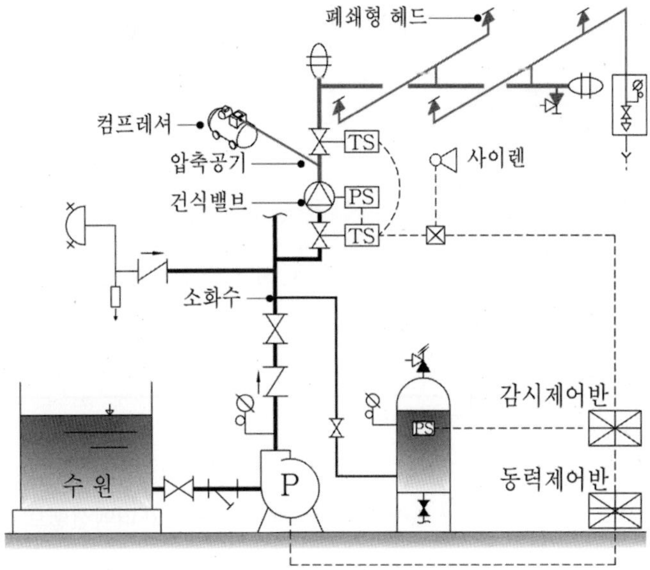

〈건식 스프링클러의 계통도〉

출처 : 소방시설의 설계 및 시공/강경원,백승주(동화기술)

경보밸브	건식밸브
1차 → 2차	가압수/압축공기
동작	헤드감열 → 2차측 압축공기 방출 → 건식밸브 개방 → 감열헤드 방사
장점	• 동결우려 장소 설치 가능 • 수손 피해를 줄일 수 있다.
단점	• 소화시간 지연우려 • 습식보다 고가

다. 준비작동식(폐쇄형 헤드)

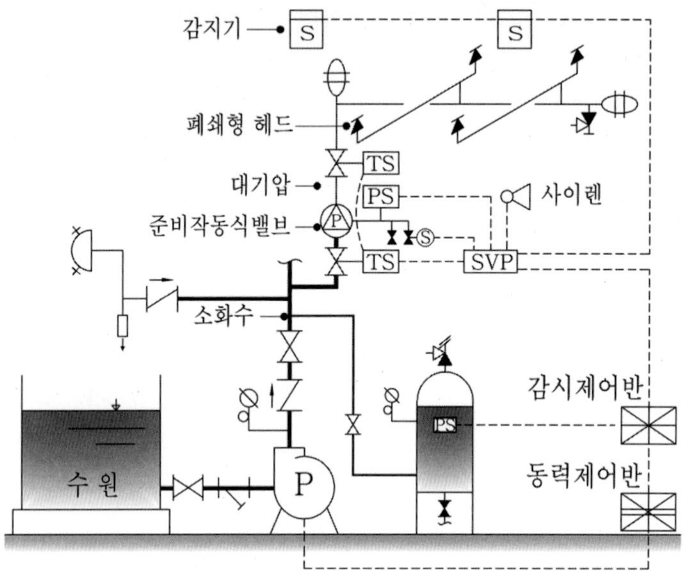

〈준비작동식 스프링클러의 계통도〉

출처 : 소방시설의 설계 및 시공/강경원,백승주(동화기술)

경보밸브	프리액션밸브
1차 → 2차	가압수 → 대기압 또는 저압공기
동작	감지기 동작 → 솔레노이드 작동 → 프리액션밸브 개방 → 감열헤드 방사
장점	• 동결 우려 장소 설치 가능 • 수손 피해를 줄일 수 있다.(KT의 경우 아래층이 전산실 용도일 때 준비작동식 설계) • 감지기에 의한 조기대응 가능
단점	• 소화시간 지연우려 • 별도 감지장치 • 습식보다 고가 • 2차측 배관 기밀유무 및 유지관리 어려움

라. 부압식(폐쇄형 헤드)

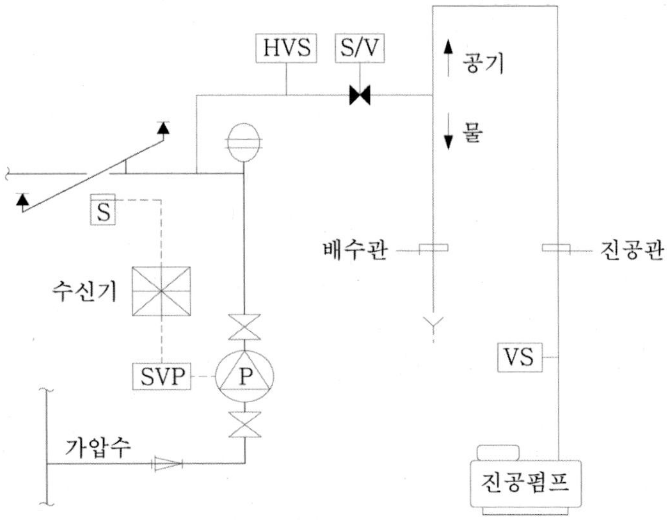

〈부압식 스프링클러의 계통도〉

1) 평상시

- 진공펌프 작동하여 프리액션 2차측 감압
- 감압완료 시 진공펌프 정지 후 감시

2) 화재시

- 화재발생으로 화재 감지기 작동
- 진공펌프 정지 및 진공 제어반 화재신호 발신
- 프리액션 밸브 개방으로 유수검지장치 압력스위치 작동
- 가압송수장치 기동 및 소화

3) 오작동시

- 스프링클러 배관 또는 노즐 오작동으로 파손이나 개방
- 파손된 부위로 공기흡입하여 압력 상승(－0.05 MPa～－0.03 MPa)
- －0.03 MPa에서 진공펌프 작동
- 제어반 고장표시 및 경보 및 진공밸브 개방제어
- 진공스위치의 세팅압력에 따라 계속 공기 흡입(－0.05 MPa～－0.01 MPa)

4) 적용장소

• 시간지연이 발생할 시 피해가 우려되는 장소
• 수손 피해가 우려되는 장소
• 반도체 공장, 클린 룸 등

마. 일제살수식(개방형 헤드)

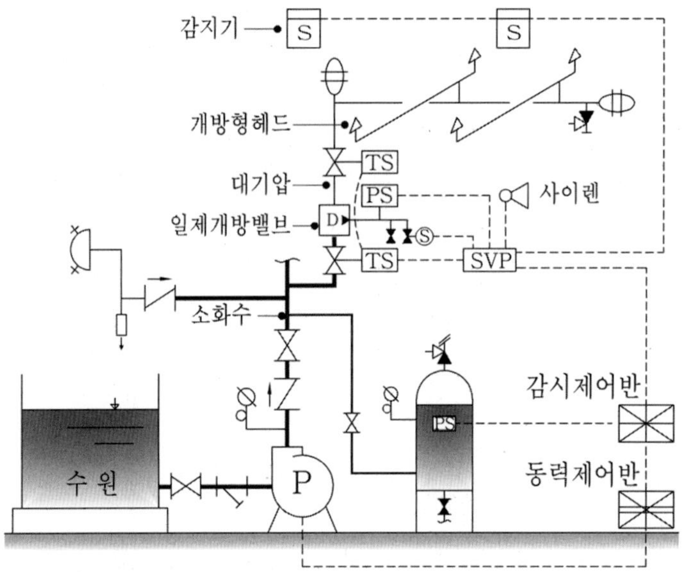

〈 일제살수식 스프링클러의 계통도 〉

출처 : 소방시설의 설계 및 시공/강경원,백승주(동화기술)

경보밸브	deluge밸브
1차 → 2차	가압수/대기압(개방)
동작	감지기 동작 → 솔레노이드 작동 → deluge밸브 개방 → 모든 헤드 방사
장점	• 신속한 소화 가능 • 층고 높은 경우, 특수장소 설치가능
단점	• 신속한 소화 가능하지만 오작동 시 수손 피해 우려 • 보유 소화수량이 많다.

SECTION 2 스프링클러설비의 설계 및 시공

1 스프링클러설비의 설계

가. 계통도

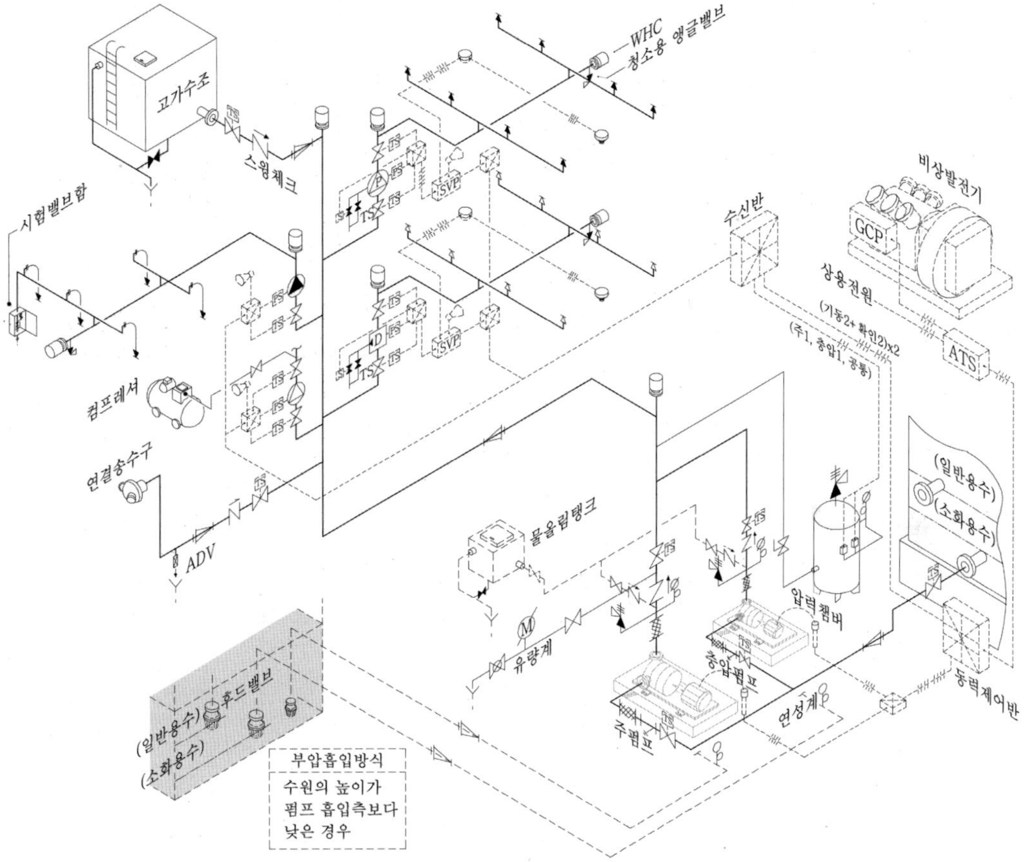

〈 스프링클러의 계통도 〉

출처 : 소방시설의 설계 및 시공/강경원,백승주(동화기술)

나. 스프링클러헤드의 종류

<table>
<tr><th>분류</th><th colspan="2">종류</th></tr>
<tr><td rowspan="2">감열부 유무
(유리벨브형)</td><td></td><td></td></tr>
<tr><td>폐쇄형(상향형 / 하향형)</td><td>개방형(상향형 / 하향형)</td></tr>
<tr><td rowspan="2">감도별
(플러쉬형)</td><td></td><td></td></tr>
<tr><td>표준반응형</td><td>조기반응형</td></tr>
</table>

출처 : 소방시설의 설계 및 시공/강경원,백승주(동화기술)

2 설치대상

<table>
<tr><th colspan="3">구 분</th><th>㎡</th><th>인원</th><th>적용</th></tr>
<tr><td colspan="3">6층 이상의 특정소방대상물 (동일 규모의 리모델링인 경우 기존법 적용)</td><td></td><td></td><td>전층</td></tr>
<tr><td colspan="3">복합건축물, 기숙사(교육연구시설, 수련시설 중 학생수용) 연면적</td><td>5,000</td><td></td><td>전층</td></tr>
<tr><td colspan="3">판매, 운수, 창고시설 바닥면적 합계</td><td>5,000</td><td></td><td>전층</td></tr>
<tr><td rowspan="5">문화집회,
종교,
운동</td><td colspan="2">수용인원</td><td></td><td>100</td><td>전층</td></tr>
<tr><td rowspan="2">영화상영관</td><td>지하층 or 무창층에 있고 바닥면적</td><td>500</td><td></td><td>전층</td></tr>
<tr><td>바닥면적</td><td>1,000</td><td></td><td>전층</td></tr>
<tr><td rowspan="2">무대부</td><td>지하층·무창층 or 4층 이상의 층에 있고 무대부 면적</td><td>300</td><td></td><td>전층</td></tr>
<tr><td>무대부 면적</td><td>500</td><td></td><td>전층</td></tr>
<tr><td colspan="3">정신의료기관, 요양병원, 노유자시설, 숙박이 가능한 수련시설 바닥면적</td><td>600</td><td></td><td>전층</td></tr>
<tr><td colspan="3">지하층, 무창층, 4층 이상 층의 바닥면적</td><td>1,000</td><td></td><td>그층</td></tr>
<tr><td colspan="3">창고시설의 물류터미널</td><td></td><td>500</td><td>것</td></tr>
</table>

<table>
<tr><th colspan="3">구 분</th><th>㎡</th><th>인원</th><th>적용</th></tr>
<tr><td rowspan="7">공장 또는 창고</td><td rowspan="5">지붕 또는 외벽이 불연재료, 내화구조가 아닌 경우</td><td>창고시설 바닥면적</td><td>2,500</td><td></td><td>것</td></tr>
<tr><td>창고시설 중 물류터미널</td><td></td><td>250</td><td>것</td></tr>
<tr><td>rack 창고 바닥면적</td><td>750</td><td></td><td>것</td></tr>
<tr><td>지하층·무창층·4층 이상 층의 바닥면적</td><td>500</td><td></td><td>것</td></tr>
<tr><td>특수가연물 저장취급 지정수량 500배</td><td></td><td></td><td>시설</td></tr>
<tr><td rowspan="2">그 외</td><td>천장, 반자가 10 m 이상 rack 창고 바닥면적</td><td>1,500</td><td></td><td>것</td></tr>
<tr><td>특수가연물 저장취급 지정수량 1000배</td><td></td><td></td><td>시설</td></tr>
<tr><td colspan="3">지하가(터널 제외) 연면적</td><td>1,000</td><td></td><td>장소</td></tr>
<tr><td colspan="3">소화수 수집·처리 설비가 있는 중·저준위방사성폐기물 저장시설</td><td></td><td></td><td>시설</td></tr>
<tr><td>교정, 군사시설</td><td colspan="2">보호감호소, 구치소, 교도소, 보호관찰소, 갱생보호시설, 치료감호시설, 소년원 및 소년분류심사원의 수용거실, 유치장, 출입국관리법의 보호시설(임차건물 제외)</td><td></td><td></td><td>장소</td></tr>
<tr><td>앞의 대상물</td><td colspan="2">부속된 보일러실 또는 연결통로 등</td><td></td><td></td><td>장소</td></tr>
</table>

3 스프링클러설비의 수원

가. 저수량

주 수원+옥상 수원

나. 주 수원

1) 기준개수

- 수원의 양(m^3) = N × 80 lpm × 20분 = N × 1.6 m^3
- N : 규모와 용도에 따라 10~30개

규모	용도		개수
11층 이상	지하층 제외		30개
10층 이하	공장, 창고 (랙크식 창고 포함)	특수가연물 저장·취급	30개
		기타	20개
	근린, 판매, 복합, 운수	판매, 복합(판매시설)	30개
		기타	20개
	기타	헤드의 부착높이 8 m 이상	20개
		헤드의 부착높이 8 m 미만	10개
지하층	지하가, 지하역사		30개
	아파트		10개

2) 개방형 스프링클러

(1) 30개 이하

수원의 양(m^3) = N(설치헤드 수) × 80 lpm × 20분

(2) 30개 초과

- 수원의 양(m^3) = N(설치헤드 수) × $k\sqrt{10P}$ × 20분
- P : 0.1 MPa 이상 1.2 MPa 이하

3) 수평거리

용 도		수평거리
무대부·특수가연물을 저장 또는 취급하는 장소		1.7 m 이하
랙크식 창고	특수가연물을 저장 또는 취급하는 경우	1.7 m 이하
	특수가연물 이외의 물품을 저장 또는 취급하는 경우	2.5 m 이하
아파트 세대 내 거실 (스프링클러헤드의 형식승인 및 제품검사의 기술기준의 유효반경의 것)		3.2 m 이하
내화구조		2.3 m 이하
기타		2.1 m 이하

다. 옥상 수원

1) 목적

- 가압송수장치의 고장 시 최소한의 소화용수를 공급하기 위함(fail safe)
- 소화펌프 고장 시 중력인 자연낙차를 이용하여 수원을 확보한다.

2) 저수량

지하수원 유효수량의 1/3 이상

3) 옥상수원을 설치하지 않아도 되는 경우 [옥내소화전설비 화재안전기준 제4조(수원)의 ②]

- 지하층만 있는 건축물
- 고가수조를 가압송수장치로 설치한 옥내소화전설비
- 수원이 건축물의 최상층에 설치된 방수구보다 높은 위치에 설치된 경우
- 건축물의 높이가 지표면으로부터 10 m 이하인 경우
- 주펌프와 동등 이상의 성능이 있는 별도의 펌프로서 내연기관의 기동과 연동하여 작동되거나 비상전원을 연결하여 설치한 경우
- 학교, 공장, 창고시설로서 동결의 우려가 있는 장소에 수동기동방식을 적용한 경우
- 가압수조를 가압송수장치로 설치한 옥내소화전설비

4) 옥상수원의 적용

배관을 통하여 상시 소화수를 공급할 수 있는 구조인 특정소방대상물인 경우에는 하나의 특정소방대상물에 설치가 가능하다.

나. 유효수량

옥내소화전 참조

다. 수조

옥내소화전 참조

4 탬퍼스위치

가. 목적

급수배관의 개폐표시형 밸브에 개방 유무를 확인하기 위한 탬퍼스위치를 설치하여 소화용수 차단을 방지한다.

나. 탬퍼스위치(tamper switch)의 기능

- 개폐표시형 밸브 개방상태 : 감시
- 개폐표시형 밸브 폐쇄상태 : 접점에 의해 수신기 또는 감시제어반에 전기적 신호 전송

다. 탬퍼스위치(tamper switch)의 설치 기준

1) 개폐표시형 밸브 폐쇄상태

탬퍼스위치의 동작으로 인하여 감시제어반 또는 수신기에 표시 및 경보

2) 탬퍼스위치

감시제어반 또는 수신기에서 동작의 유무 확인과 동작시험, 도통시험 가능

3) 전기배선

내화전선 또는 내열전선으로 설치

라. 탬퍼스위치(tamper switch)의 설치 위치

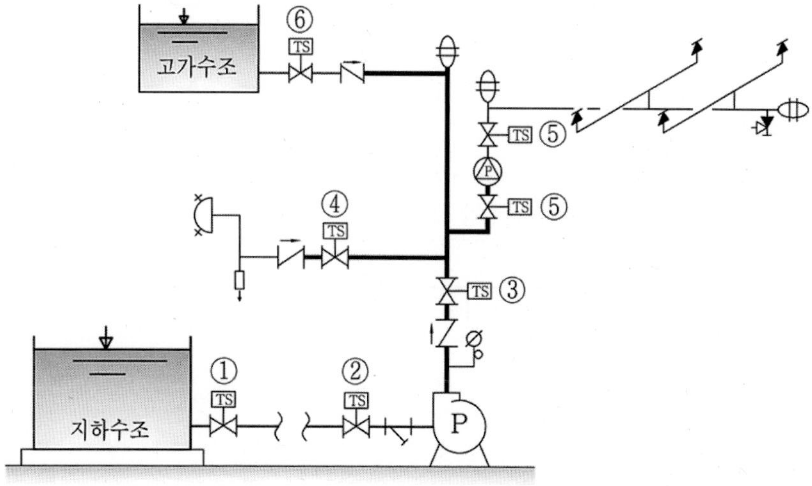

출처 : 소방시설의 설계 및 시공/강경원,백승주(동화기술)

- 지하수조로부터 펌프 흡입측 배관에 설치한 개폐밸브
- 주펌프 흡입측 개폐밸브
- 주펌프 토출측 개폐밸브
- 스프링클러 송수구 개폐밸브
- 유수검지장치, 일제개방밸브의 1, 2차측 개폐밸브
- 스프링클러 입상관과 접속된 고가수조 개폐밸브

SECTION 3 스프링클러설비 점검표

(1면)

번호	점검항목	점검결과
3-A. 수원		
3-A-001 3-A-002	○ 주된수원의 유효수량 적정 여부(겸용설비 포함) ○ 보조수원(옥상)의 유효수량 적정 여부	
3-B. 수조		
3-B-001 3-B-002 3-B-003 3-B-004 3-B-005 3-B-006 3-B-007	● 동결방지조치 상태 적정 여부 ○ 수위계 설치 또는 수위 확인 가능 여부 ● 수조 외측 고정사다리 설치 여부(바닥보다 낮은 경우 제외) ● 실내설치 시 조명설비 설치 여부 ○ "스프링클러설비용 수조"표지설치 여부 및 설치 상태 ● 다른 소화설비와 겸용 시 겸용설비의 이름 표시한 표지설치 여부 ● 수조-수직배관 접속부분"스프링클러설비용 배관"표지설치 여부	
3-C. 가압송수장치		
 3-C-001 3-C-002 3-C-003 3-C-004 3-C-005 3-C-006 3-C-007 3-C-008 3-C-009	[펌프방식] ● 동결방지조치 상태 적정 여부 ○ 성능시험배관을 통한 펌프 성능시험 적정 여부 ● 다른 소화설비와 겸용인 경우 펌프 성능 확보 가능 여부 ○ 펌프 흡입측 연성계·진공계 및 토출측 압력계 등 부속장치의 변형·손상 유무 ● 기동장치 적정 설치 및 기동압력 설정 적정 여부 ○ 물올림장치 설치 적정(전용 여부, 유효수량, 배관구경, 자동급수) 여부 ● 충압펌프 설치 적정(토출압력, 정격토출량) 여부 ○ 내연기관 방식의 펌프 설치 적정(정상기동(기동장치 및 제어반) 여부, 축전지 상태, 연료량) 여부 ○ 가압송수장치의"스프링클러펌프"표지설치 여부 또는 다른 소화설비와 겸용 시 겸용설비 이름 표시 부착 여부	
 3-C-021	[고가수조방식] ○ 수위계·배수관·급수관·오버플로우관·맨홀 등 부속장치의 변형·손상 유무	
  3-C-031 3-C-032	[압력수조방식] ● 압력수조의 압력 적정 여부 ○ 수위계·급수관·급기관·압력계·안전장치·공기압축기 등 부속장치의 변형·손상 유무	
 3-C-041 3-C-042	[가압수조방식] ● 가압수조 및 가압원 설치장소의 방화구획 여부 ○ 수위계·급수관·배수관·급기관·압력계 등 부속장치의 변형·손상 유무	

3-D. 폐쇄형스프링클러설비 방호구역 및 유수검지장치		
3-D-001	● 방호구역 적정 여부	
3-D-002	● 유수검지장치 설치 적정(수량, 접근·점검 편의성, 높이) 여부	
3-D-003	○ 유수검지장치실 설치 적정(실내 또는 구획, 출입문 크기, 표지) 여부	

(2면)

번호	점검항목	점검결과
3-D-004	● 자연낙차에 의한 유수압력과 유수검지장치의 유수검지압력 적정여부	
3-D-005	● 조기반응형헤드 적합 유수검지장치 설치 여부	
3-E. 개방형스프링클러설비 방수구역 및 일제개방밸브		
3-E-001	● 방수구역 적정 여부	
3-E-002	● 방수구역 별 일제개방밸브 설치 여부	
3-E-003	● 하나의 방수구역을 담당하는 헤드 개수 적정 여부	
3-E-004	○ 일제개방밸브실 설치 적정(실내(구획), 높이, 출입문, 표지) 여부	
3-F. 배관		
3-F-001	● 펌프의 흡입측 배관 여과장치의 상태 확인	
3-F-002	● 성능시험배관 설치(개폐밸브, 유량조절밸브, 유량측정장치) 적정 여부	
3-F-003	● 순환배관 설치(설치위치·배관구경, 릴리프밸브 개방압력) 적정 여부	
3-F-004	● 동결방지조치 상태 적정 여부	
3-F-005	○ 급수배관 개폐밸브 설치(개폐표시형, 흡입측 버터플라이 제외) 및 작동표시스위치 적정(제어반 표시 및 경보, 스위치 동작 및 도통시험) 여부	
3-F-006	○ 준비작동식 유수검지장치 및 일제개방밸브 2차측 배관 부대설비 설치 적정(개폐표시형 밸브, 수직배수배관, 개폐밸브, 자동배수장치, 압력스위치 설치 및 감시제어반 개방 확인) 여부	
3-F-007	○ 유수검지장치 시험장치 설치 적정(설치위치, 배관구경, 개폐밸브 및 개방형헤드, 물받이 통 및 배수관) 여부	
3-F-008	● 주차장에 설치된 스프링클러 방식 적정(습식 외의 방식) 여부	
3-F-009	● 다른 설비의 배관과의 구분 상태 적정 여부	
3-G. 음향장치 및 기동장치		
3-G-001	○ 유수검지에 따른 음향장치 작동 가능 여부(습식·건식의 경우)	
3-G-002	○ 감지기 작동에 따라 음향장치 작동 여부(준비작동식 및 일제개방밸브의 경우)	
3-G-003	● 음향장치 설치 담당구역 및 수평거리 적정 여부	
3-G-004	● 주 음향장치 수신기 내부 또는 직근 설치 여부	
3-G-005	● 우선경보방식에 따른 경보 적정 여부	
3-G-006	○ 음향장치(경종 등) 변형·손상 확인 및 정상 작동(음량 포함) 여부	

3-G-011 3-G-012	[펌프 작동] ○ 유수검지장치의 발신이나 기동용 수압개폐장치의 작동에 따른 펌프 기동 확인(습식 · 건식의 경우) ○ 화재감지기의 감지나 기동용 수압개폐장치의 작동에 따른 펌프 기동 확인(준비작동식 및 일제개방밸브의 경우)	
3-G-021 3-G-022	[준비작동식유수검지장치 또는 일제개발밸브 작동] ○ 담당구역내 화재감지기 동작(수동 기동 포함)에 따라 개방 및 작동 여부 ○ 수동조작함 (설치높이, 표시등) 설치 적정 여부	

(3면)

번호	점검항목	점검결과
3-H. 헤드		
3-H-001 3-H-002 3-H-003 3-H-004 3-H-005 3-H-006 3-H-007 3-H-008 3-H-009 3-H-010	○ 헤드의 변형 · 손상 유무 ○ 헤드 설치 위치 · 장소 · 상태(고정) 적정 여부 ○ 헤드 살수장애 여부 ● 무대부 또는 연소우려 있는 개구부 개방형 헤드 설치 여부 ● 조기반응형 헤드 설치 여부(의무 설치 장소의 경우) ● 경사진 천장의 경우 스프링클러헤드의 배치상태 ● 연소할 우려가 있는 개구부 헤드 설치 적정 여부 ● 습식 · 부압식스프링클러 외의 설비 상향식 헤드 설치 여부 ● 측벽형 헤드 설치 적정 여부 ● 감열부에 영향을 받을 우려가 있는 헤드의 차폐판 설치 여부	
3-I. 송수구		
3-I-001 3-I-002 3-I-003 3-I-004 3-I-005 3-I-006 3-I-007	○ 설치장소 적정 여부 ● 연결배관에 개폐밸브를 설치한 경우 개폐상태 확인 및 조작가능 여부 ● 송수구 설치 높이 및 구경 적정 여부 ○ 송수압력범위 표시 표지 설치 여부 ● 송수구 설치 개수 적정 여부(폐쇄형 스프링클러설비의 경우) ● 자동배수밸브(또는 배수공) · 체크밸브 설치 여부 및 설치 상태 적정 여부 ○ 송수구 마개 설치 여부	
3-J. 전원		
3-J-001 3-J-002 3-J-003 3-J-004	● 대상물 수전방식에 따른 상용전원 적정 여부 ● 비상전원 설치장소 적정 및 관리 여부 ○ 자가발전설비인 경우 연료 적정량 보유 여부 ○ 자가발전설비인 경우 「전기사업법」 에 따른 정기점검 결과 확인	
3-K. 제어반		
3-K-001	● 겸용 감시 · 동력 제어반 성능 적정 여부(겸용으로 설치된 경우)	

	[감시제어반]	
3-K-011	○ 펌프 작동 여부 확인 표시등 및 음향경보장치 정상작동 여부	
3-K-012	○ 펌프 별 자동·수동 전환스위치 정상작동 여부	
3-K-013	● 펌프 별 수동기동 및 수동중단 기능 정상작동 여부	
3-K-014	● 상용전원 및 비상전원 공급 확인 가능 여부(비상전원 있는 경우)	
3-K-015	● 수조·물올림탱크 저수위 표시등 및 음향경보장치 정상작동 여부	
3-K-016	○ 각 확인회로 별 도통시험 및 작동시험 정상작동 여부	
3-K-017	○ 예비전원 확보 유무 및 시험 적합 여부	
3-K-018	● 감시제어반 전용실 적정 설치 및 관리 여부	
3-K-019	● 기계·기구 또는 시설 등 제어 및 감시설비 외 설치 여부	
3-K-020	○ 유수검지장치·일제개방밸브 작동 시 표시 및 경보 정상작동 여부	
3-K-021	○ 일제개방밸브 수동조작스위치 설치 여부	

(4면)

번호	점검항목	점검결과
3-K-022 3-K-023	● 일제개방밸브 사용 설비 화재감지기 회로별 화재표시 적정 여부 ● 감시제어반과 수신기 간 상호 연동 여부(별도로 설치된 경우)	
3-K-031	[동력제어반] ○ 앞면은 적색으로 하고, “스프링클러설비용 동력제어반” 표지 설치 여부	
3-K-041	[발전기제어반] ● 소방전원보존형발전기는 이를 식별할 수 있는 표지 설치 여부	
3-L. 헤드 설치제외		
3-L-001 3-L-002	● 헤드 설치 제외 적정 여부(설치 제외된 경우) ● 드렌처설비 설치 적정 여부	

※ 펌프성능시험(펌프 명판 및 설계치 참조)

<table>
<tr><th colspan="2">구분</th><th>체절운전</th><th>정격운전
(100%)</th><th>정격유량의
150% 운전</th><th>적정 여부</th><td rowspan="5">○ 설정압력:
○ 주펌프
기동: MPa
정지: MPa
○ 예비펌프
기동: MPa
정지: MPa
○ 충압펌프
기동: MPa
정지: MPa</td></tr>
<tr><td rowspan="2">토출량
(L/min)</td><td>주</td><td></td><td></td><td></td><td rowspan="4">1. 체절운전 시 토출압은 정격토출압의140% 이하일 것( )
2. 정격운전 시 토출량과 토출압이 규정치 이상일 것( )
3. 정격토출량의 150%에서 토출압이 정격토출압의 65% 이상일 것( )</td></tr>
<tr><td>예비</td><td></td><td></td><td></td></tr>
<tr><td rowspan="2">토출압
(MPa)</td><td>주</td><td></td><td></td><td></td></tr>
<tr><td>예비</td><td></td><td></td><td></td></tr>
</table>

※ 릴리프밸브 작동압력 : MPa

비고	

CHAPTER 07

연습문제

■ 소방시설의 점검실무 Ⅲ

01 다음 중 스프링클러설비의 분류에 따라 적용되는 헤드의 연결이 잘못된 것은?

① 습식스프링클러 – 폐쇄형헤드
② 건식스프링클러 – 폐쇄형헤드
③ 준비작동식스프링클러 – 개방형헤드
④ 일제살수식스프링클러 – 개방형헤드

해설 준비작동식스프링클러에는 폐쇄형헤드가 설치되어 감열개방한 헤드에서만 방사할 수 있다.

02 다음 중 스프링클러헤드의 수평거리 기준에 대한 설명으로 잘못된 것은?

① 무대부, 특수가연물을 저장 또는 취급하는 장소는 1.7 m 이하로 한다.
② 아파트의 세대 내 거실은 수평거리를 3.2 m 이하로 한다.
③ 내화구조의 특정소방대상물은 수평거리를 2.3 m 이하로 한다.
④ 랙크식창고의 수평거리는 3.2 m 이하로 한다.

해설 랙크식창고는 수평거리를 2.5 m 이내로 하며 특수가연물을 저장 또는 취급하는 경우라면 1.7 m 이내로 하여야 한다.

03 다음 중 스프링클러설비의 종합정밀점검표에 포함되지 않는 항목은?

① 건축물의 연면적, 층 등 건축개요
② 수원의 종류
③ 헤드의 설치층 수 및 종류
④ 펌프의 성능시험결과표

해설 종합정밀, 작동기능 점검표에는 건축개요는 기입하지 않는다.

정답 01. ③ 02. ④ 03. ①

CHAPTER

07 학습정리

■ 소방시설의 점검실무 Ⅲ

1. 스프링클러설비

- 소방대상물의 화재를 자동으로 감지하여 소화 작업을 실시하는 자동식 수계소화설비
- 주수원 및 주수원의 1/3 이상인 옥상수원을 확보해야 함

2. 스프링클러설비의 구성

- 수원 → 가압송수장치 → 유수검지장치 → 배관 및 밸브류 → 헤드

3. 스프링클러설비의 분류

- 폐쇄형헤드 : 습식/건식/준비작동식/부압식에 적용됨
- 개방형헤드 : 일제살수식에 적용됨

4. 기준개수

- 특정소방대상물의 용도 및 규모에 따라 10~30개 적용

5. 수평거리

- 펌특정소방대상물의 화재강도 및 내화도에 따라 1.7~3.2 m의 수평거리를 적용함

참고문헌

- 스프링클러설비의 화재안전기준 해설서
- 국가직무능력표준(NCS) 소방분야 학습모듈
- 소방시설의 설계 및 시공(동화기술)

CHAPTER

08

소방시설의 점검실무 Ⅳ

학습 목표	1. 포소화설비의 구조 및 원리를 설명할 수 있다. 2. 포소화설비의 해당기준을 설명할 수 있다. 3. 포소화설비의 자체점검표를 작성할 수 있다.
학습 목차	1. 포소화설비의 구조 및 원리 2. 포소화설비의 설계 및 시공 3. 포소화설비의 자체점검

복습 점검

01 개방형스프링클러헤드는 일제살수식 스프링클러 시스템에 적용된다.

해설 폐쇄형스프링클러헤드는 습식, 건식, 준비작동식 및 부압식에 사용되며 개방형스프링클러헤드는 일제살수식 스프링클러 시스템에 적용된다.

02 무대부, 특수가연물을 저장하는 장소들은 화재위험도가 높으므로 수평거리를 멀리 적용하여야 한다.

해설 수평거리는 멀어질수록 살수밀도가 낮아지므로 화재위험도가 높을수록 수평거리를 가깝게 적용하여야 한다.

03 스프링클러의 종합정밀점검에서는 작동기능점검에 포함한 항목을 제외하여 다루도록 하고 있다.

해설 종합정밀점검시에는 작동기능점검의 항목을 포함하고 그 적법성과 적합성까지 검토하도록 하고 있다.

정답 01. O 02. X 03. O

CHAPTER 08 소방시설의 점검실무 Ⅳ

SECTION 1 포소화설비의 구조 및 원리

1 정의 및 구성

가. 포소화설비

1) 정의

포소화설비는 물분무등소화설비로 분류되며 특히 유류화재 시 액면을 덮어 소염하고 이후 냉각하여 재발화를 방지하는 우수한 소화효과를 나타낸다.

2) 구성

- 포소화약제, 포소화약제저장탱크, 수조, 가압송수장치, 기동용수압개폐장치, 포소화약제의 혼합장치, 포방출장치, 배관, 유수검지장치, 일제개방밸브, 송수구 등이다.
- 소방대상물의 화재 시 해당 소방대상물의 보호를 목적으로 자동 또는 수동으로 화재를 감지하여 신속히 화재를 진압할 수 있는 소화설비이다.

2 포소화설비 종류

종류	작동	주된 적용
포워터스프링클러설비	• 일제살수식스프링클러와 유사하다 • 포수용액이 포워터스프링클러헤드를 통해 방사된다.	특수가연물 창고 차고·주차장 항공기격납고
포헤드설비	• 포워터스프링클러설비와 유사하다. • 포수용액이 포헤드를 통해 방사된다.	특수가연물을 저장·취급하는 창고로서 입면화재의 위험성이 없는 장소
고정포방출설비	• 천장 또는 벽면에 설치된 고발포방출구를 통해 포수용액이 방출하여 소화한다.	특수가연물 창고 차고·주차장 항공기격납고
포소화전설비	• 포수용액이 포소화전방수구, 호스 및 이동식포노즐을 통해 방사된다.	개방공간의 차고·주차장
호스릴포소화설비	• 포수용액이 호스릴포방수구, 호스릴 및 이동식포노즐을 통해 방사된다.	개방공간의 차고·주차장
압축공기포소화설비	• 포수용액에 압축공기 또는 압축질소를 혼합, 방출하는 설비이다.	특수가연물 창고 차고·주차장 항공기격납고 발전기실·전기실

3 포소화약제의 종류

가. 단백포

성 분	• 기제 : 동식물성 가수분해 생성물 • 포안정제 : 제1철염 첨가
특 징	• 양친매성(친수성, 친유성) • 두껍고 점성이 커서 연소액면이나 수직 표면위에 단단하고 열저항이 큰 포막 형성
장 점	• 양친매성이므로 내열성, 점착성 우수 • 안전성이 커서 재연방지 효과와 분해성 우수
단 점	• 양친매성이므로 유동성과 내유성에 약하다. • 유동성이 작아 소화속도가 늦다. • 기름으로 오염시 소화능력 저하
사용농도	3%, 6%
방호대상	석유류탱크, 석유화학 플랜트

나. 수성막포(불소계 계면활성제포)

구분	내용
성 분	• 불소계 습윤제를 기제로 안정제 등을 첨가
특 징	• 단친매성(친수성, 소유성) • 소유성을 가져 수용액이 기름표면에 얇은 수막을 형성 가연성 증기 발생 억제, 재착화 방지 • 소유성을 가져 유동성이 좋다. 유출유와 같은 유층이 얇은 화재에 효과적
장 점	• 단친매성이므로 기름에 오염되지 않아 표면하 주입방식의 사용이 가능하고 유동성이 좋다. • 내약품성으로 분말소화약제와 twin agent system이 가능 • 반영구적
단 점	• 얇은 막으로 내열성이 약해 포가 빨리 파괴 • 표면장력이 낮아 drain age가 커 포의 수명이 짧고 탱크 내벽에 ring fire 현상 발생 • ring fire 현상을 방지하기 위해서는 탱크 측면에 water spray 병행 설치 • 고가, 지표수 오염이 있다.

다. 합성계면활성제포

구분	내용
성 분	• 계면활성제를 기제로 하여 안정제 등 소량 첨가
특 징	• 양친매성(친수성, 친유성) • 저팽창에서 고팽창까지 팽창 범위가 넓어 고체 및 기체 등 사용범위가 크다.
장 점	• 점착성이 커 입체적인 화재에 적응성 • 반영구적
단 점	• 양친매성이므로 유동성과 내유성에 약하다. • 고팽창의 경우 수분이 적어 포가 빨리 소멸

라. 불화단백포

구분	내용
성 분	• 단백포 소화약제에 불소계 계면활성제 소량첨가
특 징	• 단친매성(친수성, 소유성) • 거품 주위에 방호막 주머니를 만들어 탄화수소 연료를 차폐하는 특성 • 단백포의 유동성과 내유성, 수성막포의 내열성을 단점을 보완
장 점	• 단친매성이므로 기름에 오염되지 않아 표면하 주입방식의 사용이 가능하고 유동성이 좋다.
단 점	• 고가 • 수명이 수성막포 보다 짧다.

4 포혼합장치의 종류

가. 라인 – 프로포셔너방식

개요	• 베르누이원리를 이용 • 펌프와 발포기 배관 도중에 벤츄리관을 설치하여 벤츄리 작용에 의하여 포소화약제를 혼합하는 방식 • 소규모, 이동식 간이설비
특징	• 흡입기의 압력수에 의해 벤츄리 내부는 부압이 됨 • 흡입관으로 공기포 소화약제 흡입, 혼합 • 발포기에서 공기를 흡입, 포를 발생시키는 기구 • 가장 단순하며 관로조합방식
장점	• 가격저렴, 시설용이
단점	• 혼합기를 통한 압력손실 1/3 • 따라서 흡입 높이제한(1.8 m 이하) • 혼합가능한 유량범위가 좁다.

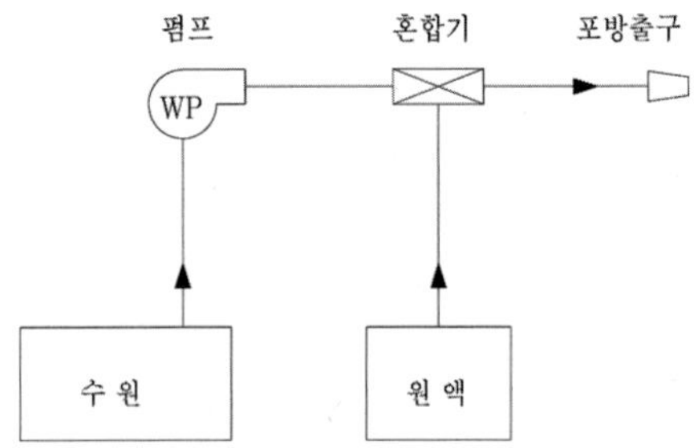

출처 : 소방시설의 설계 및 시공/강경원,백승주(동화기술)

나. 펌프 – 프로포셔너방식

개요	• 펌프 토출관과 흡입관 사이에 by pass 배관에 설치한 흡입기에 펌프에서 토출된 물의 일부를 보내고 농도조정 밸브에서 조정된 포소화 약제의 필요량을 포소화약제 탱크에서 펌프 흡입측으로 보내 혼합하는 방식
특징	• 화학소방차에 적용
장점	• 원액을 사용하기 위한 손실이 적고 보수가 용이
단점	• 펌프의 흡입측 압력이 거의 없어야 하며 압력이 있을 경우 원액의 혼합비가 차이가 나거나 원액탱크 쪽으로 물이 역류 할 수 있다. • 펌프는 흡입측으로 포가 흡입되므로 포소화설비 전용이어야 한다.

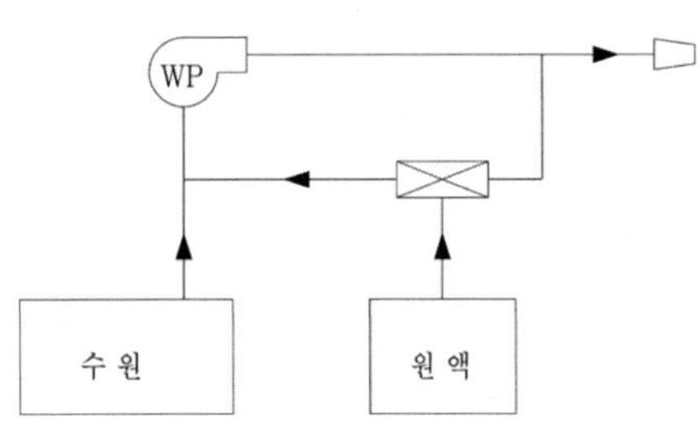

출처 : 소방시설의 설계 및 시공/강경원,백승주(동화기술)

다. 프레져 – 프로포셔너방식

<table>
<tr><td>개요</td><td>• 펌프와 발포기 중간에 설치된 벤츄리관의 벤츄리작용과 펌프 가압수의 포소화약제 저장탱크 가압에 의해 포소화약제를 흡입, 혼합하는 방식</td><td rowspan="2">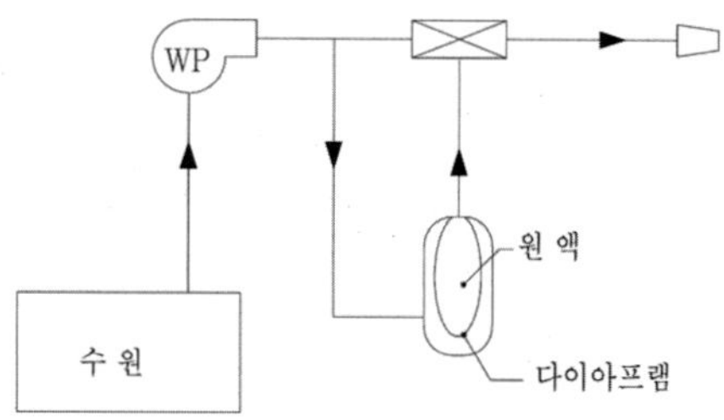

출처 : 소방시설의 설계 및 시공/강경원,백승주(동화기술)</td></tr>
<tr><td>특징</td><td>• 원액 저장탱크를 혼합장치의 일부로 이용, 압력수의 일부를 원액탱크로 도입하여 물오리피스와 원액오리피스 면적비에 따라 일정비율로 혼합하는 방식
• 혼합식 : 한번 사용하면 탱크 내 원액 잔량을 버리고 재충전
• 다이아프램식 : 탱크 내 다이아프램이 있어 잔량을 계속 사용</td></tr>
<tr><td>장점</td><td colspan="2">• 혼합기를 통한 압력손실이 적다(0.35~2.1).
• 혼합 가능한 유량범위가 넓어(50%~200%) 1개의 혼합기로 다수의 소방대상물을 수용</td></tr>
<tr><td>단점</td><td colspan="2">• 물과 비중이 비슷한 소화약제(수성막포)에는 혼합이 어렵다.
• 혼합비에 도달하는 시간이 다소 소요(소형 2~3분, 대형 5분)
• 격막이 없는 저장탱크의 경우 물이 유입되면 소화약제 재사용 불가</td></tr>
</table>

라. 프레져사이드 – 프로포셔너방식

<table>
<tr><td>개요</td><td>• 펌프의 토출관에 압입기를 설치하고, 포소화약제 압입용 펌프로 포소화약제를 압입시켜 혼합하는 방식</td><td rowspan="4">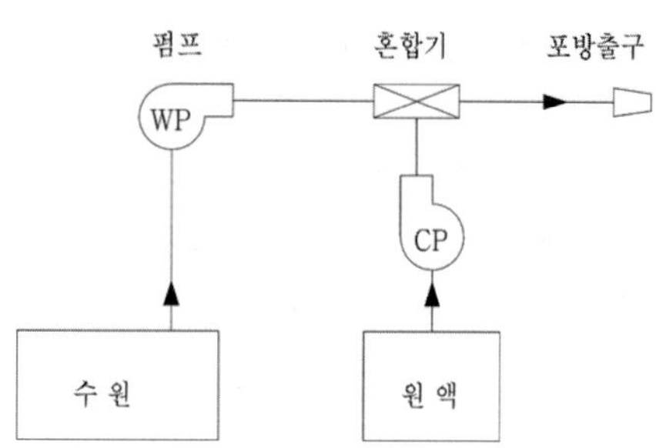

출처 : 소방시설의 설계 및 시공/강경원,백승주(동화기술)</td></tr>
<tr><td>특징</td><td>• 비행기 격납고, 대규모 유류 저장소 등에 적용
• 물과 포소화약제를 각각 다른 펌프로 가압송수 및 송액하여 혼합기에서 혼합</td></tr>
<tr><td>장점</td><td>• 소화용수와 약제가 혼합우려가 없어 장기간 보존하여 사용
• 혼합기를 통한 압력손실이 낮다.
• 혼합 범위가 넓다.
• 혼합 속도가 빠르다.</td></tr>
<tr><td>단점</td><td>• 시설이 거대, 설치비가 비싸다.
• 유지관리가 어렵다.
• 동력을 사용</td></tr>
</table>

마. 압축공기포 믹싱챔버방식

개요	• 포수용액에 고압의 압축공기 또는 압축질소를 압입하여 팽창비를 균질화하고 방사거리를 높인 방식
특징	• 산불화재에 사용 • 팽창비를 고르게 얻을 수 있다.
장점	• 높은 팽창비를 균질하게 얻을 수 있다. • 포수용액은 낮은 압력으로 구성된다. • 휴대성이 높고 물사용이 적다.
단점	• 별도의 압축공기 시스템을 필요로 한다. • 구성이 복잡하다.

5 고정포방출구의 종류

가. Ⅰ형-방출구

1) 구조 및 특징

개요	• 방출된 포가 액면위에서 소화작용을 하도록 통, 튜브 등의 부속설비가 있는 방출구 • foam chute, foam trough • cone roof tank에 사용
특징	• 대기압 탱크에 사용 • 기름 오염에 약한 단백포가 유면을 떠돌지 않도록 통을 사용해 액체표면에 방사하여 소화하도록 도입 • 단백포의 유동성 단점을 보완하기 위해 개발되었으나 유동성이 좋은 소화약제 개발로 거의 사용하지 않음 • 포의 소멸이 빠른 알콜포에 사용
장점	• 위험물 표면에 요동을 주지 않아 오버플로워 방지
단점	• 유지관리 불편 • 포방사 시험 불편 • 포방출구 파손

나. Ⅱ형 – 방출구

1) 구조 및 특징

개요	• 방출된 포가 반사판에 의해 탱크의 벽면을 따라 흘러 들어가 소화하도록 한 방출구 • cone roof tank에 사용
특징	• 대기압 탱크에 사용 • 시험에 의하면, 포는 연소액면을 100 피트(30 m)는 효과적으로 이동 따라서 탱크지름이 60 m 이내 사용
장점	• 설치 간편
단점	• 소형탱크 사용(60 m 이하) • 포방출구 파손

다. 특형 – 방출구

1) 구조 및 특징

개요	• 부상식탱크 측면과 굽도리 판에 의해 형성된 환상 부분에 포를 방출하여 소화하도록 한 방출구 • floating roof tank에 사용
특징	• 환상부분에 포를 방출하여 소화하므로 탱크로부터 열전달을 통한 수분증발로 파포현상이 발생하므로 cone roof tank보다 방사속도가 크다(8 lpm/m²).
장점	• 환상 부분에서만 화재가 발생하므로 안전성이 높다.
단점	• 포방출구 파손

라. Ⅲ형 – 방출구

1) 구조 및 특징

개요	• 표면상 방출구와는 달리 탱크저부에서 포를 주입 유면을 통해 표면에서 소화하도록 한 방출구 • cone roof tank에 사용
특징	• 탱크가 점차 대형화되고 기름 오염에 강한 불소계 포가 개발되어 도입 • 탱크하부에서 방사하므로 cone roof 형 대기압 탱크, 점도가 낮은 위험물, 내유성이 강한 불화 단백포, 수성막포 사용(불소함유한 단친매성 약제) • 배압(back pressure)이 작용하므로 고압 발포기 사용 • 탱크지름이 60 m 이상 사용
장점	• 탱크가 변형되어도 사용 • 60 m 이상 탱크 사용
단점	• FRT, 점도가 높은 액체, 수용성 액체 탱크에는 사용하지 않음 • 유지관리 불편

마. Ⅳ형 – 방출구

1) 구조 및 특징

개요	• 표면하 주입의 단점을 보완 • 호스를 이용 포가 액체 표면에 떠오르면서 소화하는 방출구 • cone roof tank에 사용
특징	• 표면하 주입방식을 더욱 개량한 것으로 포가 호스를 통해 유류에 닿지 않고 유면까지 도달하기 때문에 단친매성과 양친매성 포약제 사용도 가능하다. • Hose container방식으로 컨테이너, 베이스호스, 메인호스로 구성 • 배압이 작용 하므로 고압 발포기 사용 • 탱크지름이 60 m 이상 사용
장점	• 탱크가 변형되어도 사용 • 긴급시 : 송유관에서 포의 주입이 가능 • 60 m 이상 탱크 사용
단점	• FRT, 고점도 액체위험물 사용에 부적합 • 유지관리 불편

6 고발포용 포소화설비

가. 설비개요

• 포수용액을 팽창비 80~1,000의 고팽창포로 발포하며 방사하여 소화하는 설비이다.

• 넓은 장소의 급격한 화재확산을 억제하여 소화하는 데 사용하며, 질식 및 냉각소화 효과가 있다.

나. 포제네레이터

1) 흡출식(aspirating type foam generator)

• 두 지점 위치수두가 같다고 가정하고 베르누이 정리를 이용하면 속도차 만큼 압력차가 발생하여 발포기에 압력강하가 발생 공기를 흡출하는 원리

• 즉, 포수용액 분사의 힘으로 공기를 흡인하고 혼합된 포수용액이 발포기를 통해 분사되면서 포스크린을 때려 약 250배 배율로 팽창, 방사된다.

2) 송출식(blower type foam generator)

혼합된 포수용액이 노즐에서 분사될 때 송풍기를 이용하여 포스크린을 통과시키면 약 500~1,000배 발포배율로 팽창, 방사된다.

3) 압축공기포식

- 기존 압출식, 송출식의 낮은 팽창비와 포의 균질성, 안전성을 확보한 방식
- 팽창비 1,000배로 현재 시스템보다 산불화재 진압용으로 사용

4) 고 발포기 비교

	흡출식	송출식	압축공기포식
팽창비	250	500	1,000
특 성	• passive system으로 신뢰도가 높다. • 팽창비 낮다.	• active system으로 신뢰도가 낮다. • 팽창비 높다.	• 포의 안전성, 균질성 확보할 수 있다. • 팽창비 높다.

SECTION 2 포소화설비의 설계 및 시공

1 포소화설비의 설계

가. 계통도

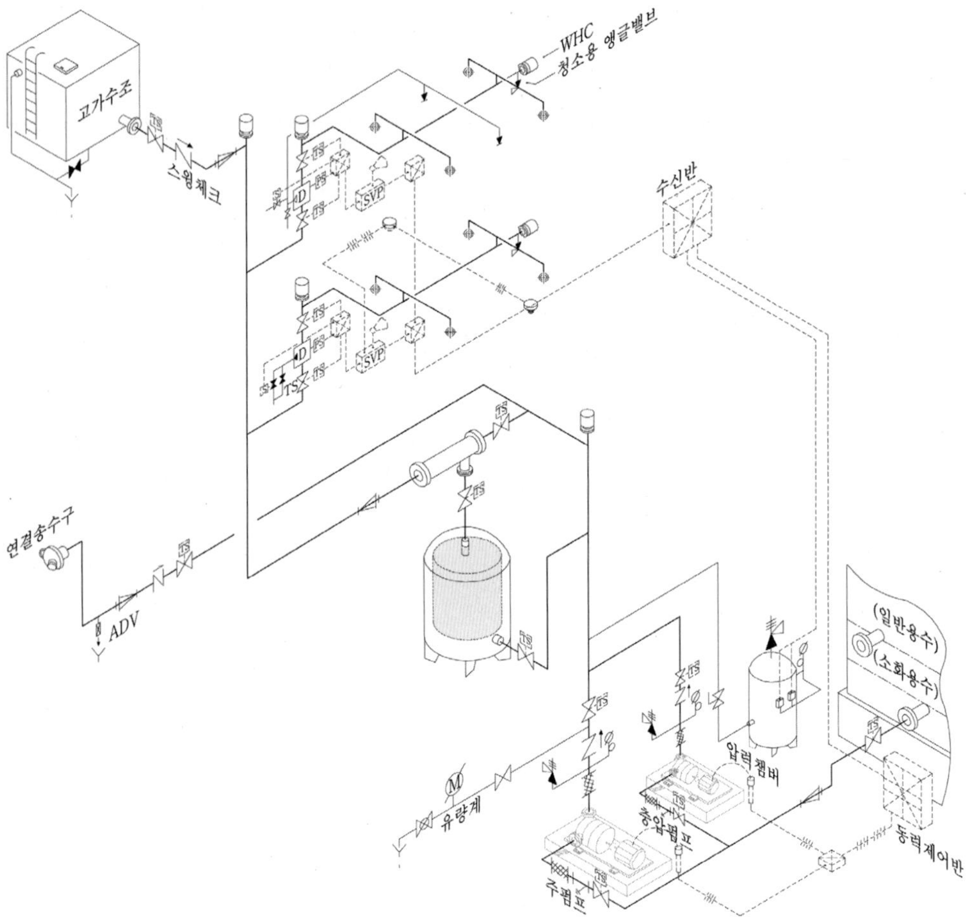

출처 : 소방시설의 설계 및 시공/강경원,백승주(동화기술)

나. 포헤드의 종류

포워터스프링클러헤드		포헤드
상향식	하향식	
	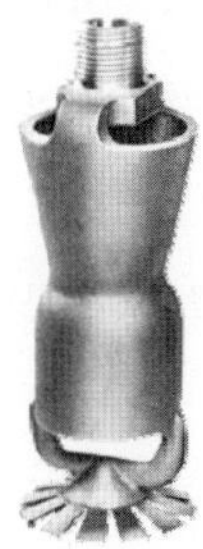	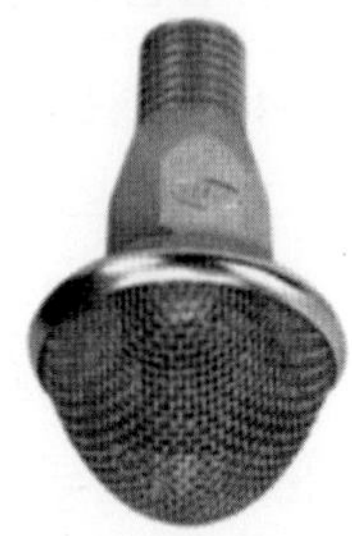

출처 : 포소화설비의 화재안전기준 해설서/소방청

2 설치대상

가. 화재예방, 소방시설 설치·유지 및 안전관리에 관한 법률 시행령 별표5의 일부

1) 항공기 및 자동차 관련 시설 중 항공기격납고
2) 차고, 주차용 건축물 또는 철골 조립식 주차시설. 이 경우 연면적 800 m^2 이상인 것만 해당한다.
3) 건축물 내부에 설치된 차고 또는 주차장으로서 차고 또는 주차의 용도로 사용되는 부분의 바닥면적이 200 m^2 이상인 층
4) 기계장치에 의한 주차시설을 이용하여 20대 이상의 차량을 주차할 수 있는 것
5) 특정소방대상물에 설치된 전기실·발전실·변전실·축전지실·통신기기실 또는 전산실, 그 밖에 이와 비슷한 것으로서 바닥면적이 300 m^2 이상인 것
   - 가연성 절연유를 사용하지 않는 변압기·전류차단기 등의 전기기기와 가연성 피복을 사용하지 않은 전선 및 케이블만을 설치한 전기실·발전실 및 변전실은 제외한다.
   - 하나의 방화구획 내에 둘 이상의 실이 설치되어 있는 경우에는 이를 하나의 실로 보아 바닥면적을 산정한다 (다만, 내화구조로 된 공정제어실 내에 설치된 주조정실로서 양압시설이 설치되고 전기기기에 220볼트 이하인 저전압이 사용되며 종업원이 24시간 상주하는 곳은 제외한다.)

6) 「문화재보호법」 제2조제2항제1호 및 제2호에 따른 지정문화재 중 소방청장이 문화재청장과 협의하여 정하는 것

나. 위험물안전관리법세부기준 제128조

1) 제4류위험물을 저장 또는 취급하는 탱크에 포소화설비를 설치하는 경우
   - 고정식포소화설비를 설치할 것
   - 종형탱크에 설치하는 것은 고정식포방출구방식으로 하고 보조포소화전 및 연결송액구를 함께 설치할 것
2) 소화난이도등급 I 의 제조소 또는 일반취급소에 옥내·외소화전설비, 스프링클러설비 또는 물분무등소화설비를 설치 시 당해 제조소 또는 일반취급소의 취급탱크(인화점 21℃ 미만의 위험물을 취급하는 것에 한한다. 이하 이 조에서 같다)의 펌프설비, 주입구 또는 토출구가 옥내·외소화전설비, 스프링클러설비 또는 물분무등소화설비의 방사능력범위 내에 포함되도록 할 것. 이 경우 당해 취급탱크의 펌프설비, 주입구 또는 토출구에 접속하는 배관의 내경이 200mm 이상인 경우에는 당해 펌프설비, 주입구 또는 토출구에 대하여 적응성 있는 소화설비는 이동식 외의 물분무등소화설비에 한한다.
3) 포소화설비 중 포모니터노즐방식은 옥외의 공작물(펌프설비 등을 포함한다) 또는 옥외에서 저장 또는 취급하는 위험물을 방호대상물로 할 것

3 약제량

가. 화재안전기준

1) 특수가연물

설비	약제량
포워터SP, 포헤드설비(포헤드) 고정포 방출설비 압축공기포소화설비	$Q = N \times Q_1 \times T \times S$ 여기서, N : 포헤드 수(바닥면적 200 m² 이하), or 고정포방출구 수 Q_1 : 표준방사량(lpm · 개) T : 방사시간 : 10분 S : 소화약제 농도(%)
포헤드 + 고정포 방출설비 설치	각 설비별 산출된 저수량 중 최대의 것

2) 차고, 주차장

설비	약제량
포워터SP, 포헤드설비 고정포 방출설비 압축공기포소화설비	$Q = N \times Q_1 \times T \times S$ 여기서, N : 포헤드 수(바닥면적 200 m^2 이하), or 고정포방출구 수 Q_1 : 표준방사량(lpm · 개) T : 방사시간 : 10분
호스릴포소화설비, 포소화전설비	$Q = N \times Q_1 \times T \times S$ 여기서, N : 방수구 수(최대 5개) Q_1 : 방사량(300 lpm) T : 방사시간(20분)
호스릴, 포소화전, 포헤드, 고정포 방출설비가 함께 설치된 경우	각 설비별 산출된 저수량 중 최대의 것

※ 차고, 주차장의 호스릴포소화설비, 포소화전설비 대상

1. 완전 개방된 옥상주차장 또는 고가 밑의 주차장 등으로서 주된 벽이 없고 기둥뿐이거나 주위가 위해방지용 철주 등으로 둘러쌓인 부분
2. 옥외로 통하는 개구부가 상시 개방된 구조의 부분으로서 그 개방된 부분의 합계면적이 해당 차고 또는 주차장의 바닥면적의 15% 이상인 부분
3. 지상 1층으로서 방화구획 되거나 지붕이 없는 부분
4. 지상에서 수동 또는 원격조작에 따라 개방이 가능한 개구부의 유효면적의 합계가 바닥면적의 20% 이상(시간당 5회 이상의 배연능력을 가진 배연설비가 설치된 경우 15% 이상)인 부분

3) 항공기 격납고

설비	약제량
포워터SP, 포헤드설비 고정포 방출설비 압축공기포소화설비	$Q = N \times Q_1 \times T \times S$ 여기서, N : 포헤드(고정포방출구) 수 Q_1 : 표준방사량(lpm · 개) T_1 : 방사시간(10분)
호스릴 추가한 경우 (바닥면적 1000 m^2 이상이고 항공기의 격납위치가 한정된 경우 한정된 장소 외의 부분)	$Q = (N_1 \times Q_1 \times T_1 \times S) + (N_2 \times Q_2 \times T_2 \times S)$ 여기서, N_1 : 포헤드(고정포방출구) 수 N_2 : 호스릴(최대 5개) Q_1 : 표준방사량(lpm · 개) Q_2 : 방사량(300 lpm) T_1, T_2 : 방사시간(10분/20분)

4) 발전기 외

설비	약제량
압축공기포소화설비 (바닥면적합계 300 m² 미만 장소)	$Q = N \times Q_1 \times T \times S$ 여기서, N_1 : 기준개수 Q_1 : 표준방사량(lpm · 개) T_1 : 방사시간(10분)

나. 위험물안전관리법 세부기준

1) 포헤드방식

$$Q = N \times Q_1 \times T \times S$$

여기서, N : 포헤드 수

Q_1 : 표준방사량(lpm)

T : 방사시간(10분)

※ 방사구역 100 m² 이상(방호대상물의 표면적 100 m² 미만인 경우 당해 표면적)

2) 고정포방출방식

(1) 약제량 = 고정포 방출구 양 + 보조포 소화전 양 + 송액관의 양

(2) 고정포방출구 양

- 비수용성 : $Q = A \times Q_1 \times T \times S$

여기서, A : 탱크의 액표면적(m²)

Q_1 : 단위 포소화수용액의 양(L/m² · min)

T : 방출시간(min)

S : 포소화약제의 사용농도(%)

- 수용성 : $Q = [A \times Q_1 \times T \times S] \times h$(위험물계수)

(3) 보조 포소화전 양

$$Q = N \times Q_2 \times T \times S$$

여기서, N : 호스 접결구수(최대 3개), 방유제 외측 보조포소화전 상호간의 보행거리가 75 m 이하

Q_2 : 400 (lpm)

T : 방사시간(20분)

S : 포소화약제의 사용농도(%)

(4) 송액관 양

3) 포소화전

옥 내	$Q = N \times Q_1 \times T \times S$ 여기서, N : 호스접결구 수(최대 4개) Q_1 : 200 (lpm) T : 방사시간(30분)
옥 외	$Q = N \times Q_1 \times T \times S$ 여기서, N : 호스접결구 수(최대 4개) Q_1 : 400 (lpm) T : 방사시간(30분)

4) 포모니터

$$Q = N \times Q_1 \times T \times S$$

여기서, N : 모니터 노즐수

Q_1 : 1900 (L/개 · min)

T : 방사시간(30분)

※ 끝선(해면과 접하는 선)으로부터 수평거리 15 m 이내(1개인 경우 2개)

5) 연결송액구 수량산정

$$N = \frac{Aq}{C}$$

여기서, N : 연결송액구 설치수

A : 탱크의 최대수평단면적(m^2)

q : 탱크의 액표면적 1 m^2당 포수용액의 방출률(lpm)

C : 연결송액구 1구당 표준송액량(800 lpm)

4 방출률과 방사시간

가. 화재안전기준

1) 팽창비에 따른 포방출구

팽창비	포방출구 종류
저발포(팽창비 20 이하)	포헤드, 압축공기포헤드
고발포(팽창비 80 이상 1,000 미만)	고발포용 고정포방출구

2) 헤드수량

포방출구 종류		소요수량
foam water sprinkler		바닥면적 8 m²/1개 이상
foam head		바닥면적 9 m²/1개
압축공기포	특수가연물	바닥면적 9.3 m²/1개
	기타(유류탱크주위)	바닥면적 13,9 m²/1개
호스릴, 포소화전		방수구 수(최대 5개) 수평거리 15 m, 방사압 : 0.35 MPa
고발포용 고정포방출구		바닥면적 500 m²/1개

3) 표준방사량

(1) 표준방사량

구 분	표준방사량
포워터스프링클러헤드	75 lpm 이상
포헤드·고정포방출구 또는 이동식포노즐·압축공기포헤드	각 포헤드·고정포방출구 또는 이동식포노즐의 설계압력에 따라 방출되는 소화약제의 양

(2) 포헤드

소방대상물	포소화약제 종류	방사량(lpm/m²)
특수가연물	단백포 / 합성계면합성제포 / 수성막포	6.5
차고/주차장/항공기 격납고	단백포	6.5
	합성계면합성제포	8.0
	수성막포	3.7

(3) 호스릴, 포소화전(차고/주차장)

소방대상물	기 준
차고/주차장	Q_1 : 300 (lpm) 이상 바닥 200 m^2 미만인 건축물 : 75%(230 lpm) 수평거리 : 15 m(포소화전 : 25 m)

(4) 압축공기포

소방대상물	방사량(lpm/m^2)
특수가연물	2.3
기타	1.63

(5) 수원 및 포소화약제 계산방법

- 바닥면적 또는 방호면적(m^2)×방사량(lpm/m^2)＝방사량(lpm)
- 헤드의 개수를 계산
- 방사량(lpm)/헤드 개수＝표준방사량(lpm/1개)
- 약제량＝헤드 수×표준방사량(lpm/1개)×방사시간×약제농도
- $Q = N \times Q_1 \times T \times S$

(6) 고발포용 고정포방출방식 방사량

방출방식	방사량	소방대상물	팽창비	방사량(lpm/m^3)
전역	방사량 / 관포체적 1 m^3	특수가연물	80 이상 250 미만	1.25
			250 이상 500 미만	0.31
			500 이상 1,000 미만	0.18
		차고/주차장	80 이상 250 미만	1.11
			250 이상 500 미만	0.28
			500 이상 1,000 미만	0.16
		항공기 격납고	80 이상 250 미만	2.0
			250 이상 500 미만	0.5
			500 이상 1,000 미만	0.29
국소	방사량 / 외주선 1 m^2	특수가연물		3.0 lpm/m^2
		기타		2.0

나. 위험물안전관리법 세부기준

1) 비수용성 액체 방출률 및 방사시간

포방출구 / 위험물	I형		II, III, IV형		특형	
	포수용액량 (L/m^2)	방출률 (L/m^2 · min)	포수용액량 (L/m^2)	방출률 (L/m^2 · min)	포수용액량 (L/m^2)	방출률 (L/m^2 · min)
제4류 인화점 21℃ 미만	120 (30분)	4	220 (55)	4	240 (30)	8
제4류 인화점 21~70℃ 미만	80 (20)	4	120 (30)	4	160 (20)	8
제4류 인화점이 70℃ 이상	60 (15)	4	100 (25)	4	120 (15)	8

2) 수용성 액체 방출률 및 방사시간

I형		II, IV형	
포수용액량(L/m^3)	방출률(L/m^2 · min)	포수용액량(L/m^2)	방출률(L/m^2 · min)
160(20)	8	240(30)	8

3) 포방출구의 수

탱크구조 / 탱크직경	고정지붕	부상덮개 고정지붕	부상 지붕	고정 지붕
	I, II형	II형	특형	III, IV형
13 m 미만	2	2	2	1
19 m 미만	2	3	3	1
24 m 미만	2	4	4	1
35 m 미만	2	5	5	2
42 m 미만	3	6	6	3
46 m 미만	4	7	7	4
53 m 미만	6	8	8	6

탱크구조 / 탱크직경	고정지붕	부상덮개 고정지붕	부상 지붕	고정 지붕
	I, II형	II형	특형	III, IV형
60 m 미만	8	10	10	8
67 m 미만	8 (III, IV형 2개 추가)		10	10
73 m 미만	8 (III, IV형 4개 추가)		12	12
79 m 미만	8 (III, IV형 6개 추가)		12	14
85 m 미만	8 (III, IV형 8개 추가)		14	16
90 m 미만	8 (III, IV형 10개 추가)		14	18
95 m 미만	8 (III, IV형 12개 추가)		16	20
99 m 미만	8 (III, IV형 14개 추가)		16	22
99 m 이상	8 (III, IV형 16개 추가)		18	24

(주) III형 방출구 : 20℃의 물 100 g에 용해되는 양이 1 g 미만인 비수용성 위험물이면서 저장 온도가 50℃ 이하 또는 동점도가 100 cSt 이하인 위험물 저장 또는 취급하는 탱크에 적용

SECTION 3 포소화설비 점검표

(1면)

번호	점검항목	점검결과
8-A. 종류 및 적응성		
8-A-001	● 특정소방대상물 별 포소화설비 종류 및 적응성 적정 여부	
8-B. 수원		
8-B-001	○ 수원의 유효수량 적정 여부(겸용설비 포함)	
8-C. 수조		
8-C-001 8-C-002 8-C-003 8-C-004 8-C-005 8-C-006 8-C-007	● 동결방지조치 상태 적정 여부 ○ 수위계 설치 또는 수위 확인 가능 여부 ● 수조 외측 고정사다리 설치 여부(바닥보다 낮은 경우 제외) ● 실내설치 시 조명설비 설치 여부 ○“포소화설비용 수조”표지설치 여부 및 설치 상태 ● 다른 소화설비와 겸용 시 겸용설비의 이름 표시한 표지설치 여부 ● 수조-수직배관 접속부분“포소화설비용 배관”표지설치 여부	
8-D. 가압송수장치		
 8-D-001 8-D-002 8-D-003 8-D-004 8-D-005 8-D-006 8-D-007 8-D-008 8-D-009	[펌프방식] ● 동결방지조치 상태 적정 여부 ○ 성능시험배관을 통한 펌프 성능시험 적정 여부 ● 다른 소화설비와 겸용인 경우 펌프 성능 확보 가능 여부 ○ 펌프 흡입측 연성계 · 진공계 및 토출측 압력계 등 부속장치의 변형 · 손상 유무 ● 기동장치 적정 설치 및 기동압력 설정 적정 여부 ○ 물올림장치 설치 적정(전용 여부, 유효수량, 배관구경, 자동급수) 여부 ● 충압펌프 설치 적정(토출압력, 정격토출량) 여부 ○ 내연기관 방식의 펌프 설치 적정(정상기동(기동장치 및 제어반) 여부, 축전지 상태, 연료량) 여부 ○ 가압송수장치의“포소화설비펌프”표지설치 여부 또는 다른 소화설비와 겸용 시 겸용설비 이름 표시 부착 여부	
 8-D-021	[고가수조방식] ○ 수위계 · 배수관 · 급수관 · 오버플로우관 · 맨홀 등 부속장치의 변형 · 손상 유무	
 8-D-031 8-D-032	[압력수조방식] ● 압력수조의 압력 적정 여부 ○ 수위계 · 급수관 · 급기관 · 압력계 · 안전장치 · 공기압축기 등 부속장치의 변형 · 손상 유무	

	[가압수조방식]	
8-D-041	● 가압수조 및 가압원 설치장소의 방화구획 여부	
8-D-042	○ 수위계·급수관·배수관·급기관·압력계 등 부속장치의 변형·손상 유무	
비고		

(2면)

번호	점검항목	점검결과
8-E. 배관 등		
8-E-001	● 송액관 기울기 및 배액밸브 설치 적정 여부	
8-E-002	● 펌프의 흡입측 배관 여과장치의 상태 확인	
8-E-003	● 성능시험배관 설치(개폐밸브, 유량조절밸브, 유량측정장치) 적정 여부	
8-E-004	● 순환배관 설치(설치위치·배관구경, 릴리프밸브 개방압력) 적정 여부	
8-E-005	• 동결방지조치 상태 적정 여부	
8-E-006	○ 급수배관 개폐밸브 설치(개폐표시형, 흡입측 버터플라이 제외) 적정 여부	
8-E-007	○ 급수배관 개폐밸브 작동표시스위치 설치 적정(제어반 표시 및 경보, 스위치 동작 및 도통시험, 전기배선 종류) 여부	
8-E-008	● 다른 설비의 배관과의 구분 상태 적정 여부	
8-F. 송수구		
8-F-001	○ 설치장소 적정 여부	
8-F-002	● 연결배관에 개폐밸브를 설치한 경우 개폐상태 확인 및 조작가능 여부	
8-F-003	● 송수구 설치 높이 및 구경 적정 여부	
8-F-004	○ 송수압력범위 표시 표지 설치 여부	
8-F-005	● 송수구 설치 개수 적정 여부	
8-F-006	● 자동배수밸브(또는 배수공)·체크밸브 설치 여부 및 설치 상태 적정 여부	
8-F-007	○ 송수구 마개 설치 여부	
8-G. 저장탱크		
8-G-001	● 포약제 변질 여부	
8-G-002	● 액면계 또는 계량봉 설치상태 및 저장량 적정 여부	
8-G-003	● 그라스게이지 설치 여부(가압식이 아닌 경우)	
8-G-004	○ 포소화약제 저장량의 적정 여부	
8-H. 개방밸브		
8-H-001	○ 자동 개방밸브 설치 및 화재감지장치의 작동에 따라 자동으로 개방되는지 여부	
8-H-002	○ 수동식 개방밸브 적정 설치 및 작동 여부	

8-I. 기동장치		
8-I-001 8-I-002 8-I-003 8-I-004	[수동식 기동장치] ○ 직접 · 원격조작 가압송수장치 · 수동식개방밸브 · 소화약제혼합장치 기동 여부 ● 기동장치 조작부의 접근성 확보, 설치 높이, 보호장치 설치 적정 여부 ○ 기동장치 조작부 및 호스접결구 인근"기동장치의 조작부"및"접결구"표지설치 여부 ● 수동식 기동장치 설치개수 적정 여부	
8-I-011 8-I-012 8-I-013	[자동식 기동장치] ○ 화재감지기 또는 폐쇄형 스프링클러헤드의 개방과 연동하여 가압송수장치·일제개방밸브 및 포소화약제 혼합장치 기동 여부 ● 폐쇄형 스프링클러헤드 설치 적정 여부 ● 화재감지기 및 발신기 설치 적정 여부	

(3면)

번호	점검항목	점검결과
8-I-014	● 동결우려 장소 자동식기동장치 자동화재탐지설비 연동 여부	
8-I-021 8-I-022 8-I-023	[자동경보장치] ○ 방사구역 마다 발신부(또는 층별 유수검지장치) 설치 여부 ○ 수신기는 설치 장소 및 헤드개방 · 감지기 작동 표시장치 설치 여부 ● 2 이상 수신기 설치 시 수신기간 상호 동시 통화 가능 여부	
8-J. 포헤드 및 고정포방출구		
8-J-001 8-J-002 8-J-003	[포헤드] ○ 헤드의 변형 · 손상 유무 ○ 헤드 수량 및 위치 적정 여부 ○ 헤드 살수장애 여부	
8-J-011 8-J-012 8-J-013	[호스릴포소화설비 및 포소화전설비] ○ 방수구와 호스릴함 또는 호스함 사이의 거리 적정 여부 ○ 호스릴함 또는 호스함 설치 높이, 표지 및 위치표시등 설치 여부 ● 방수구 설치 및 호스릴·호스 길이 적정 여부	
8-J-021 8-J-022 8-J-023 8-J-024	[전역방출방식의 고발포용 고정포 방출구] ○ 개구부 자동폐쇄장치 설치 여부 ● 방호구역의 관포체적에 대한 포수용액 방출량 적정 여부 ● 고정포방출구 설치 개수 적정 여부 ○ 고정포방출구 설치 위치(높이) 적정 여부	
8-J-031 8-J-032	[국소방출방식의 고발포용 고정포 방출구] ● 방호대상물 범위 설정 적정 여부 ● 방호대상물별 방호면적에 대한 포수용액 방출량 적정 여부	

8-K. 전원		
8-K-001 8-K-002 8-K-003 8-K-004	● 대상물 수전방식에 따른 상용전원 적정 여부 ● 비상전원 설치장소 적정 및 관리 여부 ○ 자가발전설비인 경우 연료 적정량 보유 여부 ○ 자가발전설비인 경우 「전기사업법」 에 따른 정기점검 결과 확인	
8-L. 제어반		
8-L-001	● 겸용 감시·동력 제어반 성능 적정 여부(겸용으로 설치된 경우)	
 8-L-011 8-L-012 8-L-013 8-L-014 8-L-015 8-L-016 8-L-017	[감시제어반] ○ 펌프 작동 여부 확인 표시등 및 음향경보장치 정상작동 여부 ○ 펌프 별 자동·수동 전환스위치 정상작동 여부 ● 펌프 별 수동기동 및 수동중단 기능 정상작동 여부 ● 상용전원 및 비상전원 공급 확인 가능 여부(비상전원 있는 경우) ● 수조·물올림탱크 저수위 표시등 및 음향경보장치 정상작동 여부 ○ 각 확인회로 별 도통시험 및 작동시험 정상작동 여부 ○ 예비전원 확보 유무 및 시험 적합 여부	

(4면)

번호	점검항목	점검결과
8-L-018 8-L-019	● 감시제어반 전용실 적정 설치 및 관리 여부 ● 기계·기구 또는 시설 등 제어 및 감시설비 외 설치 여부	
 8-L-031	[동력제어반] ○ 앞면은 적색으로 하고,"포소화설비용 동력제어반"표지 설치 여부	
 8-L-041	[발전기제어반] ● 소방전원보존형발전기는 이를 식별할 수 있는 표지 설치 여부	

※ 펌프성능시험(펌프 명판 및 설계치 참조)

구분		체절운전	정격운전 (100%)	정격유량의 150% 운전	적정 여부	○ 설정압력: ○ 주펌프 기동: MPa 정지: MPa ○ 예비펌프 기동: MPa 정지: MPa ○ 충압펌프 기동: MPa 정지: MPa
토출량 (L/min)	주				1. 체절운전 시 토출압은 정격토출압의 140% 이하일 것( ) 2. 정격운전 시 토출량과 토출압이 규정치 이상일 것( ) 3. 정격토출량의 150%에서 토출압이 정격토출압의 65% 이상일 것( )	
	예비					
토출압 (MPa)	주					
	예비					

※ 릴리프밸브 작동압력 : MPa

비고	

CHAPTER 08

연습문제

■ 소방시설의 점검실무 Ⅳ

01 다음 중 압축공기포소화설비에 대한 설명으로 옳은 것은?

① 고압의 포수용액으로 압축한 포소화설비 방식이다.
② 포수용액에 압축공기 또는 압축질소를 혼입한 방식이다.
③ 팽창비가 불규칙하여 높은 팽창비를 얻을 수는 없다.
④ 밀폐, 소공간에 적합하다.

해설 압축공기포 포소화설비는 압축공기 또는 압축질소를 혼입하여 균일하고 높은 팽창비를 얻을 수 있어 외부의 산불화재처럼 이동성이 강조되는 장소에서의 대응에 효율적이다.

02 다음 중 비수용성 액체의 방출구와 방출률의 연결로 잘못된 것은?

① 제4류 인화점 21℃ 미만－Ⅰ형－4 L/m²·min
② 제4류 인화점 21℃ 미만－Ⅱ형－4 L/m²·min
③ 제4류 인화점 21℃ 미만－Ⅲ형－4 L/m²·min
④ 제4류 인화점 21℃ 미만－특형－4 L/m²·min

해설 특형방출구는 제4류 위험물의 방출률을 두 배 높은 8 L/m²·min로 하여야 한다.

03 다음 중 종합정밀점검표 상의 포소화약제의 종류가 아닌 것은?

① 단백포　　② 합성계면활성제포
③ 무기질포　　④ 수성막포

해설 점검표에서의 포소화약제 종류는 단백포, 합성계면활성제, 수성막포, 내알코올포이다.

정답 01. ② 02. ④ 03. ③

CHAPTER 08

학습정리

■ 소방시설의 점검실무 Ⅳ

1. **포소화설비는 물분무등소화설비의 하나로서 유류화재 시 액면을 덮어 소염하고 이후 냉각하여 재발화를 방지함**

2. **포소화설비의 구성**
   - 포소화약제
   - 약제저장탱크
   - 수조
   - 가압송수장치
   - 기동용수압개폐장치
   - 포혼합장치
   - 포방출장치
   - 배관
   - 유수검지장치
   - 일제개방밸브
   - 송수구

3. **포소화설비의 구성**
   - 포워터스프링클러설비
   - 포헤드설비
   - 고정포방출설비
   - 포소화전설비
   - 호스릴포소화설비
   - 압축공기포설비

4. **포소화약제의 종류**
   - 단백포
   - 수성막포
   - 합성계면활성제포
   - 불화단백포

5. **포혼합장치의 종류**
   - 라인 – 프로포셔너
   - 펌프 – 프로포셔너
   - 프레져 – 프로포셔너
   - 프레져사이드 – 프로포셔녀
   - 압축공기포 믹싱챔버

참고문헌

- 포소화설비의 화재안전기준 해설서
- 국가직무능력표준(NCS) 소방분야 학습모듈
- 소방시설의 설계 및 시공(동화기술)

CHAPTER 09

소방시설의 점검실무 V

학습 목표	1. 가스계소화설비의 구조 및 원리를 설명할 수 있다. 2. 가스계소화설비의 해당기준을 설명할 수 있다. 3. 가스계소화설비의 자체점검표를 작성할 수 있다.
학습 목차	1. 가스계소화설비의 구조 및 원리 2. 가스계소화설비의 설계 및 시공 3. 가스계소화설비의 자체점검

복습 점검

01 압축 공기포는 대규모의 고정식 포소화설비에 적합하다.

해설 압축공기포 포소화설비는 압축공기 또는 압축질소를 혼입하여 균일하고 높은 팽창비를 얻을 수 있어 외부의 산불화재처럼 이동성이 강조되는 장소에서의 대응에 효율적이다.

02 고정포방출구 중에서 특형방출구는 낮은 방출률로 약제량을 구할 수 있다.

해설 특형방출구는 부상지붕의 원주부분에만 집중적으로 방출하므로 방출률이 높아야(2배) 한다.

03 포소화약제는 단백포/합성계면활성제포/수성막포/무기질포가 있다.

해설 포소화약제는 단백포/합성계면활성제포/수성막포/내알코올포가 있다.

정답 01. X 02. X 03. X

CHAPTER 09 소방시설의 점검실무 V

SECTION 1 가스계소화설비의 구조 및 원리

1 정의 및 종류

가. 가스계소화설비

가스계소화설비는 수계소화설비의 적응성과 수손피해를 대체할 수 있도록 소화약제마다의 화학적, 물리적 성질에 의한 부촉매·질식·냉각작용을 특화하여 소화성능을 확보하는 분말, 이산화탄소, 할로겐화합물 및 불활성기체를 소화약제로 사용하는 소화설비이다.

나. 가스계소화설비의 종류별 설명

명 칭	설 명	비 고
가스계 소화약제	이산화탄소소화설비·할론소화설비, 할로겐화합물 및 불활성기체소화설비의 화재안전기준(이하 "가스계소화설비의 화재안전기준"이라 한다)으로 정하는 모든 소화약제를 말한다.	기술기준
이산화탄소 소화설비	특수한 위험이 있는 곳이나 고가의 장치가 있는 장소와 불활성·비전도성 소화약제가 필수적인 장소 또는 다른 소화약제를 사용하기 어려운 장소에 많이 사용된다.	NFSC 해설서
할로겐화합물 및 불활성기체소화약제	할로겐화합물(할론 1301, 할론 2402, 할론 1211 제외) 및 불활성기체로서 전기적으로 비전도성이며 휘발성이 있거나 증발 후 잔여물을 남기지 않는 소화약제를 말한다.	NFSC

할로겐화합물 소화약제	불소, 염소, 브롬 또는 요오드 중 하나 이상의 원소를 포함하고 있는 유기화합물을 기본성분으로 하는 소화약제	NFSC
불활성기체 소화약제	헬륨, 네온, 아르곤 또는 질소가스 중 하나 이상의 원소를 기본성분으로 하는 소화약제	NFSC

2 분말소화약제

가. 약제별 특성

	제 1종 분말	제 2종 분말
주성분	$NaHCO_3$	$KHCO_3$
적응화재	B.C	B.C
색상	백색	자색
소화 작용	부촉매작용 : Na에 의한 부촉매작용 $Na+OH \rightarrow NaOH+H \rightarrow H_2O+Na$ 질식작용 : CO_2, 수증기(H_2O) 냉각작용 : H_2O 및 흡열반응 희석작용 : 분말 미립자	부촉매작용 : K에 의한 부촉매작용 $K+OH \rightarrow KOH+H \rightarrow H_2O+K$ 질식작용 : CO_2, 수증기(H_2O) 냉각작용 : H_2O 및 흡열반응 희석작용 : 분말 미립자

	제 3종 분말	제 4종 분말
주성분	$NH_4H_2PO_4$	$KHCO_3+CO(NH_2)_2$
적응화재	A.B.C	B.C
색상	담홍색	쥐색
소화 작용	NH_4에 의한 부촉매작용 $NH_4+OH \rightarrow NH_3+H_2O$ 방진작용 탄화탈수 질식작용 : CO_2, 수증기(H_2O) 냉각작용 : H_2O 및 흡열반응 희석작용 : 분말 미립자	부촉매작용 : NH_4 질식작용 : NH_3, CO_2 냉각작용 : 흡열반응

나. 분말소화약제 장단점

장점	• 우수한 소화성능 • B, C급에 적응(3종은 A급도 적응) • 빠른 화재진압(녹다운효과) • 비전도성

단점	• 침투성이 나쁘다. • 재발화 위험 • 냉각효과는 약하다. • 분말에 의한 미연소물의 2차 손상 • 가시도 약화 (피난방해)

3 이산화탄소 소화약제

가. 약제특성

1) 물성표

구 분	물 성
화학식	CO_2
분자량	44
비중	1.5
임계온도	31℃
임계압력	72.8 atm
삼중점	−57℃
승화온도	−79℃

2) 상태도

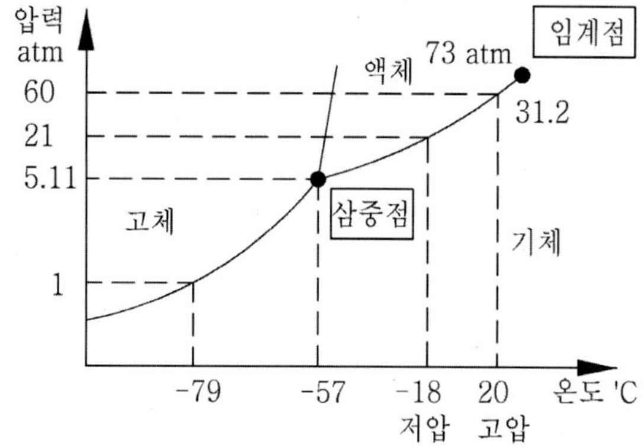

출처 : 소방시설의 설계 및 시공/강경원,백승주(동화기술)

- 압력에 따라 저압식, 고압식으로 분류되는데 이는 포화증기압에 따른다. 고압식은 20℃에서 압력이 60 atm, 저압식은 −18℃에서 압력이 21 atm으로 저장한 방식을 말한다.
- 승화점은 대기압 상태에서 −79℃로 대기압 상태에서는 고체인 드라이아이스와 기체상태인 CO_2로 존재한다.
- 따라서 방출 시 온도가 −79℃까지 하강하다가 상온으로 상승하기 때문에 정밀기기의 저온손상과 흰 운무상태는 시야를 차단하여 피난 시 장애가 되는 단점을 가지고 있다.
- 삼중점은 고체, 액체, 기체가 공존하는 지점으로 액화시키는 최저압력점이 된다.
- 임계온도는 31℃로 임계온도 이상에서는 압력을 가해도 액화되지 않기 때문에 저장 시 임계온도 이상일 경우 누기가 발생할 수 있다.
- 비중이 공기보다 1.5배 이므로 심부성 화재에 침투능력이 있으나 CO_2 자체의 마취성에 의해 20% 이상 시 1분 이내 사망에 이른다.

나. 소화원리

1) 질식작용

- 질식은 산소농도를 낮추어 소화하는 방법으로 산소농도를 16% 이하로 낮추면 질식으로 인한 불꽃이 꺼지는 농도가 된다.
- CO_2의 경우 CO_2의 농도(%)= $\frac{21-O_2}{21}\times 100$ 에서 $34\% = \frac{21-O_2}{21}\times 100$ 이므로 산소농도는 14% 이하가 되어 질식소화 한다.

2) 냉각작용

모든 액화가스는 기화 시 기화잠열에 의한 냉각효과가 있으며 화재실의 CO_2는 주변환경의 열용량을 상승시킴으로써 부수적으로 냉각효과를 가진다.

3) 희석작용

가연성가스 농도를 낮추는 것으로 모든 가스계 시스템은 희석효과를 가지고 있다.

다. 장단점

장점	• A급, B급, C급 화재에 적응성 • 방사 후 약제의 잔존물이 없어 물적 피해가 적으며 화재 조사 시 유용하다. • 대기 중에 존재하는 가스로 수명이 길며 가격이 상대적으로 저렴하다. • 자체증기압으로 방사되기 때문에 별도의 가압원이 필요 없다.
단점	• CO_2 자체의 마취성 • 인체의 질식 위험 • 정밀기기 저온손상 • dry ice 및 주변의 수분응결에 의한 피난장애 • 방사시 배관은 −79℃로 인장강도가 낮아져 고압배관인 #80이 요구된다. • 다원자 분자로 지구온난화 물질 • 설계농도유지시간이 심부 화재의 경우 20분 이상

라. CO/CO_2 생리작용

CO		CO_2	
허용농도 ppm	생리적 반응	허용농도%	생리적 반응
800	45분 내 현기증, 메스꺼움, 경련, 2시간 내 의식 잃음 (2~3시간 내 사망)	2	불쾌감
1,600	20분 내 두통, 현기증, 메스꺼움 (1시간 내 사망)	4	눈의 자극, 두통, 현기증
3,200	5~10분 내 두통, 현기증, 메스꺼움 (30분 내 사망)	8	호흡곤란
6,400	1~2분 내 두통, 현기증, 메스꺼움 (10~15분 내 사망)	10	1분 이내 의식상실
12,800	1~3분 내 사망	20	단시간 내 사망(중추신경 마비)

마. 산소결핍의 생리작용

O_2	
산소농도(%)	생리적 반응
6	순간 실신, 호흡정지, 경련(5분내 사망)
8	혼수상태(8분내 사망)
10	안면 창백, 의식불명, 기도폐쇄
12	현기증, 구토, 근력 저하, 추락
16	호흡 및 맥박증가, 두통, 구역질, 소화(불이 꺼진다)
18	산소결핍증 방지를 위한 최저농도로 안전한계농도

4 할로겐화합물 및 불활성기체소화설비

가. 종류

소 화 약 제		화 학 식	최대허용 설계농도%
할로겐 화합물 계열	FC－3－1－10	C_4F_{10}	40
	FK－5－1－12	$CF_3CF_2C(O)CF(CF_3)_2$	10
	FIC－13I1	CF_3I	0.3
	HFC－23	CHF_3	30
	HFC－125	CHF_2CF_3	11.5
	HFC－236fa	$CF_3CH_2CF_3$	12.5
	HFC－227ea	CF_3CHFCF_3	10.5
	HCFC BLEND A	HCFC－22($CHClF_2$) : 82% HCFC－123($CHCl_2CF_3$) : 4.75% HCFC－124($CHClFCF_3$) : 9.5% $C_{10}H_{16}$: 3.75%	10
	HCFC－124	$CHClFCF_3$	1.0
불활성 계열	IG－541	N_2 : 52%, Ar : 40%, CO_2 : 8%	43
	IG－55	N_2 : 50%, Ar : 50%	43
	IG－01	Ar	43
	IG－100	N_2	43

나. 명명법

할론 소화약제	HALON 1 3 0 1 → C F_3 Br 1 → Br의 원자수 0 → Cl의 원자수 3 → F의 원자수 1 → C의 원자수	탄불염브
할로겐 화합물 소화약제	H C F C 1 2 3 → C_2 H F_3 Cl_2 3 → F+0 = F수 2 → H−1 = H수 1 → C+1 = C수	C H F + − 0, 나머지 Cl

5 용어의 정리

가. NOAEL / LOAEL

(1) NOAEL(no observed adverse effect level)

생리학적 또는 독성학적 악영향이 관찰되지 않는 최고농도

(2) LOAEL(lowest observable adverse effect level)

- 최소독성농도
- 생리학적 또는 독성학적 악영향이 관찰된 최저농도

(3) 최대허용설계농도

사람이 상주하는 장소에 설계할 수 있는 농도 상한치

나. 방사시간

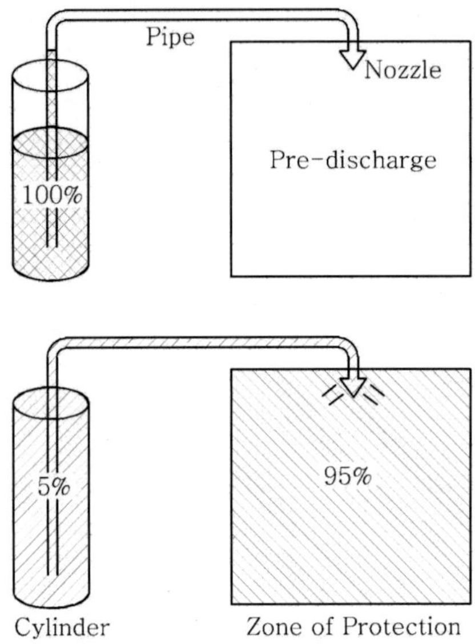

〈 방사 전·후의 약제량 분포 〉

- 최소 설계농도에 도달하는 데 필요한 약제량(21℃)의 95%를 노즐로부터 방사를 개시한 시점부터 방출하는 데 필요한 시간
- 따라서 5% 이상 약제량 누설 시 95%가 방사되지 못하므로 약제를 충전하여야 함

<table>
<tr><th colspan="2">소화설비</th><th>전역방출방식</th><th>국소방출방식</th></tr>
<tr><td colspan="2">할로겐화합물 소화설비</td><td>10초 이내</td><td>10초 이내</td></tr>
<tr><td rowspan="2">CO_2 소화설비</td><td>표면화재</td><td>1분 이내</td><td rowspan="2">30초 이내</td></tr>
<tr><td>심부화재</td><td>7분 이내</td></tr>
<tr><td colspan="2">분말 소화설비</td><td>30초 이내</td><td>30초 이내</td></tr>
<tr><td colspan="2">할로겐화합물 소화약제</td><td>10초 이내</td><td>-</td></tr>
<tr><td rowspan="2">불활성기체
소화약제</td><td>A·C급 화재</td><td>2분 이내</td><td>-</td></tr>
<tr><td>B급 화재</td><td>1분 이내</td><td>-</td></tr>
</table>

다. 불꽃연소/작열연소

(1) 불꽃연소

기상반응에 의해 연쇄반응하여 가연물 표면에서 불꽃을 올리는 연소

(2) 작열연소

표면반응에 의해 연쇄반응을 하지 않고 가연물 심부로 타고 들어가는 느린 저온 무염연소

	불꽃연소	작열연소
불꽃유무	불꽃(○)	불꽃(×)
연쇄반응	연쇄반응(○)	연쇄반응(×)
연소형태	표면화재	심부화재
연소가스	CO_2↑, CO↓	CO↑, CO_2↓
소화방법	물리적 소화 + 화학적소화	물리적 소화
설계농도유지시간	짧다.	길다.

라. 불꽃소화농도 / 설계농도

(1) 불꽃소화농도

불꽃에 소화제가 확산되어 불이 꺼질 때 소요되는 소화제의 최소농도

(2) 설계농도

- A급, C급 : 불꽃소화농도×1.2인 농도
- B급 : 불꽃소화농도×1.3인 농도

마. 설계농도유지시간(soaking time)

- 가스계 소화약제가 헤드에서 방사되어 설계농도에 도달된 이후 재발화가 일어나지 않는 완전소화를 달성하는데 필요한 시간

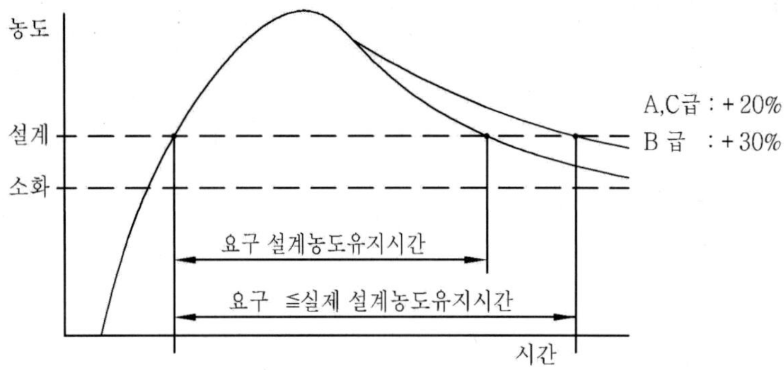

출처 : 소방시설의 설계 및 시공/강경원,백승주(동화기술)

- 일반적으로 NFPA의 경우 설계농도유지시간은 10분을 요구하나 CO_2의 경우 20분을 요구한다. 따라서 CO_2의 경우 방호공간의 밀폐도가 다른 소화약제보다 높아야 되는데 화재안전기준에서는 전표면적의 3% 이내를 요구하고 있어 개정이 요구된다.

바. 최소사용설계압력

(1) 불활성기체소화약제

70℉(21℃)에서 용기의 정상 충전압력이 배관의 설계압력이 되고

(2) 할로겐화합물소화약제

130℉(55℃) 온도에서의 최대압력 × 80%가 배관의 설계압력이 된다.

사. 가스계 시스템 방출방식

(1) 전역방출방식

고정식 소화약제 공급장치에 배관 및 분사헤드를 고정 설치하여 밀폐 방호 구역 내에 소화약제를 방출하는 설비

(2) 국소방출방식

고정식 소화약제 공급장치에 배관 및 분사헤드를 설치하여 직접 화점에 소화약제를 방출하는 설비로 화재발생 부분에만 집중적으로 소화약제를 방출하도록 설치하는 방식

(3) 호스릴방식

분사헤드가 배관에 고정되어 있지 않고 소화약제 저장용기에 호스를 연결하여

사람이 직접 화점에 소화약제를 방출하는 이동식 소화설비

SECTION 2 가스계소화설비의 설계 및 시공

1 가스계 소화설비의 분류

가. 방출방식에 따른 분류

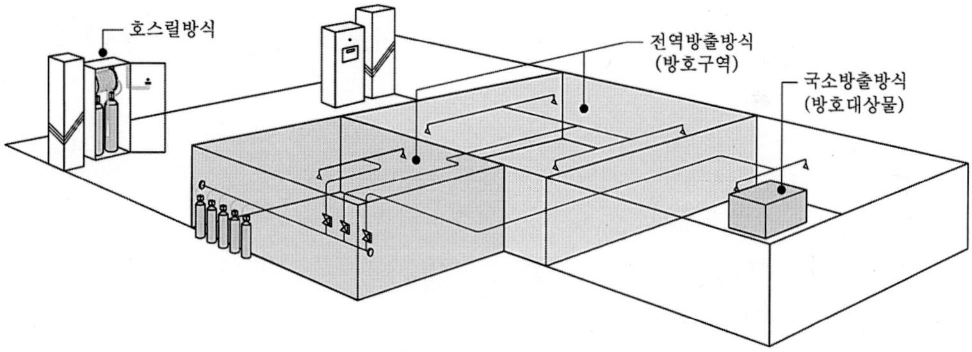

출처 : 소방시설의 설계 및 시공/강경원,백승주(동화기술)

- 전역방출방식
- 국소방출방식
- 호스릴방식

나. 저장방식에 따른 분류

- 고압식
- 저압식

다. 저장용기 기동방식에 따른 분류

- 전기식
- 기계식
- 가스압력식

2 가스계소화설비의 작동

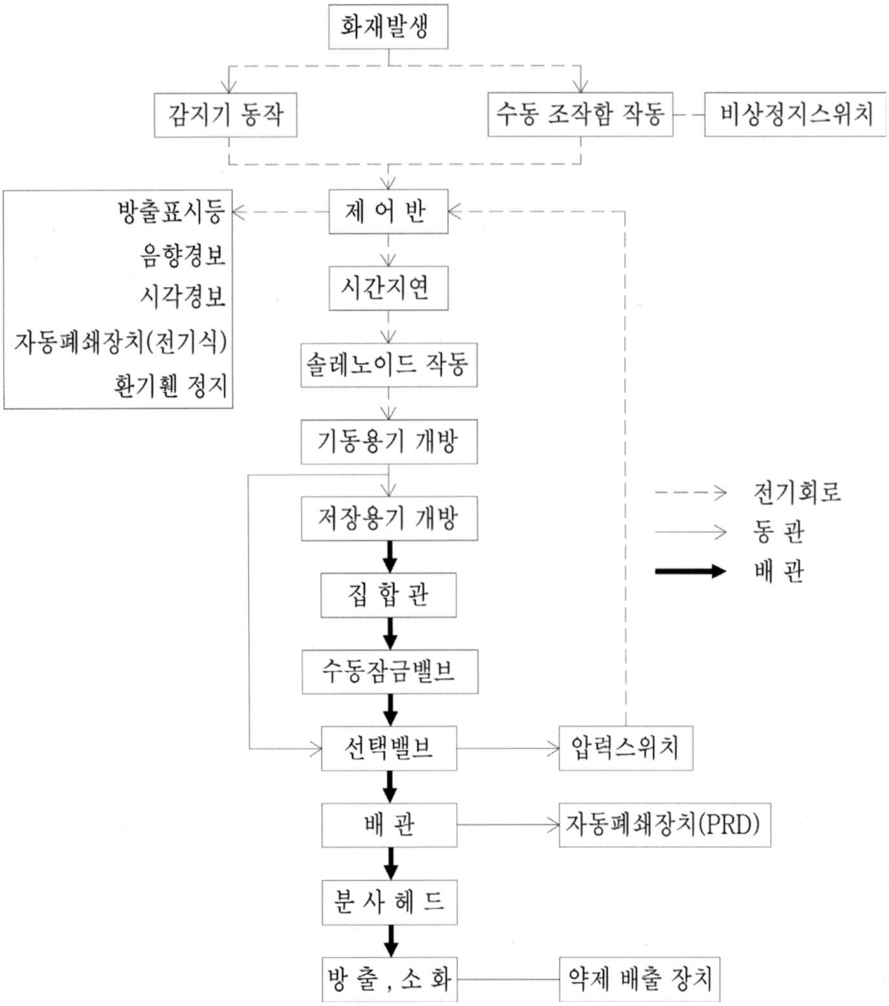

출처 : 소방시설의 설계 및 시공/강경원,백승주(동화기술)

3 분말소화약제 소화설비의 계통 – 가압식

가. 계통도

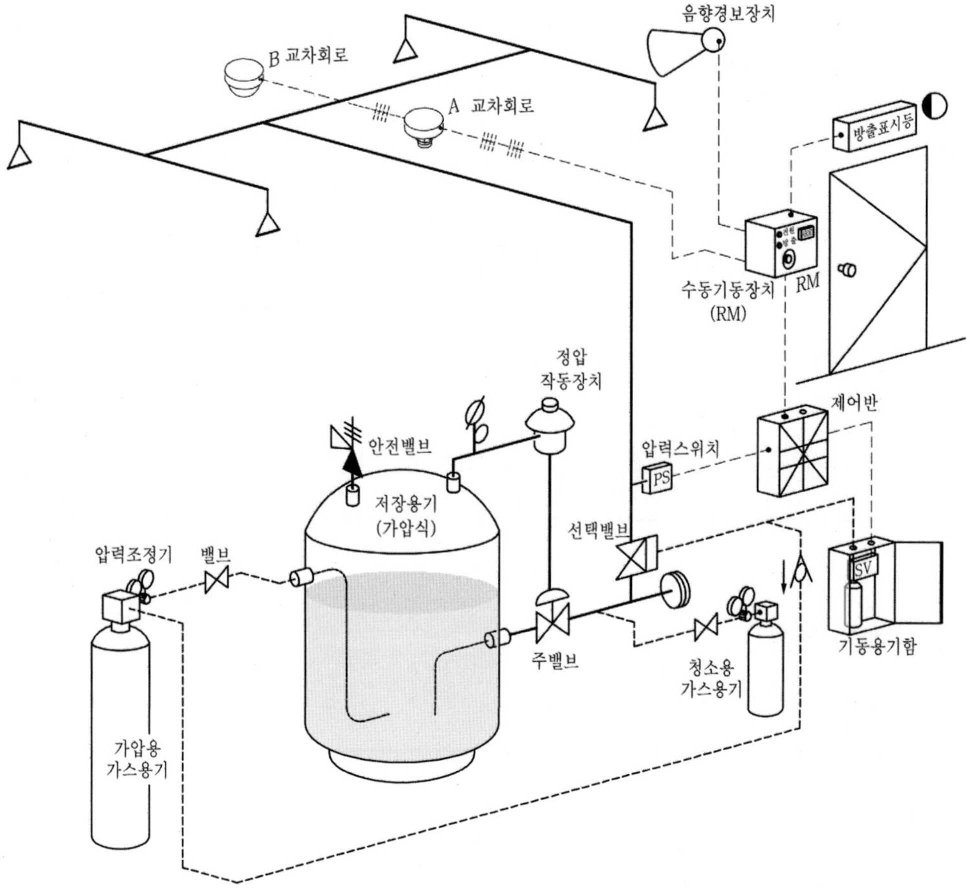

출처 : 소방시설의 설계 및 시공/강경원,백승주(동화기술)

나. 작동순서

화재 발생 → A, B 감지기 동작 or 수동기동장치 작동 → 화재표시반 및 제어반 작동 → 기동용 가스용기 개방 → 선택밸브, 가압용기 밸브 개방 → 가압용 가스 저장용기 가압 → 일정한 압력에 도달하면 정압작동장치 작동 → 약제 탱크의 주밸브 개방 → 분말소화약제 방사 → 소화 → 소화 후 청소용 가스용기 개방하여 청소

다. 정압작동장치의 종류

종 류	내 용
압력 스위치식	약제 저장용기에 유입된 가스압력이 설정압력이 되면 스위치가 닫혀 전자밸브를 개방시켜 메인밸브 개방 [점검] (1) 시험용 가스용기의 밸브를 개방 (2) 압력조정장치의 조정압력을 조금씩 상승시켜 설정압력에서 접점이 닫히는지 여부를 확인
시한 릴레이식	저장용기에 유입된 가스가 설정압력에 도달하는 시간을 미리 계산하여 시한 릴레이를 작동하게 하고 릴레이가 작동 전자밸브를 개방하여 메인밸브 개방
기계식	저장용기에 유입된 가스압력에 의하여 밸브의 레버를 당겨서 가스의 통로를 개방, 가스를 메인밸브로 보내 메인밸브 개방 [점검] (1) 시험용 가스용기의 밸브를 개방 (2) 압력조정장치의 조정압력을 조금씩 상승시켜 설정압력에서 밸브콕이 열리는지 여부를 확인

4 약제량 산출

가. 분말 소화설비

설비별	분말소화약제
전역 방출 방식	1. $W=(V\times Q_1)+(A\times Q_2)$
국소 방출 방식	1. A급화재(입면화재) $W=(V\times Q_1)\times h$

전역 방출 방식:

약제	Q_1(kg/m³)	Q_2 (kg/m²)
1종 분말	0.6	4.5
2,3종 분말 (1종×0.6)	0.36	2.7
4종 분말	0.24	1.8

국소 방출 방식:

V	방호대상물에서 Max 0.6 m 확장된 방호공간 체적 m³
Q_1	$Q_1=X-Y\frac{a}{A}$ 방호공간 체적당 약제량 kg/m³
A	방호공간(V) 벽면적의 합계 m²
a	방호대상물 주위에 설치된 벽면적의 합계 m²
h	할증계수 : 1.1

소화약제의 종별	X의 수치	Y의 수치
1종 분말	5.2	3.9
2,3종 분말 (1종×0.6)	3.2	2.4
4종 분말	2.0	1.5

호스릴 방식

1. $W = N \times Q$

N	호스릴의 노즐수량	Q	노즐당 약제량 : 1종 : 50 kg, 2,3종 : 30 kg, 4종 : 20 kg

나. 할론 소화설비

설비별	할론소화약제
전역 방출 방식	1. A급화재(일반용도 및 특수가연물) $W = (V \times Q_1) + (A \times Q_2)$

약제	방호대상물	Q_1(kg/m³)	Q_2(kg/m²)
할론 1301	*전기실, 통신기기실 등 *특수가연물(가연성고체류, 가연성액체류)	0.32～0.64	2.4
	*특수가연물(면화류, 종이조각등)	0.52～0.64	3.9
할론 1211	*특수가연물(가연성고체류, 가연성액체류)	0.36～0.71	2.7
	*특수가연물(면화류, 종이조각등)	0.60～0.71	4.5
할론 2402	*특수가연물(가연성고체류, 가연성액체류)	0.40～1.10	3.0

설비별	할론소화약제
국소 방출 방식	1. A급화재(입면화재) $W = (V \times Q_1) \times h$

V	방호대상물에서 Max 0.6 m 확장된 방호공간 체적 m³
Q_1	$Q_1 = X - Y\frac{a}{A}$ 방호공간 체적당 약제량 kg/m³
A	방호공간(V) 벽면적의 합계 m²
a	방호대상물 주위에 설치된 벽면적의 합계 m²
h	할증계수 : 할론1301 (1.25), 1211 (1.10), 2402 (1.10)

소화약제의 종별	X의 수치	Y의 수치
할론 1301(CO_2 × 0.5)	4.0	3.0
할론 1211(1301 × 1.1)	4.4	3.3
할론 2402(1301 × 1.3)	5.2	3.9

2. B급화재(평면화재) (윗면이 개방된 경우 등)

$W=(A\times Q_1)\times h$

Q_1	할론 1301	6.8 kg/m²
	할론 1211	7.6 kg/m²
	할론 2402	8.8 kg/m²
h	할증계수 : 할론1301(1.25), 1211(1.10), 2402(1.10)	

호스릴 방식

1. $W=N\times Q$

N	호스릴의 노즐수량
Q	노즐당 약제량(kg) : 할론 1301 : 45 kg, 할론1211, 2402 : 50 kg

다. 이산화탄소 소화설비

설비별	CO_2소화약제
전역 방출 방식	(아래 내용)

1. A급화재(심부) $W=(V\times Q_1)+(A\times Q_2)$

Q_1	전기설비, 케이블실	1.3 kg/m³	(50% 농도)
	55 m³ 미만 전기설비	1.6 kg/m³	
	서고, 전자제품창고, 박물관, 목재가공품창고	2.0 kg/m³	(65% 농도)
	고무류, 모피창고, 석탄창고, 면화류 창고, 집진설비	2.7 kg/m³	(75% 농도)
Q_2		10 kg/m²	

2. B급화재(표면)

① 설계농도 34% 이하 : $W=(V\times Q_1)+(A\times Q_2)$

	방호구역 체적	약제량/m³	최저 약제량
Q_1	45 m³ 미만	1.0 kg/m³	45 kg(1병)
	150 m³ 미만	0.9 kg/m³	45 kg(1병)
	1,450 m³ 미만	0.8 kg/m³	135 kg(3병)
	1,450 m³ 이상	0.75 kg/m³	1,125 kg(25병)
Q_2		5 kg/m² (개구부의 면적은 방호구역 전체 표면적의 3% 이하)	

② 설계농도 34% 이상 : $W=(V\times Q_1)\times h+(A\times Q_2)$ h : 보정계수

국소 방출 방식

1. A급화재(입면화재) : 평면화재 제외 $W=(V\times Q_1)\times h$

V	방호대상물에서 Max 0.6m 확장된 방호공간 체적 m^3
Q_1	$Q_1=8-6\frac{a}{A}$ 방호공간 체적당 약제량 kg/m^3
A	방호공간(V) 벽면적의 합계 m^2
a	방호대상물 주위에 설치된 벽면적의 합계 m^2
h	할증계수 : 저압식(1.1), 고압식(1.4)

2. B급화재(평면화재) : (윗면이 개방된 경우, 한정되고 비산우려가 없는 경우)
$W=(A\times Q_1)\times h$

Q_1	13 kg/m^2
h	할증계수 : 저압식(1.1), 고압식(1.4)

호스릴 방식

1. $W=N\times Q$

N	호스릴의 노즐수량
Q	노즐당 약제량 90 kg

라. 할로겐화합물 및 불활성기체소화설비

전역 방출 방식

할로겐화합물 소화약제

$$W=V\times\frac{C}{100-C}\times\frac{1}{S}(kg)$$

W : 소화약제의 무게(kg)
V : 방호구역의 체적(m^3)
S : 소화약제별
선형상수($K_1+K_2\times t$)(m^3/kg)

소화약제	K_1	K_2
FC−3−1−10	0.094104	0.00034455
FK−5−1−12	0.0664	0.0002741
HFC−125	0.1825	0.0007
HFC−227ea	0.1269	0.0005
HFC−23	0.3164	0.0012
HFC−236fa	0.1413	0.0006
FIC−13I1	0.1138	0.0005
HCFC BLEND A	0.2413	0.00088
HCFC−124	0.1575	0.0006

C : 체적에 따른 소화약제의 설계농도(%)
t : 방호구역의 최소예상온도(℃)

불활성기체 소화약제

$$W=V\times\ln\frac{100}{100-C}\times\frac{1}{S}\times V_S(m^3)$$

W : 소화약제의 부피(m^3)
S : 소화약제별
선형상수($K_1+K_2\times t$)(m^3/kg)

소화약제	K_1	K_2
IG−01	0.5685	0.00208
IG−100	0.7997	0.00293
IG−541	0.65799	0.00239
IG−55	0.6598	0.00242

C : 체적에 따른 소화약제의 설계농도(%)
Vs : 20℃에서 소화약제의 비체적(m^3/kg)
t : 방호구역의 최소예상온도(℃)

마. 제어반 설치기준

	설치기준
장소	• 화재에 따른 영향 • 진동 및 충격에 따른 영향 • 부식의 우려가 없고 점검에 편리한 장소
제어반	• 수동기동장치 또는 감지기에서의 신호를 수신시 음향경보장치 작동 • 소화약제의 방출 또는 지연 기타의 제어기능을 가진 것 • 전원표시등 설치
화재표시반	• 화재표시반은 제어반에서의 신호를 수신하여 작동하는 기능 • 각 방호구역마다 음향경보장치의 조작 및 감지기의 작동을 명시하는 표시등 이와 연동하여 작동하는 벨·부저 등의 경보기를 설치(겸용 : 음향경보장치의 조작 및 감지기의 작동을 명시하는 표시등) • 수동식 기동장치 : 방출용 스위치의 작동을 명시하는 표시등 설치 소화약제의 방출을 명시하는 표시등 설치 • 자동식 기동장치 : 자동·수동의 절환을 명시하는 표시등 설치 자탐설비 수신기의 제어반이 화재표시반의 기능을 가지고 있는 경우 제외가능 • 제어반 및 화재표시반에는 당해 회로도 및 취급설명서를 비치 • 수동잠금밸브의 개폐여부를 확인할 수 있는 표시등 설치(CO_2의 경우)

5 예비전원 용량 구하기(수신기+가스 제어반)

		국 내	NFPA
수신기	30층 미만	감시 : 60분, 경보 : 10분	감시 : 24시간, 경보 : 5분
	30층 이상	감시 : 60분, 경보 : 30분	
제어반(가스계)		작동 : 20분	
복합수신기 (수신기 + 제어반)	30층 미만	감시 : 60분, 경보 : 20분	
	30층 이상	감시 : 60분, 경보 : 30분	

SECTION 3 가스계소화설비의 자체점검

가스계 소화설비의 종류로는 이산화탄소소화설비, 할론소화설비, 분말소화설비, 할로겐화합물 및 불활성기체소화설비가 있다. 각 설비마다의 종합정밀점검표가 별도로 구성되어 있으나 그 구성은 서로 유사하여 한가지 설비의 종합정밀점검표만 학습하면 다른 것을 쉽게 이해할 수 있으므로 본서의 경량화를 위하여 할로겐화합물 및 불활성기체소화설비점검표만을 다루기로 한다.

1 할로겐화합물 및 불활성기체소화설비 점검표

(1면)

번호	점검항목	점검결과
11–A. 저장용기		
11-A-001 11-A-002 11-A-003 11-A-004 11-A-005	● 설치장소 적정 및 관리 여부 ○ 저장용기 설치장소 표지 설치 여부 ● 저장용기 설치 간격 적정 여부 ○ 저장용기 개방밸브 자동·수동 개방 및 안전장치 부착 여부 ● 저장용기와 집합관 연결배관 상 체크밸브 설치 여부	
11–B. 소화약제		
11-B-001	○ 소화약제 저장량 적정 여부	
11–C. 기동장치		
11-C-001	○ 방호구역별 출입구 부근 소화약제 방출표시등 설치 및 정상 작동 여부	
 11-C-011 11-C-012 11-C-013 11-C-014	[수동식 기동장치] ○ 기동장치 부근에 비상스위치 설치 여부 ● 방호구역별 또는 방호대상별 기동장치 설치 여부 ○ 기동장치 설치 적정(출입구 부근 등, 높이, 보호장치, 표지, 전원표시등) 여부 ○ 방출용 스위치 음향경보장치 연동 여부	
11-C-021 11-C-022 11-C-023 11-C-024 11-C-025	[자동식 기동장치] ○ 감지기 작동과의 연동 및 수동기동 가능 여부 ● 저장용기 수량에 따른 전자 개방밸브 수량 적정 여부(전기식 기동장치의 경우) ○ 기동용 가스용기의 용적, 충전압력 적정 여부(가스압력식 기동장치의 경우) ● 기동용 가스용기의 안전장치, 압력게이지 설치 여부(가스압력식 기동장치의 경우) ● 저장용기 개방구조 적정 여부(기계식 기동장치의 경우)	
11–D. 제어반 및 화재표시반		

11-D-001 11-D-002	○ 설치장소 적정 및 관리 여부 ○ 회로도 및 취급설명서 비치 여부	
 11-D-011 11-D-012 11-D-013	[제어반] ○ 수동기동장치 또는 감지기 신호 수신 시 음향경보장치 작동 기능 정상 여부 ○ 소화약제 방출 · 지연 및 기타 제어 기능 적정 여부 ○ 전원표시등 설치 및 정상 점등 여부	
11-D-021 11-D-022 11-D-023 11-D-024	[화재표시반] ○ 방호구역별 표시등(음향경보장치 조작, 감지기 작동), 경보기 설치 및 작동 여부 ○ 수동식 기동장치 작동표시 표시등 설치 및 정상 작동 여부 ○ 소화약제 방출표시등 설치 및 정상 작동 여부 ● 자동식기동장치 자동 · 수동 절환 및 절환표시등 설치 및 정상 작동 여부	
11-E. 배관 등		
11-E-001	○ 배관의 변형 · 손상 유무	

(2면)

번호	점검항목	점검결과
11-F. 선택밸브		
11-F-001	○ 선택밸브 설치 기준 적합 여부	
11-G. 분사헤드		
11-G-001 11-G-002	○ 분사헤드의 변형·손상 유무 ● 분사헤드의 설치높이 적정 여부	
11-H. 화재감지기		
11-H-001 11-H-002 11-H-003	○ 방호구역별 화재감지기 감지에 의한 기동장치 작동 여부 ● 교차회로(또는 NFSC 203 제7조제1항 단서 감지기) 설치 여부 ● 화재감지기별 유효 바닥면적 적정 여부	
11-I. 음향경보장치		
11-I-001 11-I-002 11-I-003	○ 기동장치 조작 시(수동식-방출용스위치, 자동식-화재감지기) 경보 여부 ○ 약제 방사 개시(또는 방출 압력스위치 작동) 후 경보 적정 여부 ● 방호구역 또는 방호대상물 구획 안에서 유효한 경보 가능 여부	
 11-I-011 11-I-012 11-I-013	[방송에 따른 경보장치] ● 증폭기 재생장치의 설치장소 적정 여부 ● 방호구역 · 방호대상물에서 확성기 간 수평거리 적정 여부 ● 제어반 복구스위치 조작 시 경보 지속 여부	
11-J. 자동폐쇄장치		

	[화재표시반]	
11-J-001	○ 환기장치 자동정지 기능 적정 여부	
11-J-002	○ 개구부 및 통기구 자동폐쇄장치 설치 장소 및 기능 적합 여부	
11-J-003	● 자동폐쇄장치 복구장치 설치기준 적합 및 위치표지 적합 여부	
11-K. 비상전원		
11-K-001	● 설치장소 적정 및 관리 여부	
11-K-002	○ 자가발전설비인 경우 연료 적정량 보유 여부	
11-K-003	○ 자가발전설비인 경우 「전기사업법」에 따른 정기점검 결과 확인	
11-L. 과압배출구		
11-L-001	● 과압배출구 설치상태 및 관리 여부	
비고		

(3면)

2 약제저장량 점검리스트

설치위치	용기 No.	실내온도 (℃)	약제높이 (cm)	충전량(압) (kg)(kg/㎠)	손실량 (kg)	점검 결과	비고 (손실5%초과)
							※ 약제량 손실(불활성기체는 압력손실) 5% 초과 시 불량으로 판정합니다. ※ 불활성기체는 손실량에 압력게이지 값을 기록합니다.

CHAPTER 09

연습문제

■ 소방시설의 점검실무 V

01 다음 중 불활성 기체소화설비의 기본성분이 아닌 것은?

① 헬륨 ② 네온
③ 불소 ④ 질소

해설 불활성가스는 헬륨, 네온, 아르곤 또는 질소가스를 하나 이상의 기본성분으로 한다.

02 이산화탄소소화설비의 수동잠금밸브 설치위치로 옳은 곳은?

① 저장용기 직후 ② 방출배관 직전
③ 선택밸브 직전 ④ 선택밸브 직후

해설 이산화탄소의 오방출을 차단하기 위한 수동잠금밸브는 집합관과 선택밸브 사이에 방호구역마다 설치한다.

03 가스계소화설비를 방출방식에 따라 분류한 것에 해당하지 않는 것은?

① 축압방출방식 ② 전역방출방식
③ 국소방출방식 ④ 호스릴방식

해설 가스계소화설비는 방출방식에 따라 전역방출방식, 국소방출방식, 호스릴방식으로 나뉜다.

 정답 01. ③ 02. ③ 03. ①

CHAPTER 09 학습정리

■ 소방시설의 점검실무 Ⅴ

1. 가스계소화설비

- 물분무등소화설비의 하나로서 부촉매, 질식, 냉각작용을 특화한 분말, 할론, 이산화탄소, 할로겐화합물 및 불활성기체를 소화약제로 사용하는 소화설비

2. 분말소화약제 소화설비

- 제1종 : 부촉매작용
- 제2종 : 부촉매작용
- 제3종 : 부촉매, 방진, 탄화
- 제4종 : 부촉매작용

3. 이산화탄소소화설비

- 산소농도를 16% 이하로 떨어뜨리는 질식작용
- 기화 시의 잠열과 방출 시의 줄톰슨효과로 냉각작용
- 가연성가스의 농도를 낮추는 희석작용

4. 할로겐화합물 및 불활성기체소화설비

- 할로겐화합물 소화약제
  불소, 염소, 브롬 또는 요오드 중 하나 이상의 원소를 포함하고 있는 유기화합물을 기본성분으로 하는 소화약제
- 불활성기체 소화약제
  헬륨, 네온, 아르곤 또는 질소가스 중 하나 이상의 원소를 기본성분으로 하는 소화약제

5. 방출방식에 따른 분류

- 전역방출방식
- 국소방출방식
- 호스릴방식

참고문헌

- 가스계소화설비의 화재안전기준
- 국가직무능력표준(NCS) 소방분야 학습모듈
- 소방시설의 설계 및 시공(동화기술)

CHAPTER

10

소방시설의 점검실무 Ⅵ

학습 목표	1. 자동화재탐지설비의 구조 및 원리를 설명할 수 있다. 2. 자동화재탐지설비의 해당기준을 설명할 수 있다. 3. 자동화재탐지설비의 자체점검표를 작성할 수 있다.
학습 목차	1. 자동화재탐지설비의 구조 및 원리 2. 자동화재탐지설비의 설계 및 시공 3. 자동화재탐지설비의 자체점검

복습 점검

01 불활성기체소화설비의 기본성분은 헬륨, 네온, 산소 또는 질소이다.

해설 불활성가스는 헬륨, 네온, 아르곤 또는 질소가스를 하나이상의 기본성분으로 한다.

02 이산화탄소소화설비의 수동잠금밸브는 용기배출구의 직후에 설치하여야 한다.

해설 이산화탄소의 오방출을 차단하기 위한 수동잠금밸브는 집합관과 선택밸브 사이에 방호구역마다 설치한다.

03 가스계소화설비의 호스릴 방출방식은 수동으로 작동하여야 한다.

해설 자동화재탐지설비의 호스릴 방출방식은 수동으로 조작하여야만 방출할 수 있다.

정답 01. X 02. X 03. O

CHAPTER 10 소방시설의 점검실무 Ⅵ

SECTION 1 자동화재탐지설비의 구조 및 원리

1 정의 및 구성

가. 자동화재탐지설비

감지기는 화재로부터 생성되는 열, 연기 또는 불꽃을 자동적으로 감지하고 전선을 통하여 직접 또는 중계기를 거쳐 수신기에 신호를 전달하면 수신기는 화재발생장소를 표시함과 동시에 음향장치 또는 방송설비와 소화설비에 작동신호를 보내어 피난 및 소화활동을 유도한다.

나. 자동화재탐지설비의 구성

명 칭	설 명	비 고
감지기	화재 시 발생하는 열, 연기, 불꽃 또는 연소생성물을 자동적으로 감지하여 수신기에 발신하는 장치를 말한다.	
수신기	감지기나 발신기에 발하는 화재신호를 직접 수신하거나 중계기를 통하여 수신하여 화재의 발생을 표시 및 경보하여 주는 장치를 말한다.	
중계기	감지기·발신기 또는 전기적 접점 등의 작동에 따른 신호를 받아 이를 수신기의 제어반에 전송하는 장치를 말한다.	
경계구역	특정소방대상물 중 화재신호를 발신하고 그 신호를 수신 및 유효하게 제어할 수 있는 구역을 말한다.	

발신기	화재발생 신호를 수신기에 수동으로 발신하는 장치를 말한다.	
시각경보장치	자동화재탐지설비에서 발하는 화재신호를 시각경보기에 전달하여 청각장애인에게 점멸형태의 시각경보를 하는 것을 말한다.	
거실	거주 · 집무 · 작업 · 집회 · 오락 그밖에 이와 유사한 목적을 위하여 사용하는 방을 말한다.	

2 차동식 스포트형 열감지기

가. 공기식 열감지기

1) 구조도

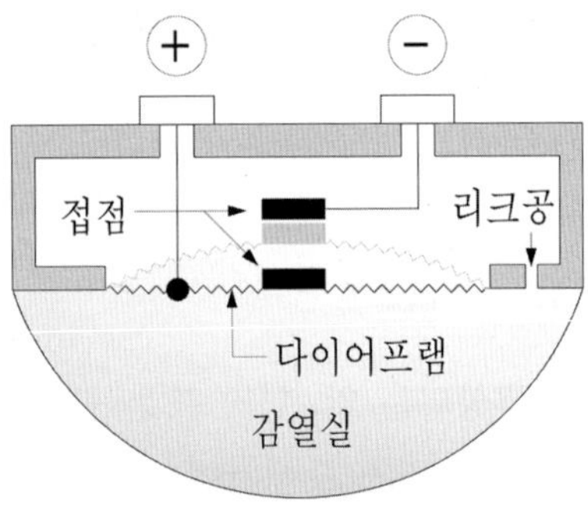

출처 : 소방시설의 설계 및 시공/강경원,백승주(동화기술)

2) 동작원리

- 공기식 열감지기 감열실, 다이아프램, 공기구멍, 접점, 작동표시장치로 구성되어 있으며, 화재 시 온도상승 → 감열부 공기 팽창 → 다이아프램 밀어 올림 → 내부접점이 붙음 → 수신기에 화재신호를 보냄으로 화재를 검출한다.
- 급격한 온도 상승의 경우(불꽃연소) 공기의 팽창압력이 공기구멍을 통한 누기압력보다 크기 때문에 접점을 통한 화재신호를 발신하며, 완만히 온도 상승의 경우(훈소) 화재실 온도가 높아도 작동압력이 발생하기 전에 팽창된 공기가 공기구멍으로 빠져나가기 때문에 화재신호를 발신하지 않는다.
- 공기구멍(leak hole)이 차동식 기능을 수행하는 역할을 하며 크기를 조절하여 감도를 조절할 수 있다.

나. 열기전력식 열감지기

1) 구조도

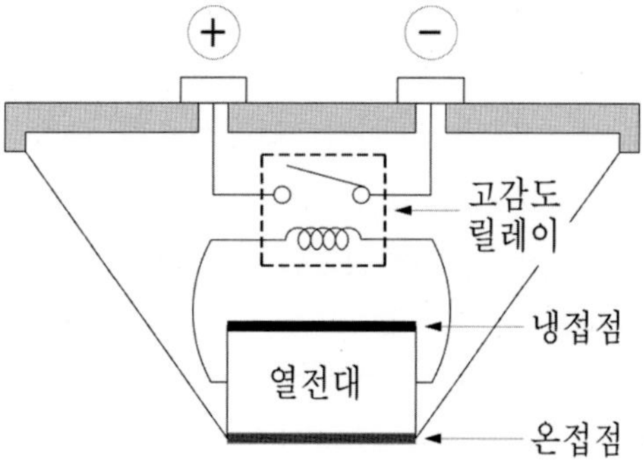

출처 : 소방시설의 설계 및 시공/강경원,백승주(동화기술)

2) 동작원리

- 열기전력식 열감지기는 감열실, 반도체 열전대, 고감도 릴레이로 구성되어 있으며 화재 시 온도상승 → 반도체 열전대 온접점에 열전달 → 열기전력 발생 → 고감도 릴레이 동작 → 수신기 화재신호를 보냄으로 화재를 검출한다.
- 두 접점 사이에 온도차를 주면 열기전력이 발생하는 제벡효과(seebeck effect)를 이용한 것으로 냉접점과 온접점의 기전력 차이로 작동한다.
- 급격한 온도 상승의 경우 냉접점에서 기전력이 발생하기 전에 온접점에서 기전력이 발생하고 두 접점 간 기전력이 발생하여 화재신호를 발신하며, 완만한 온도 상승의 경우 냉접점과 온접점의 기전력 상승이 거의 같아 전위차가 없게 되어 감지기는 신호를 발생시키지 않는다.

다. 반도체식 열감지기

1) 구조도

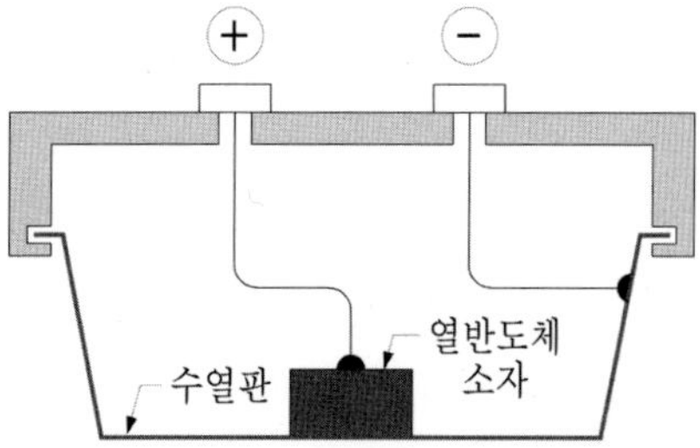

출처 : 소방시설의 설계 및 시공/강경원,백승주(동화기술)

2) 동작원리

- 서미스터(thermal + resister)는 온도가 증가하면 저항이 감소하는 반도체로 이 소자를 이용하여 열을 감지하는 감지기이다. 화재시 외부 서미스터 열감지 → 외부서미스터 저항변화 → 내부와 외부 서미스터 전압변화 발생 → 브릿지 평형파괴로 비교회로 출력 전압 발생 → 수신기로 신호를 보냄으로 화재를 검출한다.
- 마주보는 저항을 서로 곱한 값은 같다라는 휘스톤브리지 원리를 이용한 것으로 평상시 저항의 전압강하는 저항의 크기에 비례하기 때문에 전위차가 발생하지 않아 전위는 평형을 이룬다.

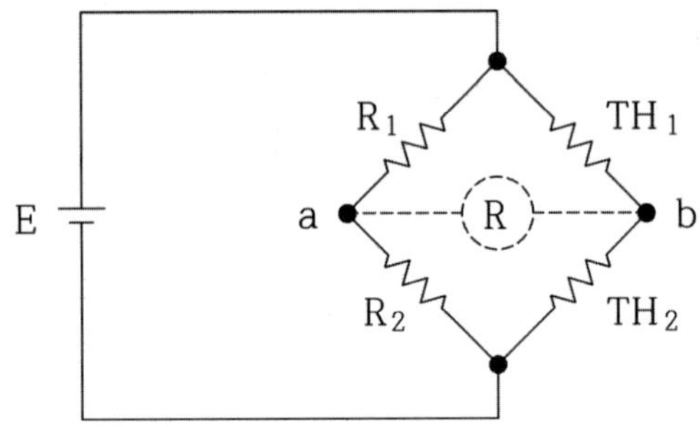

- 화재 시 외부서미스터는 열에 의해 저항이 감소하면 a점과 b점의 전위차가 발생하여 감지기가 작동하는데 화재 시 완만한 온도상승의 경우 내부·외부 서미스터 저항변화가 거의 같아 평형을 유지하고, 급격한 온도상승의 경우 전위차가 발생하여 작동하는 감지기이다.

3 정온식 스포트형 열감지기

가. 바이메탈 활곡

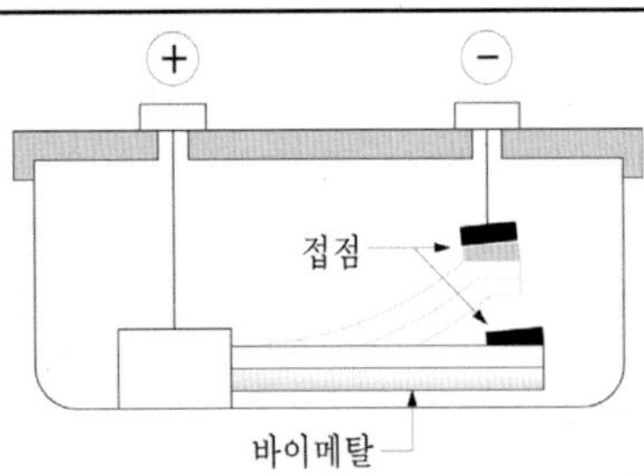	열에 의해 휘어지는 접점 이용

출처 : 소방시설의 설계 및 시공/강경원,백승주(동화기술)

나. 바이메탈 반전

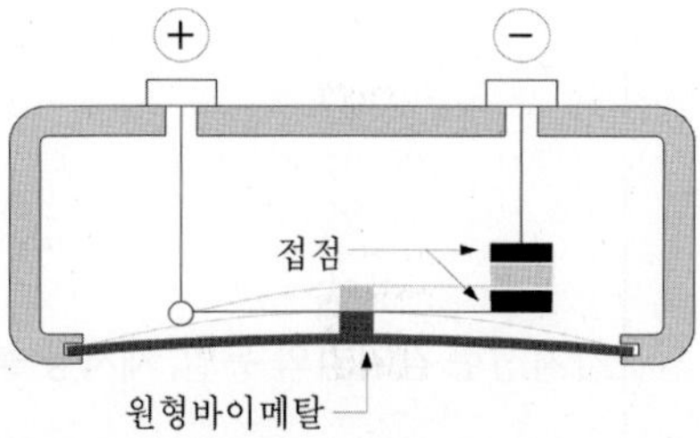

바이메탈의 휜 상태가 반전하여 접점

출처 : 소방시설의 설계 및 시공/강경원,백승주(동화기술)

다. 금속 팽창형

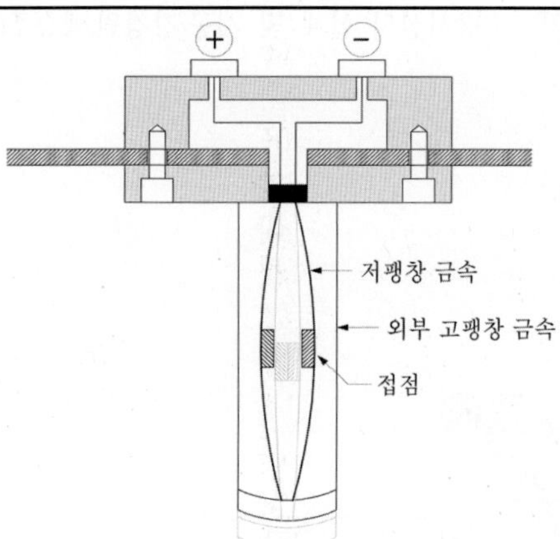

외부 팽창계수가 큰 물질 구성, 내부 팽창계수가 낮은 물질로 고정, 팽창 시 내부 금속이 잡아당기는 힘을 받게 됨

출처 : 소방시설의 설계 및 시공/강경원,백승주(동화기술)

라. 기체·액체팽창

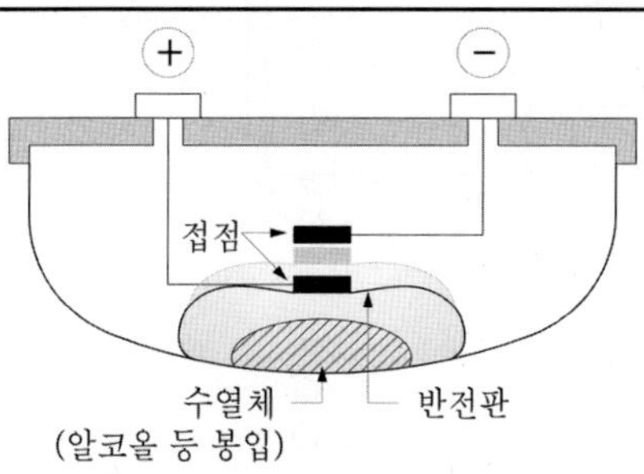

규정온도에 도달 시 기화하여 접점

출처 : 소방시설의 설계 및 시공/강경원,백승주(동화기술)

마. 가용절연물

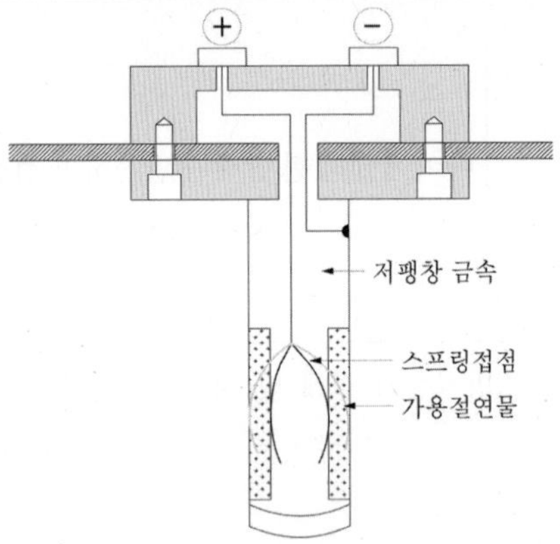	감지선형 감지기와 동일, 재사용 불가

출처 : 소방시설의 설계 및 시공/강경원,백승주(동화기술)

4 차동식 분포형 열감지기

1) 공기관식

(1) 구조도

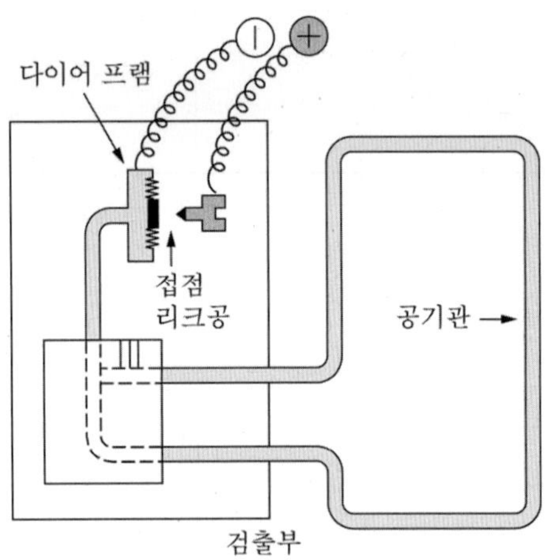

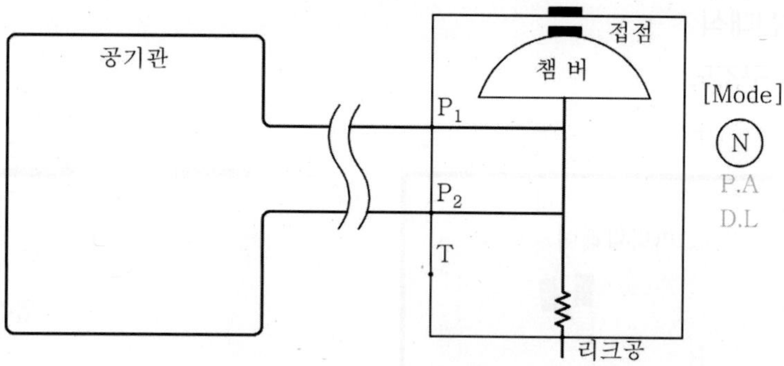

• 정상(Nomal) 상태

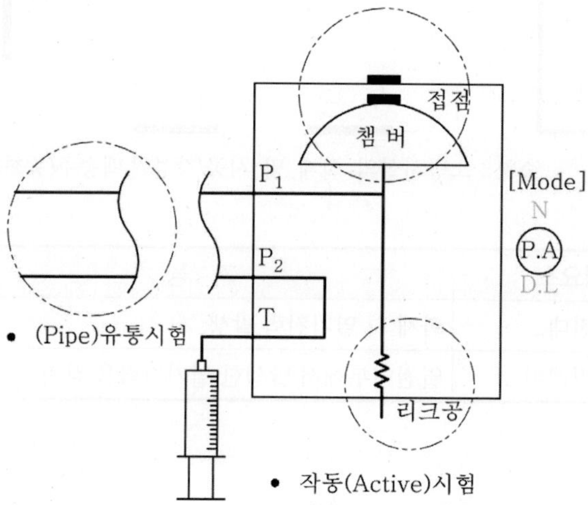

• 작동(Active)시험
• 작동(Active)계속시험

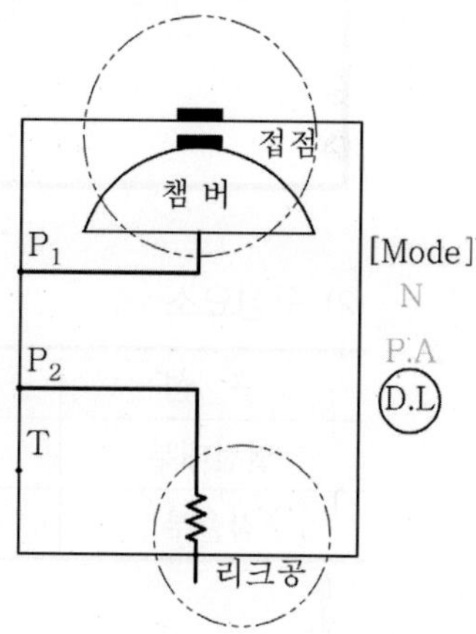

• 접점수고(Diaphram)시험
• 리크(Leak)시험

출처 : 소방시설의 설계 및 시공/강경원,백승주(동화기술)

(2) 구성요소

구 성	구성요소	기 능
감열부	공기관	두께 0.3 mm 이상, 바깥지름 1.9 mm로 화재시 감열
검출부	다이아프램	금속판
	리크구멍	압력 조절 구멍
	접점	전기접점
	시험장치	

2) 열전대식

(1) 구조도

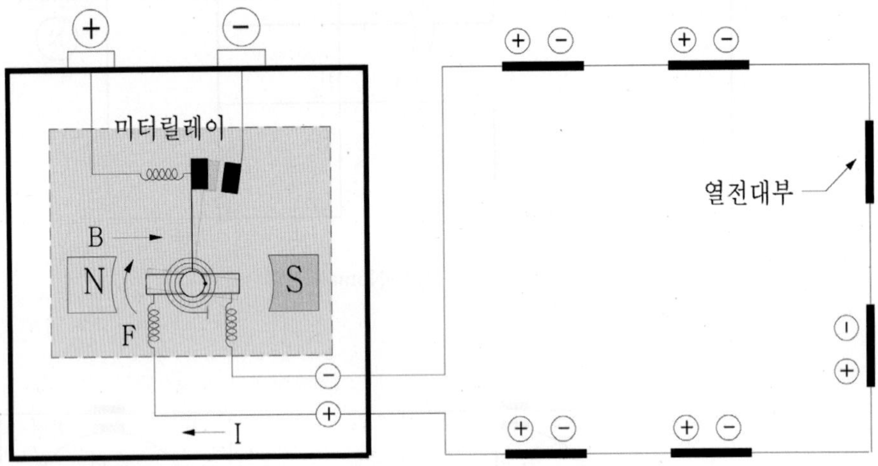

출처 : 소방시설의 설계 및 시공/강경원,백승주(동화기술)

(2) 구성요소

구 성	구성요소	기 능
열전대부	열전대	화재 시 열기전력 발생
검출부	미터릴레이	열전대부에서 발생한 열기전력을 감지

3) 열반도체식

(1) 구조도

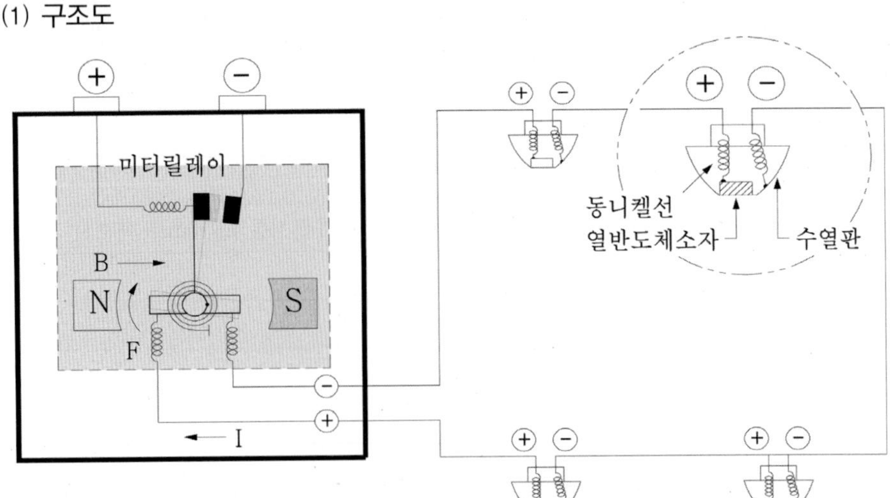

출처 : 소방시설의 설계 및 시공/강경원,백승주(동화기술)

(2) 구성요소

구 성	구성요소	기 능
열전대부	열반도체	화재 시 열기전력 발생
	동니켈선	감지기 동작 기능
	수열캡	외부의 열을 반도체에 전달
	배선	
검출부	미터릴레이	열반도체에서 발생한 열기전력을 감지

5 정온식 분포형 열감지기

가. 정온식 감지선형 열감지기

1) 구조도

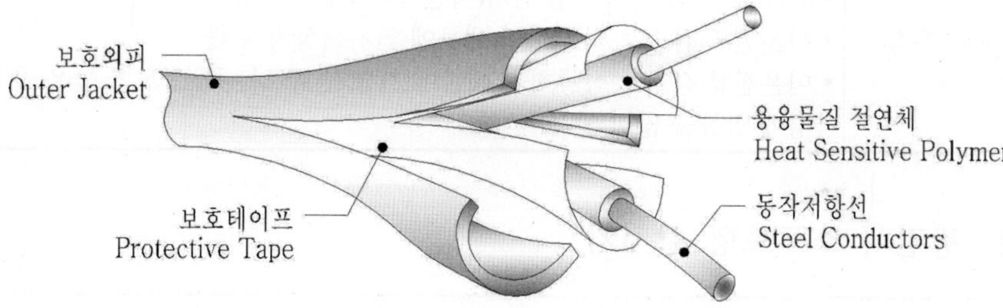

- 동작저항선
- 용융물질 절연체
- 선형감지기 보호테이프
- 보호외피

2) 동작원리

- 서로 꼬인 강철선이 원형으로 되돌아가고자 하는 비틀리는 힘을 이용
- 내열성능이 아주 작은 ethyle cellulose로 꼬인 강철선을 피복하고 난연성 재질로 피복
- 평상시 : 감지기가 피복되어 감시전류로 감시
- 화재시 : 열에 의해 피복 소손 → 트위스트된 강철선이 단락 → 동작

6 연기감지기

가. 이온화식 감지기

	특 성
동작원리	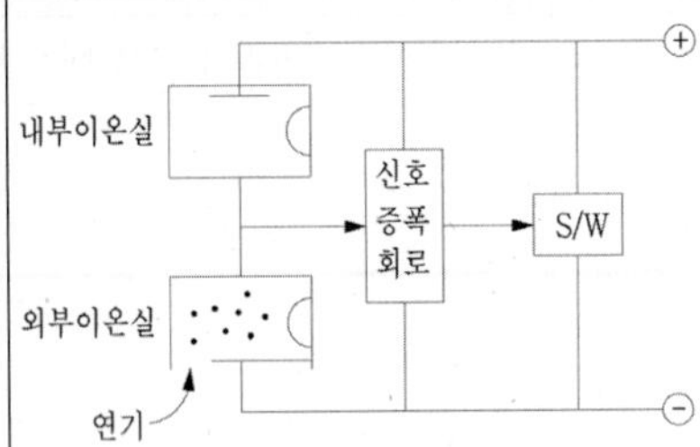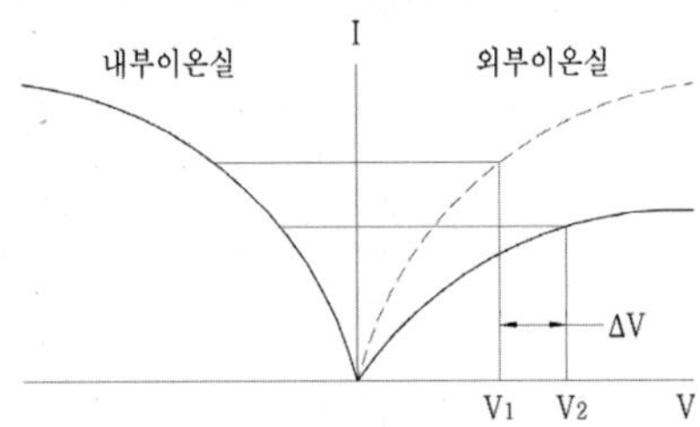 • 평상시 : 이온전류에 의해 감시전류가 발생하여 감시 • 화재시 : 이온전류감소 → 저항증가 → 전압증가 → 감도전압(ΔV) 이상시 작동
특징	• 불꽃연소에 적응성 • 0.3 mm 이하 비가시성 연기(작은 연기)에 적응성 • 이온전류 감소로 작동하기 때문에 연기색상과 무관 • 이온전류 감소로 작동하기 때문에 기류가 흐르는 곳, 습도가 높은 곳 등 주변 환경에 영향을 많이 받음

나. 광전식 스포트형 감지기

	특 성
동작원리	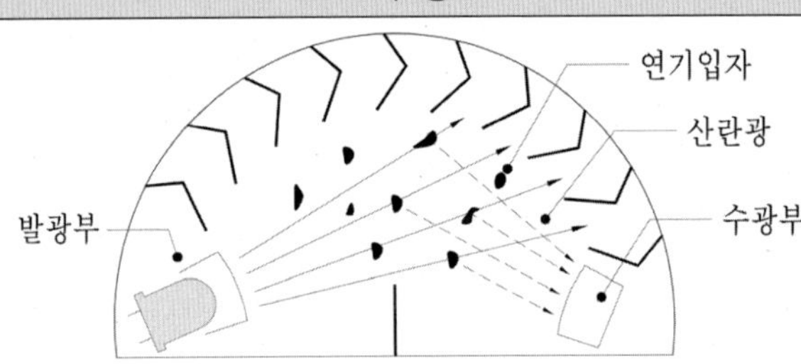 • MIE의 산란법칙 이용 • 적외선을 발사하는 발광부(LED), 이를 검출하는 수광부(Cds, photo cell)로 구성 • 송광부는 파장이 0.95 mm인 적외선 LED를 사용하며 수광부는 photo cell • 평상 시 : 차폐판에 의해 수광부 광량은 0 • 화재 시 : 연기입자에 의해 산란된 빛이 수광부에 전달 → 광량증가 → 전압증가 → 작동

특징	• 훈소에 적응성 • 0.3 mm 이상 가시성 연기에 적응성 • 수광부 광량증가가 동작원리이기 때문에 회색 연기에 반사하여 적응성 • 분광(分光)특성상 다른 파장의 빛에 의해 작동 • 수광부 오염시 실보 우려

다. 광전식 분리형 감지기

	특 성
동작원리	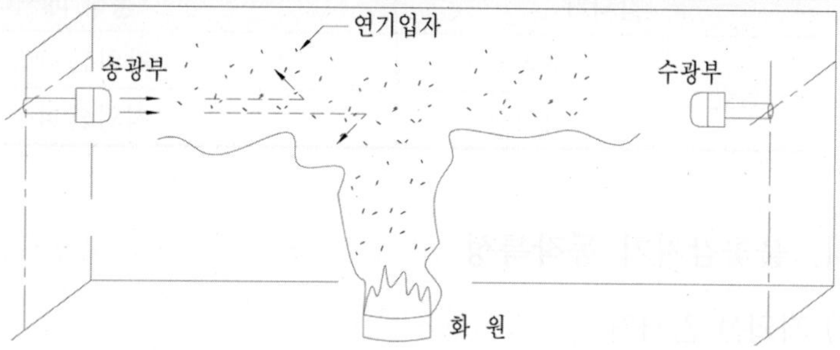 • 적외선을 발사하는 발광부와 이를 검출하는 수광부를 5~100 m 떨어져서 설치 • 평상 시 : 발광부 광원 = 수광부 광량 • 화재 시 : 발광부의 빛이 연기입자에 의해 차단 → 수광부 광량감소 → 작동
특징	• 불꽃연소, 훈소에 적응성 • 높은 천장, 넓은 공간의 장소에 사용 • 수광부와 발광부 일체형인 빔반사 형도 있음 • 수광부 오염시 비화재보

라. 광전식 공기흡입형 감지기

	특 성
동작원리	• 종류 : 습도챔버(cloud chamber) 방식, 빛의 분산(mass scattering of light), 레이저에 의한 입자 계수(laser particle counting) 방식 • 현재는 거의 레이저방식 사용 • 화재 시 : 연기입자에 의해 산란된 빛이 수광부에 전달 → 광량증가 → 전압증가 → 작동
특징	• 공기를 직접 채취하기 때문에 반도체공장, 제약공장의 clean room 등 기류가 흐르는 장소에 많이 사용 • 통신설비, 정보처리실, 컴퓨터실 등 장소에 사용

	• 냉장건물, 피난시간이 긴 공간에 사용 • 0.005~0.02 mm 크기의 초미립자를 검출 • 화재 전, 후 상황을 모니터링

7 불꽃감지기

가. 불꽃감지기 동작 메커니즘

감지기		동작 메커니즘
불꽃	자외선	자외선 파장 검출
	적외선	적외선 파장 검출

나. 불꽃감지기 동작특성

1) 자외선 감지기

종 류	내 용
자외선	• 자외선(0.09~0.38 mm)의 방사에너지를 검출하는 감지기 • 검출원리 : ㉠ 광전효과(광전자 방출) ㉡ 광기전력 효과 ㉢ 광도전효과

2) 적외선 감지기

종 류	내 용
적외선	적외선(0.78~5 mm) 방사에너지를 검출하는 감지기 검출원리 ㉠ CO_2 공명방사 ㉡ 다파장 검출(2파장)방식 ㉢ 정방사 검출 방식 ㉣ flicker 검출방식

다. 적외선 불꽃감지기

	동작원리 및 특성
동작원리	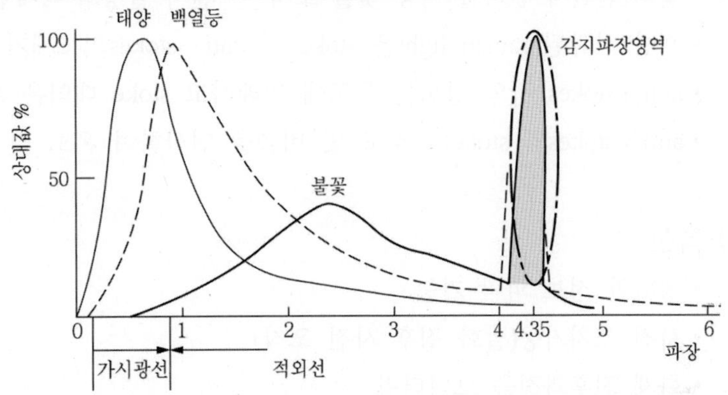 출처 : 소방시설의 설계 및 시공/강경원,백승주(동화기술)
	적외선(0.78～5 mm)의 방사에너지를 검출
특징	• 파장대가 길어 연기 등에 상대적으로 영향을 받지 않아 우수한 신뢰성이 있다. • CO_2 공명방사를 이용하기 때문에 CO_2가 발생하지 않는 연소생성물에는 비적응성 • 비화재보를 줄이기 위해 IR3 감지기 양산

8 아날로그 감지기

가. 아날로그 감지기의 동작원리

1) 개념도

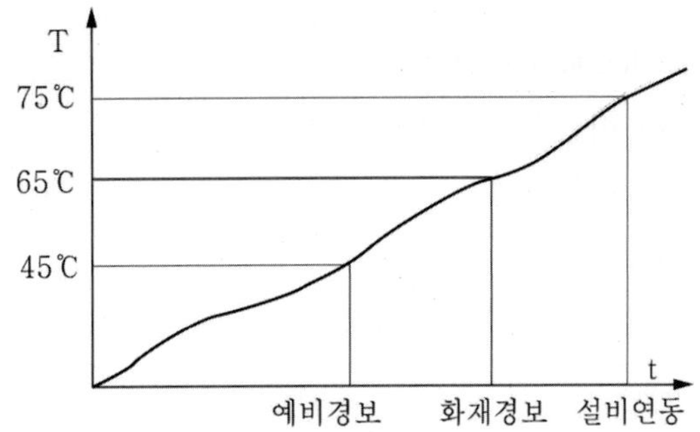

출처 : 소방시설의 설계 및 시공/강경원,백승주(동화기술)

2) 동작원리

- 광센서의 온도측정을 이용 통신이 아닌 센서인 화재감지용으로 활용
- 빛의 전반사 원리를 이용 빛을 조사 → 센서 결정의 격자진동에 의해 빛이 산란
- 후방 산란된 raman light은 stoke 및 anti-stokes의 2개가 존재
- anti-stokes 광의 강도는 온도에 비례하고 stoke 대역은 온도에 무관
- anti-stokes와 stoke의 강도 및 비율을 연산하여 온도 및 거리를 구한다.

3) 특징

- 정확한 정보 파악 가능
- 사전 조치가능(발화 징후 사전 포착)
- 화재 전후과정을 모니터링
- 각 지점 실시간 온도 측정
- 레이저 빔 사용. 물, 먼지, 폭발성 분위기 지역에도 별도 장치없이 사용

나. 정온식 감지선형 아날로그 감지기(광센서)

1) 동작원리

- 주위온도 또는 연기의 농도변화에 따라 각각 다른 전류 또는 전압을 출력하는 방식
- 시시각각으로 검출된 온도 또는 연기농도에 대한 정보만을 수신기에 송출
- 화재판단은 수신기가 수행
- 단계별로 예비경보, 화재경보, 소화설비 연동

2) 특징

- addressable analogue sensor로 사용
- 농도 및 온도에 따른 연동기능
- 화재판단 기능, 전송기능
- 오염도 경보기능
- 자기진단기능, 감지기 착탈 감시기능

SECTION 2 자동화재탐지설비의 설계 및 시공

1 감지기 경계구역

가. 경계구역 설정

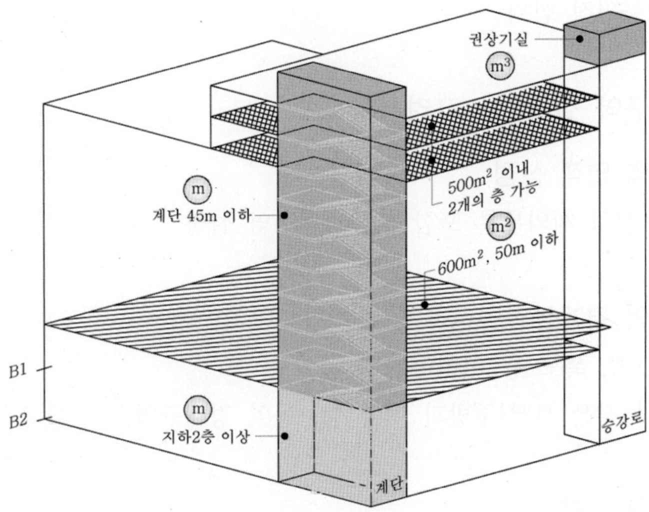

출처 : 소방시설의 설계 및 시공/강경원,백승주(동화기술)

1) 공간

- 한 개의 경계구역은 1개의 건물마다 설정
- 한 개의 경계구역은 1개 층마다 설정. 단, 500 m² 이하시 2개층 설정 가능
- 엘리베이터 승강로(권상기실)·린넨슈트·파이프 피트 및 덕트 기타 이와 유사한 부분

2) 면적

- 600 m² /1회로 이하, 한 변이 50 m 이하
- 주출입구에서 내부 전체를 볼 수 있는 경우 : 한 변이 50 m 이하, 1,000 m² /1회로 가능(체육관, 강당 등)
- 외기개방(차고·주차장·창고 등) : 5 m 이내 제외
- 기동용 감지기(SP, 물분무등소화설비) : 방사구역과 동일

3) 길이

- 계단, 경사로 45 m/1회로 45 m 이하
- 지하 2층 이상은 지상층과 분리
- 지하구 700 m/1회로, 터널 100 m/1회로
- 감지기의 형식 승인시 감지거리, 감지면적 등에 대한 성능을 별도로 인정받는 경우 그 성능인정 범위

나. 경계구역 설정 시 고려사항

1) 경계구역 면적 산정

감지기 설치 제외부분 포함하여 경계구역 설정

2) 경계구역 경계선

- 방화구획, 복도 등 고려하여 설정
- 용도가 같은 부분(주방과 식당 등) 동일 경계구역으로 설정

3) 전압강하 고려

2 감지기 부착높이

부착높이	감지기의 종류	
4 m 미만 (모든 감지기)	열감지기	차동식(스포트형, 분포형) · 보상식(스포트형) 정온식(스포트형, 감지선형)
	연기감지기	이온화식 · 광전식(스포트형, 분리형, 공기 흡입형)
	복합형감지기	열복합형 · 연기복합형 · 열연기복합형
	불꽃감지기	
4 m 이상 8 m 미만 (열감지기 한계)	열감지기	차동식(스포트형 또는 분포형) · 보상식(스포트형) 정온식(스포트형, 감지선형) 특종 또는 1종
	연기감지기	이온화식 1, 2종 · 광전식(스포트형, 분리형, 공기 흡입형) 1, 2종
	복합형감지기	열복합형 · 연기복합형 · 열연기복합형
	불꽃감지기	

8 m 이상 15 m 미만	열감지기	차동식 분포형
	연기감지기	이온화식 1종 또는 2종 광전식(스포트형, 분리형, 공기 흡입형) 1종 또는 2종
	복합형감지기	연기복합형
	불꽃감지기	
15 m 이상 20 m 미만(연기 한계)	연기감지기	이온화식 1종·광전식(스포트형, 분리형, 공기 흡입형) 1종
	복합형감지기	연기복합형
	불꽃감지기	
20 m 이상(빛)	연기감지기	광전식(분리형, 공기 흡입형) 중 아날로그 방식
	불꽃감지기	

- 감지기별 부착높이 등에 대하여 별도로 형식승인 받은 경우 그 성능 인정범위 내에서 사용
- 부착높이 20 m 이상에 설치되는 광전식 중 아날로그방식의 감지기
  : 공칭감지농도 하한값이 감광률 5%/m 미만

3 감지기 설치기준

가. 일반 기준

	기 준
공기유입구	실내로의 공기유입구에서 1.5 m 이상 떨어진 위치(차동식분포형 제외)
옥내	천장 또는 반자의 옥내에 면한부분 설치
정온식감지기	주방·보일러실 등으로서 다량의 화기를 취급하는 장소에 설치 공칭작동온도 : 최고주위온도 + 20℃ 이상
보상식스포트형 감지기	정온점이 감지기 주위의 평상시 최고온도 + 20℃ 이상
스포트형감지기	45° 이상 경사되지 아니하도록 부착

나. 차동식, 보상식, 정온식 감지기 면적기준

부착높이 및 소방대상물의 구분		감지기의 종류						
		차동식 스포트형		보상식 스포트형		정온식 스포트형		
		1종	2종	1종	2종	특종	1종	2종
4 m 미만	주요구조부 내화구조	90	70	90	70	70	60	20
	기타 구조	50	40	50	40	40	30	15
4 m 이상 8 m 미만	주요구조부 내화구조	45	35	45	35	35	30	
	기타 구조	30	25	30	25	25	15	

다. 연기감지기(복합형 포함)

<table>
<tr><th></th><th>기 준</th></tr>
<tr><td>부착높이에 따른 바닥면적 (m^2)</td><td>
<table>
<tr><th rowspan="2">부착높이</th><th colspan="2">감지기의 종류(m^2)</th></tr>
<tr><th>1종 및 2종</th><th>3종</th></tr>
<tr><td>4 m 미만</td><td>150</td><td>50</td></tr>
<tr><td>4 m 이상 20 m 미만</td><td>75</td><td></td></tr>
</table>
</td></tr>
<tr><td>복도 및 통로</td><td>보행거리 30 m(3종 : 20 m)마다 1개 이상</td></tr>
<tr><td>계단 및 경사로</td><td>수직거리 15 m(3종 : 10 m)마다 1개 이상</td></tr>
<tr><td>출입구 가까운 부분</td><td>천장, 반자가 낮은 실내 또는 좁은 실내 : 출입구의 가까운 부분에 설치</td></tr>
<tr><td>배기구</td><td>천장 또는 반자부근에 배기구가 있는 경우 : 배기구 근처에 설치</td></tr>
<tr><td>벽 또는 보</td><td>0.6 m 이상 떨어진 곳에 설치</td></tr>
</table>

4 연기감지기 설치장소

(1) 계단·경사로 및 에스컬레이터 경사로

(2) 복도(30 m 미만 제외)

(3) 엘리베이터 승강로(권상기실)·린넨슈트·파이프피트 및 덕트, 기타 이와 유사한 장소

(4) 천장 또는 반자의 높이가 15 m 이상, 20 m 미만의 장소

(5) 취침·숙박·입원 등 이와 유사한 용도로 사용되는 거실
- 공동주택·오피스텔·숙박시설·노유자시설·수련시설
- 교육연구시설 중 합숙소
- 의료시설, 근린생활시설 중 입원실이 있는 의원·조산원
- 교정 및 군사시설
- 근린생활시설 중 고시원

5 감지기 설치 제외장소

	감지기 설치 제외 장소
천장 또는 반자의 높이	20 m 이상인 장소. 부착높이에 따라 적응성이 있는 장소는 제외
헛간 등 외부와 기류가 통하는 장소	감지기에 따라 화재발생을 유효하게 감지할 수 없는 장소
부식성가스	체류하고 있는 장소
고온도 및 저온도	감지기의 기능이 정지되기 쉽거나 감지기의 유지관리가 어려운 장소
목욕실·욕조 등	샤워시설이 있는 화장실 기타 이와 유사한 장소
파이프 덕트 등	이와 비슷한 것으로서 2개층마다 방화구획된 것이나 수평단면적이 5 m^2 이하
먼지 등	먼지·가루 또는 수증기가 다량으로 체류하는 장소 또는 주방 등 평시에 연기가 발생하는 장소(연기감지기에 한함)
프레스공장·주조공장 등	화재발생의 위험이 적은 장소로서 감지기의 유지관리가 어려운 장소

SECTION 3 자동화재탐지설비의 자체점검

1 자동화재탐지설비 및 시각경보장치 점검표

(1면)

번호	점검항목	점검결과
15-A. 경계구역		
15-A-001	● 경계구역 구분 적정 여부	
15-A-002	● 감지기를 공유하는 경우 스프링클러·물분무소화·제연설비 경계구역 일치 여부	
15-B. 수신기		
15-B-001	○ 수신기 설치장소 적정(관리용이) 여부	
15-B-002	○ 조작스위치의 높이는 적정하며 정상 위치에 있는지 여부	
15-B-003	● 개별 경계구역 표시 가능 회선수 확보 여부	
15-B-004	● 축적기능 보유 여부(환기 · 면적 · 높이 조건 해당할 경우)	
15-B-005	○ 경계구역 일람도 비치 여부	
15-B-006	○ 수신기 음향기구의 음량·음색 구별 가능 여부	
15-B-007	● 감지기 · 중계기 · 발신기 작동 경계구역 표시 여부(종합방재반 연동 포함)	
15-B-008	● 1개 경계구역 1개 표시등 또는 문자 표시 여부	
15-B-009	● 하나의 대상물에 수신기가 2 이상 설치된 경우 상호 연동되는지 여부	
15-C. 중계기		
15-C-001	● 중계기 설치위치 적정 여부(수신기에서 감지기회로 도통시험하지 않는 경우)	
15-C-002	● 설치 장소(조작 · 점검 편의성, 화재 · 침수 피해 우려) 적정 여부	
15-C-003	● 전원입력 측 배선 상 과전류차단기 설치 여부	
15-C-004	● 중계기 전원 정전 시 수신기 표시 여부	
15-C-005	● 상용전원 및 예비전원 시험 적정 여부	
15-D. 감지기		
15-D-001	● 부착 높이 및 장소별 감지기 종류 적정 여부	
15-D-002	● 특정 장소(환기불량, 면적협소, 저층고)에 적응성이 있는 감지기 설치 여부	
15-D-003	○ 연기감지기 설치장소 적정 설치 여부	
15-D-004	● 감지기와 실내로의 공기유입구 간 이격거리 적정 여부	
15-D-005	● 감지기 부착면 적정 여부	
15-D-006	○ 감지기 설치(감지면적 및 배치거리) 적정 여부	
15-D-007	● 감지기별 세부 설치기준 적합 여부	
15-D-008	● 감지기 설치제외 장소 적합 여부	
15-D-009	○ 감지기 변형 · 손상 확인 및 작동시험 적합 여부	

15-E. 음향장치		
15-E-001 15-E-002 15-E-003	○ 주음향장치 및 지구음향장치 설치 적정 여부 ○ 음향장치(경종 등) 변형·손상 확인 및 정상 작동(음량 포함) 여부 ● 우선경보 기능 정상작동 여부	

(2면)

번호	점검항목	점검결과
15-F. 시각경보장치		
15-F-001 15-F-002	○ 시각경보장치 설치 장소 및 높이 적정 여부 ○ 시각경보장치 변형·손상 확인 및 정상 작동 여부	
15-G. 발신기		
15-G-001 15-G-002 15-G-003	○ 발신기 설치 장소, 위치(수평거리) 및 높이 적정 여부 ○ 발신기 변형·손상 확인 및 정상 작동 여부 ○ 위치표시등 변형·손상 확인 및 정상 점등 여부	
15-H. 전원		
15-H-001 15-H-002	○ 상용전원 적정 여부 ○ 예비전원 성능 적정 및 상용전원 차단 시 예비전원 자동전환 여부	
15-I. 배선		
15-I-001 15-I-002 15-I-003 15-I-004 15-I-005	● 종단저항 설치 장소, 위치 및 높이 적정 여부 ● 종단저항 표지 부착 여부(종단감지기에 설치할 경우) ○ 수신기 도통시험 회로 정상 여부 ● 감지기회로 송배전식 적용 여부 ● 1개 공통선 접속 경계구역 수량 적정 여부(P형 또는 GP형의 경우)	
비고		

출처 : 소방시설의 자체점검등에 관한 고시

CHAPTER 10

연습문제

■ 소방시설의 점검실무 Ⅵ

01 다음 중 정온식 감지기의 종류가 아닌 것은?

① 바이메탈 활곡
② 바이메탈 반전
③ 공기식
④ 액, 기체 팽창형

해설 공기식 감지기는 열에 의한 공기의 팽창을 이용한 것으로 느린 속도의 온도변화는 리크공을 통해 공기가 출입하면서 비화재보를 방지하게 된다.

02 다음 중 20 m 이상의 높이에 설치할 수 없는 감지기는?

① 불꽃감지기
② 광전식분리형 아날로그 감지기
③ 공기흡입형 아날로그 감지기
④ 이온화식 감지기

해설 20 m 이상의 높은 천장에는 연기가 도달하기 매우 어려워 이온화식 감지기는 적합하지 않다.

03 경계구역에 대한 점검항목이 아닌 것은?

① 부착높이별로 설치된 감지기의 종류
② 동, 층별 경계구역의 구분
③ 경계구역의 면적, 길이 적합 여부
④ 감지기와 자동식 소화설비를 병용하는 경우 경계구역의 일치 여부

해설 부착높이별 감지기의 적절한 선택은 감지기에 대한 점검항목에 포함된다.

참고문헌

• 자동화재탐지설비의 화재안전기준
• 국가직무능력표준(NCS) 소방분야 학습모듈
• 소방시설의 설계 및 시공(동화기술)

정답 01. ③ 02. ④ 03. ①

CHAPTER

10 학습정리

■ 소방시설의 점검실무 Ⅵ

1. 자동화재탐지설비

- 감지기가 화재로부터 생성되는 열, 연기 또는 불꽃을 감지하고 신호를 전달하면 수신기는 화재발생장소를 표시함과 동시에 음향장치 또는 방송설비와 소화설비에 작동신호를 보내어 피난 및 소화활동을 유도하는 설비

2. 경계구역 설정 시 고려사항

- 감지기 설치 제외부분 포함하여 경계구역 설정
- 방화구획, 복도 등 고려하여 설정
- 용도가 같은 부분(주방과 식당 등) 동일 경계구역으로 설정
- 전압강하 고려

3. 자동화재탐지설비 점검항목

- 경계구역
- 수신기
- 중계기
- 감지기
- 음향장치
- 시각경보장치
- 발신기
- 전원 및 배선

CHAPTER

11

소방시설의 점검실무 Ⅶ

학습 목표	1. 비상전원설비의 종류를 설명할 수 있다. 2. 내열 및 내화배선을 이해하여 설명할 수 있다. 3. 비상전원설비, 배선을 점검할 수 있다.
학습 목차	1. 비상전원설비의 이해 및 설치기준 2. 내열 및 내화배선의 이해 및 설치기준 3. 비상전원설비 및 내열, 내화배선의 점검

복습 점검

01 바이메탈의 원리를 이용하였다면 그것은 정온식 열감지기이다.

해설 정온식 열감지기는 바이메탈, 금속의 팽창, 액체의 비등, 고체의 용융과 같이 불변의 물리적 원리를 바탕으로 하여 작동한다.

02 광전식스포트형감지기는 그 성능에 따라 20 m 이상의 높은 곳에도 설치할 수 있다.

해설 20 m 이상의 높은 곳에는 연기의 도달이 매우 늦어지므로 아무리 성능이 좋은 연기감지기라도 설치할 수 없다.

03 성능시험조사표의 경계구역에 대한 점검은 경계구역의 수량 및 면적을 파악하여 기록하도록 하고 있다.

해설 성능시험조사표의 경계구역에 대한 점검항목은 경계구역의 구분, 크기의 적합여부 그리고 자동식소화설비와 병행하는 경우에 일치하는지 여부이다.

정답 01. X 02. X 03. O

CHAPTER 11 소방시설의 점검실무 Ⅶ

SECTION 1 비상전원설비의 이해 및 설치기준

1 비상전원

① 비상전원(Emergency Power)이란 정전이나 단선·단락 등 전기적 사고로 인하여 상용전원의 공급이 중단되었을 경우 외부전원의 공급 없이 소방대상물 자체에서 소방시설을 일정시간 사용하기 위한 별도의 전원공급 장치이다.

② 일반적으로 비상전원은 발전설비나 축전지설비를 사용하나 그 외에도 비상 전원수전설비를 별도의 비상전원으로 인정하고 있다.

2 소방시설의 비상전원 적용

가. 소화설비의 비상전원

	비상전원 대상	발전	축전	전기	수전	용량(분)
옥내소화전	• 7층 이상 연면적 2,000 m^2이상 • 지하층 바닥면적 합계 3,000 m^2 이상	○	○	○		20/40/60
SP, 미분무	• 차고, 주차장 비상전원 수전설비 대상	○	○	○	○	
	• 기타	○	○	○		
포소화	• 차고, 주차장등 비상전원 수전설비 대상	○	○	○	○	20
	• 기타	○	○	○		

물분무 등		○	○	○		
ESFR		○	○	○		
옥외	• 7층 이상 연면적 2,000 m^2 이상 • 지하층 바닥면적 합계 3,000 m^2 이상	○	○			
간이 SP		○	○		○	10(근생20)

나. 경보설비의 비상전원

	비상전원 대상	발전	축전	전기	수전	용량(분)
자탐/비상방송			○	○		60 감시 10/30경보

다. 피난구조설비의 비상전원

	비상전원 대상	발전	축전	전기	수전	용량(분)
유도등	• 11층 이상의 층 • 지하층, 무창층(도·소매시장, 지하역사, 상가)		○	○		60
	• 기타		○	○		20
비상조명등	• 11층 이상의 층 • 지하층, 무창층(도·소매시장, 지하역사, 상가)	○	○	○		60
	• 기타	○	○	○		20

라. 소화활동설비의 비상전원

	비상전원 대상	발전	축전	전기	수전	용량(분)
제연설비		○	○	○		20
특피/부속		○	○	○		60
연결송수관		○	○	○		20/40/60
비상콘센트	• 7층 이상 연면적 2,000 m^2 이상 • 지하층 바닥면적 합계 3,000 m^2 이상	○		○	○	20
무통	• 증폭기 설치		○	○		30분

3 비상전원에서의 용어

가. 소방회로와 일반회로

(1) 소방회로

소방부하는 소방시설에 사용하는 주 펌프, 보조 펌프, 연결송수관용 펌프, 제연설비용 송풍기와 이외 비상조명등, 비상콘센트설비 등 소방시설로 전력을 소비하는 각종 소방시설물을 말하며 이러한 소방부하에 전원을 공급하는 회로를 소방회로라 한다.

(2) 일반회로

일반회로는 소방회로와 무관한 일반전등, 전열이나 일반 동력설비에 대한 부하에 전원을 공급하는 회로를 말한다.

나. 큐비클방식

(1) 큐비클(Cubicle)

- 큐비클이란 수전설비나 변전설비 등을 금속제의 접지된 캐비넷에 수납하여 설치하는 수변전시설이다.
- KS C 4507(큐비클식 고압수전설비)에서는 큐비클에 대한 정의를 "고압수전설비로 사용하는 기기 1식을 금속상자 안에 넣은 것"이라고 정의하고 있다.
- 큐비클은 고압의 도선이나 단자가 외부에 노출되어 있지 않아, 조작자에게 안전성이 높으며 치수의 규격화로 설치 및 변전실 운용계획이 용이해지고 또한 경제적이라는 특징을 가지고 있다.

(2) 전용큐비클식

소방회로용의 것으로 수전설비, 변전설비 그 밖의 기기 및 배선을 금속제 외함에 수납한 것을 말한다.

(3) 공용큐비클식

소방회로 및 일반회로 겸용의 것으로서 수전설비, 변전설비 그 밖의 기기 및 배선을 금속제 외함에 수납한 것을 말한다.

다. 배전반과 분전반

(1) 배전반

수전점 이후에 설치된 전원회로를 배전하기 위한 메인 패널

(2) 전용배전반

소방회로 전용의 것으로서 개폐기, 과전류차단기, 계기 그 밖의 배선용기기 및 배선을 금속제 외함에 수납한 것

(3) 공용배전반

소방회로 및 일반회로 겸용의 것으로서 개폐기, 과전류차단기, 계기 그 밖의 배선용기기 및 배선을 금속제 외함에 수납한 것

(4) 분전반

배전반 이후에 각 분기회로별로 설치된 분기용 패널

(5) 전용분전반

소방회로 전용의 것으로서 분기 개폐기, 분기 과전류차단기 그 밖의 배선용기기 및 배선을 금속제 외함에 수납한 것

(6) 공용분전반

소방회로 및 일반회로 겸용의 것으로서 분기 개폐기, 분기과전류차단기 그 밖의 배선용기기 및 배선을 금속제 외함에 수납한 것

4 비상전원 수전설비

가. 비상전원 수전설비

- 자가발전기를 설치하기 곤란한 소규모건물의 경우 자가발전기를 대체할 수 있는 비상전원으로서 화재 시 상용전원이 공급되는 시점까지만 비상전원으로 적용이 가능한 설비이다.
- 화재초기에는 상용전원공급이 가능하므로 실용상 큰 문제가 없다고 판단하여 적용한 비상전원이다.

나. 비상전원수전설비 설치대상

1) 설비의 종류

- NFSC 103 : 스프링클러의 화재안전기준
- NFSC 103A : 간이스프링클러의 화재안전기준
- NFSC 104A : 미분무설비의 화재안전기준
- NFSC 105 : 포소화설비의 화재안전기준
- NFSC 504 : 비상콘센트설비의 화재안전기준

2) 적용

- 위의 어느 하나가 설치대상인 소규모 건물
- 소화설비 설치대상에 따라 연면적이 다르다.
- 비상발전기나 축전지설비 설치가 곤란한 건물에 설치한다.

다. 비상전원수전설비의 특징

- 비상전원 수전설비는 스프링클러설비, 간이스프링클러설비, 포소화설비, 비상콘센트설비에서만 비상전원으로 적용할 수 있다.
- 비상전원수전설비는 위 설비를 설치한 모든 특정소방대상물에 적용하는 것이 아니라 다음의 건물에 대해서만 적용할 수 있다.

대상설비	적용기준
스프링클러설비	차고나 주차장으로 스프링클러설비가 설치된 바닥면적 합계가 1,000 m^2 미만인 경우 (주 1)
간이스프링클러설비	간이스프링클러 대상인 경우(전체)
포소화설비	호스릴포소화설비 또는 포소화전만 설치된 차고나 주차장 포헤드설비 또는 고정포방출구설비가 설치된 부분의 바닥면적 합계가 1,000 m^2 미만인 경우 (주 2)
비상콘센트설비	지상 7층 이상으로 연면적 2,000 m^2 이상인 경우 지하층 바닥면적의 합계가 3,000 m^2 이상인 경우 (주 3)

(주 1) 포헤드나 고정포방출설비가 설치된 차고·주차장의 바닥면적을 포함한다.
(주 2) 스프링클러설비가 설치된 차고·주차장의 바닥면적을 포함한다.
(주 3) 지하층 바닥면적 산정시 차고·주차장·보일러실·기계실 또는 전기실 바닥면적은 제외한다.

라. 비상전원의 적용

- 옥내소화전과 같은 수동식설비는 비상전원을 대상건물에 모두 적용하지 않고 있으나, 자동식소화설비인 스프링클러설비의 경우는 용도나 건물규모에 관계없이 항상 비상전원을 의무 대상으로 적용하고 있다. 이 중에서 차고나 주차장으로 스프링클러설비가 설치된 바닥면적 합계가 1,000 m^2 미만인 경우에만 비상전원수전설비를 적용할 수 있다.
- 수동식설비로서 포소화전, 호스릴포가 설치된 차고나 주차장이 비상전원 대상일 경우 비상전원수전설비를 적용할 수 있다.
- 간이스프링클러설비는 상수도직결식이나 고가수조방식과 같이 무전원설비인 경우

에는 비상전원을 적용하지 않는다.

- 비상콘센트의 경우 비상전원수전설비 적용대상으로 7층 이상 2,000 m^2 이상을 기준으로 규정한 것은 옥내소화전의 비상전원 대상건물과 일치되도록 하기 위하여 제정한 것이다.

마. 특고압, 고압 및 저압수전

1) 전압의 구분

- 저압 : 직류는 750 V 이하, 교류는 600 V 이하인 것
- 고압 : 직류는 750 V를, 교류는 600 V를 초과하고, 7 kV 이하인 것
- 특고압 : 7 kV를 초과하는 것

2) 특고압 또는 고압수전

(1) 적용

- 방화구획형
- 옥외개방형
- 큐비클(Cubicle)형

(2) 방화구획형

수전설비를 다른 부분과 건축법상 방화구획을 하여 화재 시 이를 보호하도록 조치하여야 한다.

(3) 옥외개방형

- 건물의 옥외나 또는 건물의 옥상에 울타리를 설치하고 그 내부에 수전설비를 설치하는 방식
- 건물 내부와 이격되어 있으므로 건물 화재 시 방화구획된 것과 동등 이상으로 간주하는 것이다.

(4) 큐비클형

- 수전설비를 전기실 내 큐비클에 수납하여 설치하는 것
- 일반적인 전기실의 경우는 수전설비를 주로 큐비클에 설치하고 있으며 이는 일종에 방화조치가 된 것으로 간주하는 것이다.

(5) 회로의 구성

<table>
<tr><th>전용의 전력용변압기</th><th>공용의 전력용변압기</th></tr>
<tr><td>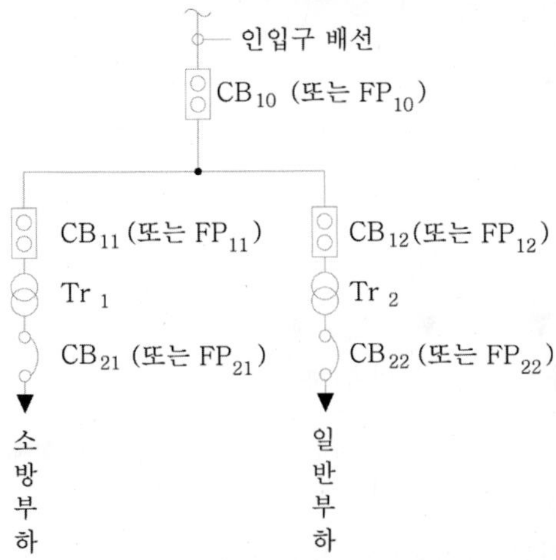

출처 : 비상전원수전설비의 화재안전기준</td><td>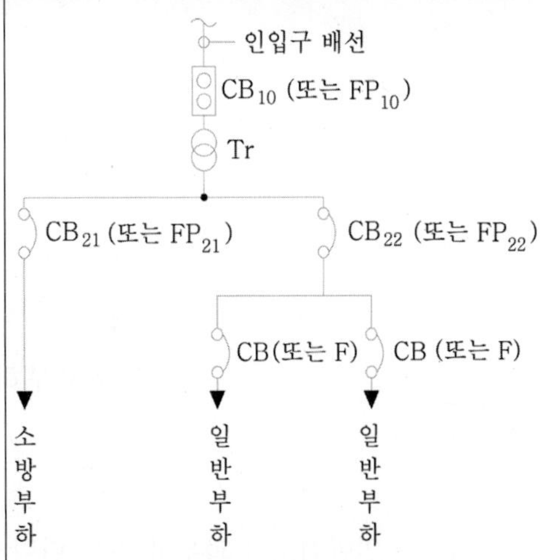

출처 : 비상전원수전설비의 화재안전기준</td></tr>
<tr><td>일반회로의 과부하 또는 단락사고시에 CB_{10}(또는 PF_{10})이 CB_{12}(또는 PF_{12}) 및 CB_{22}(또는 F_{22})보다 먼저 차단되어서는 아니된다.
CB_{11}(또는 PF_{11})은 CB_{12}(또는 PF_{12})와 동등이상의 차단용량일 것</td><td>일반회로의 과부하 또는 단락사고시에 CB_{10}(또는 PF_{10})이 CB_{22}(또는 F_{22}) 및 CB(또는 F)보다 먼저 차단되어서는 아니된다.
CB_{21}(또는 F_{21})은 CB_{22}(또는 F_{22})와 동등이상의 차단용량일 것</td></tr>
</table>

3) 저압수전

(1) 적용

- 전용배전반 1, 2종
- 전용분전반 1, 2종
- 공용분전반 1, 2종

(2) 설치기준

- 일반회로에서 과부하·지락사고 또는 단락사고가 발생한 경우에도 이에 영향을 받지 아니하고 계속하여 소방회로에 전원을 공급시켜 줄 수 있어야 할 것
- 소방회로용 개폐기 및 과전류차단기에는 "소방시설용"이라는 표시를 할 것

(3) 회로의 구성

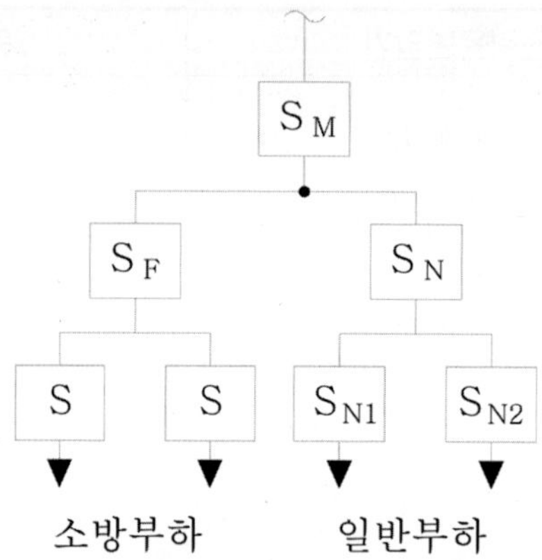

출처 : 비상전원수전설비의 화재안전기준

- 일반회로의 과부하 또는 단락사고 시 S_M이 S_N, S_{N1} 및 S_{N2}보다 먼저 차단 되어서는 아니 된다.
- S_F는 S_N과 동등 이상의 차단용량일 것

SECTION 2 내열 및 내화배선의 이해 및 설치기준

1 배선과 전선

1) 도체

전기가 흐르는 성질이 있는 물질로 금속과 같이 전기가 흐르는 물질

2) 부도체

전기가 흐르지 않는 성질을 가진 것으로 대표적으로 절연성능을 가지는 고무 등이 이에 해당한다.

3) 반도체

도체와 부도체의 성질을 동시에 가진 것으로 일정한 조건에서만 전기가 흐르는 특성으로 컴퓨터 등에 활용되고 있다.

4) 배선

배선[配線]이란 전력을 쓰기 위하여, 전선을 끌어 장치하거나 여러 가지 전기장치를 전선으로 연결하는 것을 말한다.

5) 전선

전류가 흐르도록 하는 도체(導體)로 사용하는 선을 말한다.

2 내화배선과 내열배선

1) 내화배선

화염에 견딜 수 있는 성질 즉, 화염이 접촉하여도 배선을 통한 본래의 역할을 수행할 수 있는 능력

2) 내열배선

열에 견디는 성질로 화염의 접촉없이 화재시 발생하는 고열에 견디는 성질만을 말한다.

3) 구분의 의미

- 일반적으로 내열배선보다 내화배선의 성능이 더욱 우수하다.
- 내화배선 및 내열배선의 성능은 전선 자체의 성능을 포함하여 포괄적으로 전선을 이용한 배선방법을 의미한다.
- 즉, 내열배선은 내화성능이 있거나 내열성능이 있는 전선을 노출하여 설치하는 경우와 내화성능 및 내열성능이 없는 일반전선을 내열성이 확보되도록 시공할 경우 내열배선으로 인정받는 경우이다.
- 내화배선의 경우 내화성능이 있는 전선을 노출하여 배선하거나, 내화성이 없는 전선을 내화성이 확보되는 방법으로 배선하는 경우에 해당한다.

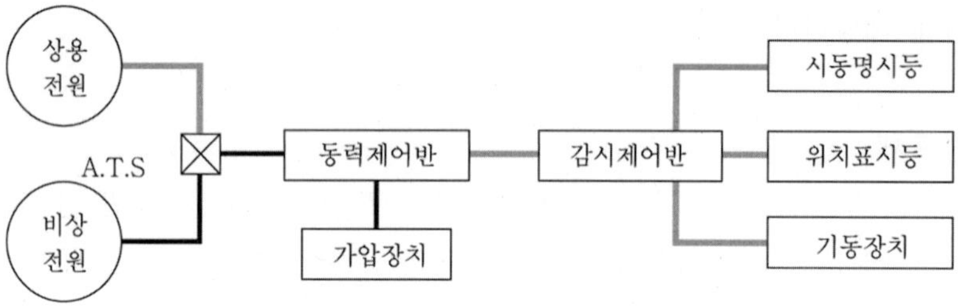

출처 : 소방시설의 설계 및 시공/강경원,백승주(동화기술)

- 소방설비에 사용되는 상용 및 비상전원의 입력부분 배선은 화재 시에도 일정시간까지는 그 기능이 유지되도록 내열 및 내화조치가 필요하다.
- 전체 배선은 기본적으로 내열이상의 조치가 필요하다.

3 전선의 종류

- 450/750V 저독성 난연 가교 폴리올레핀 절연 전선
- 0.6/1kV 가교 폴리에틸렌 절연 저독성 난연 폴리올레핀 시스 전력 케이블
- 6/10kV 가교 폴리에틸렌 절연 저독성 난연 폴리올레핀 시스 전력 케이블
- 가교 폴리에틸렌 절연 비닐시스 트레이용 난연 전력 케이블
- 0.6/1kV EP 고무절연 클로로프렌 시스 케이블
- 300/500V 내열성 실리콘 고무 절연전선(180℃)
- 내열성 에틸렌-비닐 아세테이트 고무 절연 케이블
- 버스덕트(Bus Duct)

• 기타 전기용품안전관리법 및 전기설비기술기준에 따라 동등 이상의 내화성능(내열배선의 경우에는 내열성능)이 있다고 주무부장관이 인정하는 것

4 공사방법

가. 내화배선

1) 매립 배선

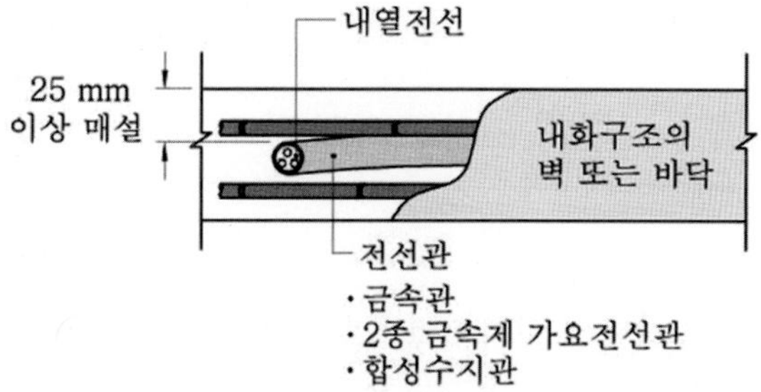

출처 : 소방시설의 설계 및 시공/강경원,백승주(동화기술)

전선관(금속관, 2종금속제 가요전선관 또는 합성수지관)에 수납하여, 내화구조의 벽, 바닥에 25mm 이상 매립

2) 수납 배선

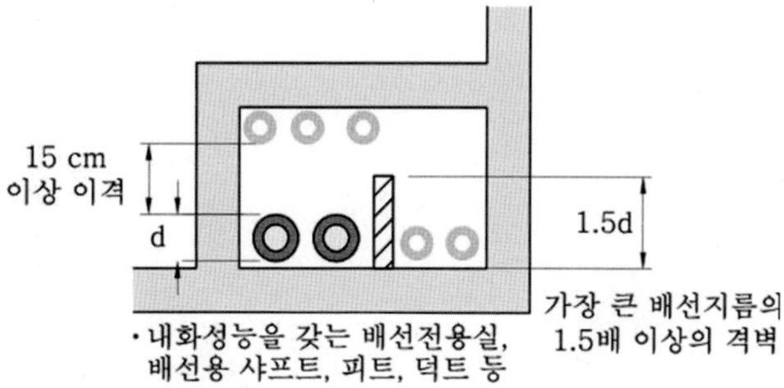

출처 : 소방시설의 설계 및 시공/강경원,백승주(동화기술)

• 내화성능의 배선 전용실, 배선용 샤프트, 피트, 덕트 등에 설치
• 다른 설비 배선과 15cm 이상 이격
• 다른 용도 배선지름(가장 큰 것)의 1.5배 이상 높이의 불연성 격벽을 설치

3) 노출 배선

내화케이블

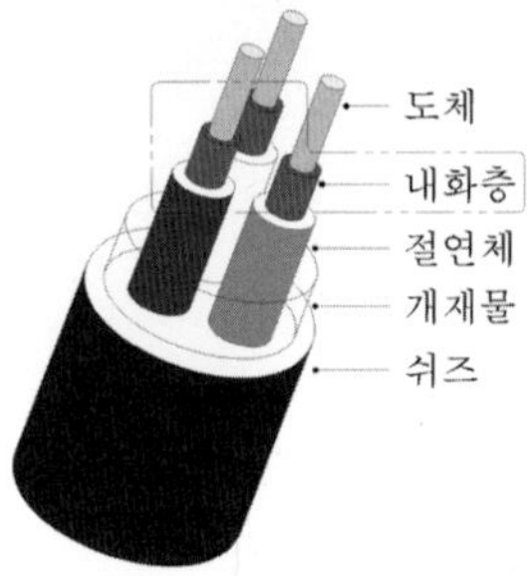

출처 : 소방시설의 설계 및 시공/강경원,백승주(동화기술)

나. 내열배선

1) 매립 배선

전선관(금속관, 2종금속제 가요전선관 또는 합성수지관)에 수납하여, 내화구조의 벽, 바닥에 25mm이상 매립

2) 수납 배선

- 내화성능의 배선 전용실, 배선용 샤프트, 피트, 덕트 등에 설치
- 다른 설비배선과 15cm 이상 이격
- 다른 용도 배선지름(가장 큰 것)의 1.5배 이상 높이의 불연성 격벽을 설치

3) 노출 배선

내열케이블, 내화케이블

〈 FR－3 / 내열케이블 〉

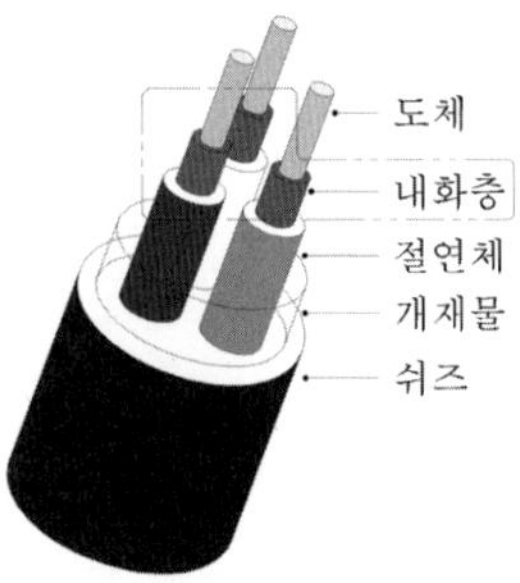

〈 FR－8 / 내화케이블 〉

출처 : 소방시설의 설계 및 시공/강경원,백승주(동화기술)

5 전선의 내화, 내열성능

가. 내화케이블(FR - 8)의 내화성능

- 내화전선의 내화성능은 KS C IEC 60331-1과 2(온도 830℃ / 가열시간 120분) 표준이상을 충족하고, 난연성능 확보를 위해 KS C IEC 60332-3-24 성능 이상을 충족할 것

6 배관 공사방법의 이해

가. 배관의 공사방법

1) 가요전선관

- 가요전선관의 종류는 금속제 가요전선관(1종 및 2종)과 합성수지제 가요전선관이 있다.
- 1종금속제 가요전선관은 전개(全開)된 장소 또는 점검할 수 있는 은폐된 장소로서 건조한 장소에 한하여 사용할 수 있다.

2) 합성수지제품

합성수지제는 연소하기 쉽고 연소할 때 유독성가스가 발생하므로, 전개된 장소 또는 천장 속 같은 은폐장소의 배관재료로 사용하는 것은 바람직하지 않다.

3) 케이블공사

- 케이블을 금속관 내에 배선할 경우는 금속관공사로 분류되며, 가요전선관 내에 배선할 경우에는 가요전선관공사로 분류되고, 금속덕트 내에 배선할 경우에는 금속덕트공사가 된다.
- 따라서, 케이블공사라 함은 케이블을 관로 내에 배선하지 아니한 것을 말한다.

4) 내화배선

(1) 1종금속제 가요전선관 사용 불가한 이유

- 내화배선으로 인정받으려면 내화구조로 된 벽 또는 바닥에 일정 깊이 이상 매설하거나 그와 동등 이상의 내화효과가 있는 방법으로 시공하여야 한다.
- 1종금속제 가요전선관은 전기설비기술기준 및 내선규정에 의하여 전개된 장소

또는 점검할 수 있는 은폐된 장소로서 건조한 장소에 한하여 사용 할 수 있으므로 매설할 수 없기 때문이다.

(2) 『내화전선』 관로 내에 배선하는 것이 불가한 이유

- 내화전선은 노출공사에 적합하도록 제조된 것이며, 절연물의 절연내력은 온도가 높아질수록 급격하게 저하하는 성질이 있다.
- 관로의 내부는 통풍이 잘 되지 아니하므로, 화재 시에 관로 내부의 공기가 일단 가열되면 가열된 공기의 온도가 다시 낮아지기가 매우 어렵다.
- 따라서, 내화전선을 관로 내에 배선할 경우는 외부의 충격으로부터 보호되는 이점은 있으나 관로 내의 온도가 상승할 경우 여간해서는 온도가 다시 저하하기가 힘드므로 케이블의 허용온도보다 상승할 경우는 절연 내력이 급격하게 저하하므로 얻는 것보다 잃는 것이 더 심각하게 된다.

(3) 합성수지관 사용가능 이유

- 합성수지는 연소하기 쉽고 연소할 때 유독성가스가 발생하므로, 전개된 장소 또는 천장 속 같은 은폐장소의 배관재료로 사용하는 것은 바람하지 않다.
- 그러나 내화구조부에 매설하거나 동등 이상의 내화효과가 있는 방법으로 시공될 경우에는 합성수지를 사용하더라도 불꽃이 직접 닿을 우려가 없으므로 사용이 허용된다.

5) 내열배선

(1) 1종금속제 가요전선관 사용 가능한 이유

- 내화배선으로 인정받으려면 관로를 주요구조부에 매설하거나 동등 이상의 내화효과가 있는 방법으로 시공하여야 하지만, 내열배선은 노출공사에 의하여도 된다.
- 배선을 노출공사에 의할 경우에는 1종금속제 가요전선관을 사용하더라도 전기설비기술기준 및 내선규정 규정에 저촉되지 아니한다.

SECTION 3 비상전원설비 및 내열, 내화배선의 점검

1 소방시설의 배선관련 기준

	기 준
배선	• 전원회로 : 내화배선 • 기타배선 : 내화배선, 내열배선
감지기 배선	• 감지기 ↔ 감지기, 감지기 ↔ 수신기 감지기회로의 배선 • 아날로그식, 다신호식 감지기, R형수신기 : 쉴드선 등을 사용 • 광케이블 : 전자파 방해를 받지 아니하고 내열성능이 있는 경우 사용 • 전자파 영향이 없는 방식의 경우 제외 • 일반배선을 사용할 경우 : 내화배선 또는 내열배선
종단저항	• 점검 및 관리가 쉬운 장소에 설치 • 전용함을 설치하는 경우 : 설치 높이는 바닥으로부터 1.5 m 이내 • 감지기 회로의 끝부분에 설치 • 종단감지기에 설치할 경우 : 해당감지기의 기판 및 감지기 외부 등에 별도의 표시
송배전식	• 감지기 사이 회로 배선
절연저항	• 전원회로의 전로와 대지 사이 및 배선 상호간 • 감지기회로 및 부속회로의 전로와 대지 사이 및 배선 상호간의 절연저항 → 1경계구역마다 직류 250 V의 절연저항측정기를 사용 측정한 절연저항 0.1M Ω 이상
배선	• 다른 전선과 별도의 관·덕트(절연효력이 있는 것으로 구획한 경우 별개의 덕트로 봄) • 몰드 또는 풀박스 등에 설치 • 60 V 미만의 약 전류회로에 사용하는 전선으로서 각각의 전압이 같을 때 제외
경계구역	• P형 수신기, G.P형 수신기의 감지기 회로의 배선 : 하나의 공통선에 접속할 수 있는 경계구역은 7개 이하
전로저항	• 감지기회로의 전로저항 : 50 Ω 이하 • 각 회로별 종단에 설치되는 감지기 배선의 전압 : 감지기 정격전압의 80% 이상

2 옥내소화전설비 성능시험조사표

가. 설치상태 개요

배선	비상전원회로	[ ]내화전선 [ ]전선관 등 수납 후 매설 [ ]그 밖의 것 :
	그 밖의 회로	[ ]내열전선 [ ]전선관 등 수납 [ ]케이블 공사방법 [ ]그 밖의 것 :

출처 : 소방시설의 자체점검등에 관한 고시

나. 성능 및 점검항목

(4면)

7	전원 (제8조) ○ 대상물 수전방식에 따른 상용전원회로 배선 적정 여부	
8	제어반 (제9조) [공통사항] ○ 감시제어반과 동력제어반 구분 설치 여부 ○ 제어반 설치장소(화재·침수 피해 방지) 적정 여부 ○ 제어반 설비전용 설치 여부(제어에 지장없는 경우 제외) ○ 겸용 감시·동력 제어반 성능 적정 여부(겸용으로 설치된 경우) [감시제어반] ○ 펌프 작동 여부 확인 표시등 및 음향경보장치 정상작동 여부 ○ 펌프 별 자동·수동 전환스위치 정상작동 여부 ○ 펌프 별 수동기동 및 수동중단 기능 정상작동 여부 ○ 상용전원 및 비상전원 공급 확인 가능 여부(비상전원 있는 경우) ○ 수조·물올림탱크 저수위 표시등 및 음향경보장치 정상작동 여부 ○ 각 확인회로 별 도통시험 및 작동시험 정상작동 여부 ○ 예비전원 확보 유무 및 시험 적합 여부 ○ 전용실(중앙제어실 내에 감시제어반 설치 시 제외) - 다른 부분과 방화구획 적정 여부 - 설치 위치(층) 적정 여부 - 비상조명등 및 급·배기설비 설치 적정 여부 - 무선기기 접속단자 설치 적정 여부 - 바닥면적 적정 확보 여부 ○ 기계·기구 또는 시설 등 제어 및 감시설비 외 설치 여부 [동력제어반] ○ "옥내소화전설비용 동력제어반" 표지 설치 여부 ○ 외함의 색상(적색), 재료, 두께, 강도 및 내열성 적정 여부	

(5면)

번호	점 검 항 목 (NFSC 102)	결과(양호○, 불량×, 해당없음/)
9	배선 (제10조) ○비상전원회로 사용전선 및 배선공사 방법 적정 여부 ○그 밖의 전기회로의 사용전선 및 배선공사 방법 적정 여부 ○과전류차단기 및 개폐기 "옥내소화전설비용" 표지 설치 여부 ○적정 과전류차단기 설치 및 적정 작동 여부 ○전기배선 접속단자 "옥내소화전단자" 표지 설치 여부 ○전기배선 양단 타 설비와 식별 용이성 확보 여부	

출처 : 소방시설의 자체점검등에 관한 고시

3 비상콘센트설비 성능시험조사표

가. 설치상태 개요

항 목																
전원회로		○방식 : [ ]단상 [ ]3상 ○종류 : [ ]직류 [ ]교류 ○전압 : V														
공급용량		KVA														
플러그접속기		[ ]접지형 2극 플러그접속기 [ ]그 밖의 것 :														
설치 개수	층	계														
	콘센트															

나. 성능 및 점검항목

번호	점 검 항 목 (NFSC 504)	결과(양호○, 불량×, 해당없음/)
1	전원 및 콘센트 등 (제4조) ○상용전원회로 배선 방식 적정 여부 ○비상전원 설치 여부 및 종류 적정 여부(비상전원 설치 대상) ○전원회로 방식 적정(단상교류 220V) 여부 ○공급용량 적정(1.5kVA 이상) 여부 ○전원회로 층별 설치개수 적정 여부 ○전원회로 주배전반에서 전용회로 사용 여부 ○각 층 분기배선용 차단기 설치 및 보호함 내부 설치 여부	

	○콘센트별 배선용 차단기 설치 및 충전부 노출 방지 여부 ○개폐기 "비상콘센트" 표지 설치 여부 ○1개 전용회로에 설치되는 비상콘센트 수량 적정(10개 이하) 여부 ○비상콘센트 공급 용량 적정 여부 ○플러그접속기 종류(접지형 2극) 및 칼받이 접지공사 적정 여부 ○비상콘센트 설치높이 적정 여부 ○바닥면적에 따른 비상콘센트 설치 배치 적정 여부 ○전원부와 외함 간 절연저항 및 절연내력 적정 여부 ○정격전압에 따른 실효전압 적정 여부 [비상전원 - 자가발전설비 설치시] ○비상전원 설치장소 - 점검 편의성 적정 여부 - 화재 · 침수 등 재해방지환경 적정 여부 - 방화구획 적정 여부 - 비상조명등 설치 적정 여부	

(2면)

번호	점 검 항 목 (NFSC 504)	결과(양호○, 불량×, 해당없음/)
1	○비상전원의 종류 적정 여부 ○비상전원 유효작동 시간 적정 여부 ○상용전원 전원공급 중단 시 비상전원 자동전환 적정 여부 ○비상전원설비 외 다른 설비 · 물품의 설치 또는 비치 적정 여부	
2	보호함 (제5조) ○개폐용이한 문 설치 여부 ○"비상콘센트" 표지 설치 여부 ○위치표시등 설치 및 점등 적정 여부	
3	배선 (제6조) ○배선 방식 적정(전원회로는 내화, 그 밖의 회로는 내화 또는 내열) 여부	
4	별도 첨부 ○비상전원설비 성능시험조사표	
비고		

※ "가"의 설치상태개요의 [ ]란에는 해당 부분에 √ 표를 한다. "나"의 성능 및 점검항목의 비고란에는 특정소방대상물의 위치·구조·용도 및 소방시설의 상황 등이 이 표의 항목대로 기재하기 곤란하거나 이 표에서 누락된 사항을 기재한다.

출처 : 소방시설의 자체점검등에 관한 고시

4 비상전원설비 성능시험조사표

가. 설치상태개요

(1면)

<table>
<tr><th colspan="3">항목</th></tr>
<tr><td>비상전원 종류</td><td colspan="2">[ ] 비상전원수전설비([ ] 전용, [ ] 겸용) [ ] 자가발전설비([ ] 전용 [ ] 겸용)
[ ] 축전지설비([ ] 전용 [ ] 겸용) [ ] 전기저장장치([ ] 전용, [ ] 겸용)</td></tr>
<tr><td>수전전압</td><td colspan="2">○수전전압 [ ] 22,900V [ ] 154,000V [ ] 기타: V</td></tr>
<tr><td>수전용량</td><td colspan="2">○주변압기 용량 3φ kVA, 1φ kVA</td></tr>
<tr><td>비상전원 출력전압</td><td colspan="2">○전압 구분: [ ] AC [ ] DC ([ ] 12V [ ] 24V [ ] 220V [ ] 380V [ ] 그 밖의 것: V)</td></tr>
<tr><td rowspan="2">설치실 구획</td><td colspan="2">○개구부 방화문([ ] 적 [ ] 부) ○케이블·배관 등 관통부([ ] 내화충전구조 [ ] 그 밖의 것:)</td></tr>
<tr><td colspan="2">○환기방식([ ] 강제 [ ] 자연) ○덕트([ ] 방화댐퍼 부착 [ ] 내화피복)
○급·배기구 구조([ ] 적 [ ] 부)</td></tr>
<tr><td>설치층 바닥면적등</td><td colspan="2">○설치장소: [ ] 옥내 층 [ ] 옥상 [ ] 옥외 ○구획실 면적: m^2</td></tr>
<tr><td rowspan="4">설비개요</td><td colspan="2">○비상전원 적용대상 부하용량: kW
○제조회사명: ○형식번호:
○정전검출기(UVR 등) 설치위치:</td></tr>
<tr><td>자가 발전 설비</td><td>○정격출력용량: kVA × 역률(0.8) = kW(대상부하용량 대비 %)
○연료탱크 용량: L(메인탱크 L +서비스탱크 L)
○연료소비량: L/h ○운전가능시간: 분
○연료종류([ ] 경유 [ ] 등유 [ ] 가스 [ ] 그 밖의 것:)
○내연기관 냉각방식([ ] 공냉 [ ] 수냉)</td></tr>
<tr><td>전기 저장 장치</td><td>○정격출력용량: kWh (정격출력 AH) [기준용량 kWh]</td></tr>
<tr><td>축전지 설비</td><td>○정격출력용량: AH/셀 × 셀 = AH
○충전방식([ ] 트리클 [ ] 부동충전 [ ] 그 밖의 것:)
○충전장치 용량: VA</td></tr>
<tr><td>발전기 제어장치</td><td colspan="2">○제어장치의 종류: [ ] 일반 [ ] 소방전원 보존형 발전기
○제어장치 제조자: ○제어장치 형식번호:
○소방전원 보존형 발전기 제어장치의 성능
[ ] 소방전원 보존형 식별 표시 여부
[ ] 소방부하 및 비상부하 동시 공급 및 그 상태의 표시 여부
[ ] 발전기 정격용량 초과 시 비상부하 자동차단 및 소방부하 공급 상태 표시 여부</td></tr>
</table>

소화설비	[ ] 소화기(적응) [ ] 이산화탄소소화설비 [ ] 할로겐화합물 및 불활성기체소화설비 [ ] 그 밖의 것	
성능시험 결과	○출력전압([ ] 적 [ ] 부) ○비상발전기 연료 상태([ ] 적 [ ] 부)	○방화구획([ ] 적 [ ] 부) ○소화설비([ ] 적 [ ] 부) ○제어장치 성능상태([ ] 적 [ ] 부)
비 고	[ ] 내연기관에 따른 펌프를 설치한 경우 내연기관의 기동 및 제어용축전지 ○출력전압: V ○정격출력용량: AH/셀 × 셀 = AH	

출처 : 소방시설의 자체점검등에 관한 고시

CHAPTER 11

연습문제

■ 소방시설의 점검실무 Ⅶ

01 다음 중 비상전원 및 상용전원에 대한 설명으로 틀린 것은?

① 비상전원은 상용전원과 동시에 항상 공급되어야 한다.
② 비상전원은 상용전원의 차단 시 전원을 공급하여야 한다.
③ 상용전원은 비상전원이 공급되기 이전까지 소방시설에 전원을 공급한다.
④ 상용전원 차단 시 비상전원으로 자동으로 절환되어야 한다.

해설 비상전원은 상용전원이 차단되는 즉시 자동으로 절환되어 공급되어야 한다.

02 다음 중 내화배선으로 하여야 하는 경우는?

① 감지기와 감지기　② 감지기와 중계기
③ 중계기와 수신기　④ 동력제어반과 소방펌프

해설 소방설비에 사용되는 상용 및 비상전원의 입력부분 배선은 화재 시에도 일정시간 동안 그 성능이 유지되어야 하므로 내열 및 내화조치가 필요하다.

03 다음 중 배선에 대한 점검사항에 해당하지 않는 것은?

① 동력제어반 및 가압송수장치에 이르는 배선의 종류 및 상태
② 사용전선의 종류 및 규격
③ 과전류차단기 및 접속단자의 표지 상태
④ 외함의 재료, 두께 및 강도 등

해설 감시 및 제어반의 점검 시 외함의 재료, 두께 및 강도를 점검한다.

정답 01. ① 02. ④ 03. ④

CHAPTER 11

학습정리

■ 소방시설의 점검실무 Ⅶ

1. 비상전원(Emergency Power)

- 정전이나 단선·단락 등 전기적 사고로 인하여 상용전원의 공급이 중단되었을 경우 외부전원의 공급 없이 소방대상물 자체에서 소방시설을 일정시간 사용하기 위한 별도의 전원공급 장치

2. 내화배선 및 내열배선

- 내화배선은 매립배선, 수납배선, 노출배선함
- 내열배선은 배관배선, 수납배선, 노출배선함
- 전원의 입력부분은 내화조치가 필요함
- 전체 배선은 기본적으로 내열이상의 조치가 필요함

3. 비상전원설비 성능시험 조사항목

- 비상전원 종류
- 수전전압 및 용량
- 비상전원 출력전압
- 설치실 구획
- 설치층 바닥면적 등
- 설비개요
- 발전기 제어장치
- 내진조치

참고문헌

- 비상전원수전설비의 화재안전기준 해설서
- 국가직무능력표준(NCS) 소방분야 학습모듈
- 소방시설의 설계 및 시공(동화기술)

CHAPTER

12

소방시설의 점검실무 Ⅷ

학습 목표	1. 소화활동설비와 그 기준을 설명할 수 있다. 2. 피난·방화시설과 그 기준을 설명할 수 있다. 3. 소화활동 및 피난·방화시설을 점검할 수 있다.
학습 목차	1. 소화활동설비의 이해 및 기준 2. 피난·방화시설의 이해 및 기준 3. 소화활동 및 피난·방화시설의 점검

복습 점검

01 비상전원은 상용전원과 동시에 항상 공급되어야 한다.

해설 비상전원은 상용전원이 차단되는 즉시 자동으로 절환되어 공급되어야 한다.

02 동력제어반과 소방펌프의 전원배선은 내화배선으로 하여야 한다.

해설 소방설비에 사용되는 상용 및 비상전원의 입력부분 배선은 화재 시에도 일정시간 동안 그 성능이 유지되어야 하므로 내열 및 내화조치가 필요하다.

03 감지기 회로배선의 경우에는 일반전선인 HIV전선을 사용할 수 있다.

해설 감지기 회로배선의 경우에도 내열성능을 확보한 내열배선으로 하여야 한다.

정답 01. X 02. O 03. X

CHAPTER 12 소방시설의 점검실무 Ⅷ

SECTION 1 소화활동설비의 이해 및 기준

1 소화활동설비

① 화재진압활동에 필요한 보조설비

② 제연설비, 연결송수관설비, 연결살수설비, 비상콘센트설비, 무선통신보조설비, 연소방지설비

2 제연설비

가. 제연설비의 이해

(1) 목적

소화활동설비의 일종으로 건축물의 화재 초기단계에서 발생하는 연기 등을 감지하여 화재실(거실)의 연기는 배출하고 피난경로인 복도, 계단 등에는 연기가 확산되지 않도록 함으로써 거주자를 연기로부터 보호하고 안전하게 피난할 수 있도록 함과 동시에 소방대가 소화활동을 할 수 있도록 연기를 제어하는 데 그 목적이 있다.

(2) 구성요소

- 송풍기(급 · 배기용), 풍도(급기 · 배출), 급기구, 배출구, 댐퍼
- 연기감지기, 수동기동장치, 제연경계벽, 수신기

(3) 작동원리

연기감지기 동작에 따라 작동신호가 수신기로 입력되고 해당하는 신호를 수신기에서 받아 설비가 구동한다.

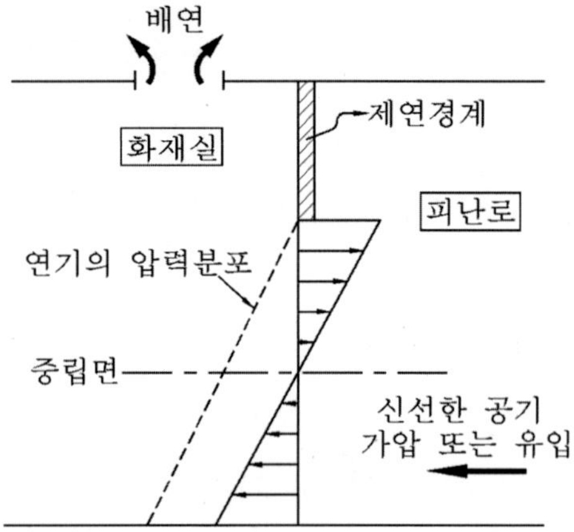

〈 제연의 원리 〉

출처 : 화재안전기준 해설서

나. 제연설비의 용어

1) 부속실 제연

(1) 제연구역

제연하고자 하는 계단실 및 부속실

(2) 차압

제연구역의 방화문이 폐쇄되었을 때 연기유입을 방지하기 위해 제연구역과 옥내와의 압력차

(3) 최소차압

- 목적 : 특피, 비상용 승강기 연기유입 방지
- 40 Pa(SP 설치 경우 : 12.5 Pa) 이상

(4) 최대차압

- 목적 : 피난안전성 확보를 위한 필요한 힘
- 110 N 이하
- 110 N의 경우 110/9.8 ≒ 11.2 kgf로 노약자 및 어린이의 피난 시 최대 힘
- 압력에서 힘으로 바뀐 원인은 같은 60 Pa이라도 방화문의 크기가 표준형(2 m × 0.9 m) 보다 크게 되면 피난 시 필요한 힘도 비례해서 늘어나기 때문

- 예(표준형 방화문의 경우)

  Pa = N/m²　　　60 Pa = N/(2 m × 0.9 m), N≒110

(5) 비화재층 출입문이 개방시 필요 차압

차압의 70% 이상 → 즉, 28 Pa 이상

(6) 계단실과 부속실을 동시에 제연하는 경우 부속실의 압력

부속실 압력 = 계단실 압력, 계단실보다 5 Pa 이하로 작게 유지

(7) 방연풍속

- 제연구역의 방화문이 개방되었을 때 연기유입 방지를 위해 필요한 풍속
- 유체가 이동 시 힘이 발생하는데 이 힘을 이용하여 연기유입 방지

(8) 급기량

- = 차압에 필요한 풍량 + 방연풍속에 필요한 풍량 = 누설량 + 보충량
- 누설량 : 차압을 확보하기 위해 필요한 풍량
- 보충량 : 방연풍속을 확보하기 위해 필요한 풍량

(9) 유입공기 배출

- 목적 : 차압과 방연풍속을 확보하기 위해 급기량이 옥내로 유입될 경우 이 급기량을 배출
- 배출방식

수직풍도에 따른 배출	• 자연배출식 • 기계배출식
배출구에 따른 배출	
제연설비에 따른 배출	

(10) 과압방지조치

목　적	• 제연구역의 과압을 방지하여 피난안전성 확보
과압방지 방법	• 자동차압·과압조절형 급기댐퍼 설치 • 과압배출장치(플랩댐퍼) 설치
보충량이 (−)인 경우 설치 제외	

- 자동차압·과압조절형 급기댐퍼 : 제연구역과 옥내 사이의 차압을 압력센서 등으로 감지하여 제연구역에 공급되는 풍량의 조절로 제연구역의 차압유지 및 과압방지를 자동으로 제어할 수 있는 댐퍼
- 과압배출장치(플랩댐퍼) : 부속실의 설정압력범위를 초과하는 경우 압력을 배출하여 설정압 범위를 유지하게 하는 과압방지장치

2) 거실제연

(1) 제연구역

제연경계에 의해 구획된 건물 내의 공간

(2) 예상제연구역

화재발생 시 연기의 제어가 요구되는 제연구역

(3) 제연경계의 폭

개 념	제연경계의 천장 또는 반자로부터 그 수직하단까지의 거리
제연경계의 폭	0.6 m 이상
목 적	연기의 효율적인 배출

(4) 수직거리

개 념	제연구역의 바닥에서 제연경계의 하단까지의 거리
수직거리	2 m 이하, 구조상 불가피한 경우는 2 m 이상 가능
목 적	청결층 확보하여 피난안전성 확보 및 소화활동 지원

(5) 공동예상제연구역

<table>
<tr><td colspan="2">개 념</td><td>2개 이상의 예상제연구역</td></tr>
<tr><td colspan="2">공동예상제연구역</td><td>거실 : 바닥면적 1,000 m² 이하이며, 직경 40 m 이하
통로 : 보행중심선의 길이를 40 m 이하</td></tr>
<tr><td rowspan="2">배출량</td><td>제연경계로 구획</td><td>각 예상제연구획의 배출량 중 최대의 것</td></tr>
<tr><td>벽으로 구획</td><td>각 예상제연구역의 배출량을 합산</td></tr>
</table>

3) 터널 제연

종류환기방식	터널 안의 배기가스와 연기 등을 배출하는 환기설비로서 기류를 종방향(출입구 방향)으로 흐르게 하여 환기하는 방식
횡류환기방식	터널 안의 배기가스와 연기 등을 배출하는 환기설비로서 기류를 횡방향(바닥에서 천장)으로 흐르게 하여 환기하는 방식
반횡류환기방식	터널 안의 배기가스와 연기 등을 배출하는 환기설비로서 터널에 수직 배기구를 설치해서 횡방향과 종방향으로 기류를 흐르게 하여 환기하는 방식

❸ 연결송수관설비

가. 개요

- 연결송수관설비는 고층건물 등에 설치해서 소방차가 현장에 도착하여 소방관에 의해서 조작되고 화재가 발생한 층이나 그 부분에 주수하여 소화하는 설비이다.
- 배관방식은 건식과 습식으로 구분

나. 설비의 종류

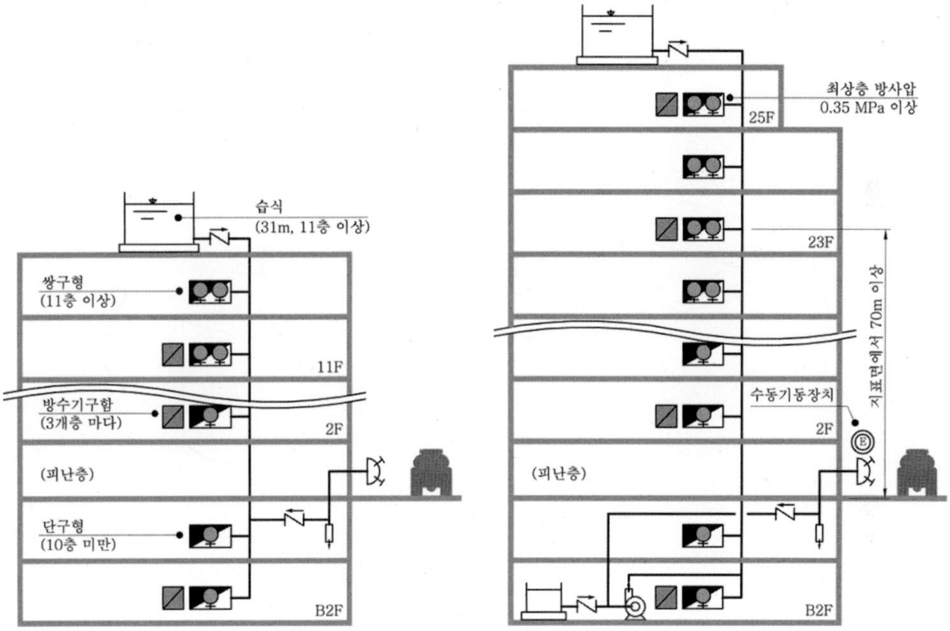

출처 : 소방시설의 설계 및 시공/강경원,백승주(동화기술)

1) 건식

- 지면으로부터 높이 31 m 미만인 소방대상물 또는 11층 미만인 소방대상물에 사용
- 옥내소화전 배관과는 전혀 별개의 배관으로 하며, 통상 배관 계통에는 물이 들어 있지 않다.

2) 습식

- 지면으로부터 31 m 이상 또는 지상 11층 이상인 소방대상물에 설치
- 습식은 배관이 옥내소화전 배관과 겸용하는 것이 일반적이다.

다. 설치대상

- 층수가 5층 이상으로서 연면적 6,000 m² 이상
- 지하층을 포함하는 층수가 7층 이상
- 지하층의 층수가 3개층 이상이고 지하층의 바닥면적의 합계가 1,000 m² 이상
- 지하가 중 터널로서 길이가 1,000 m 이상

4 연결살수설비

가. 개념도

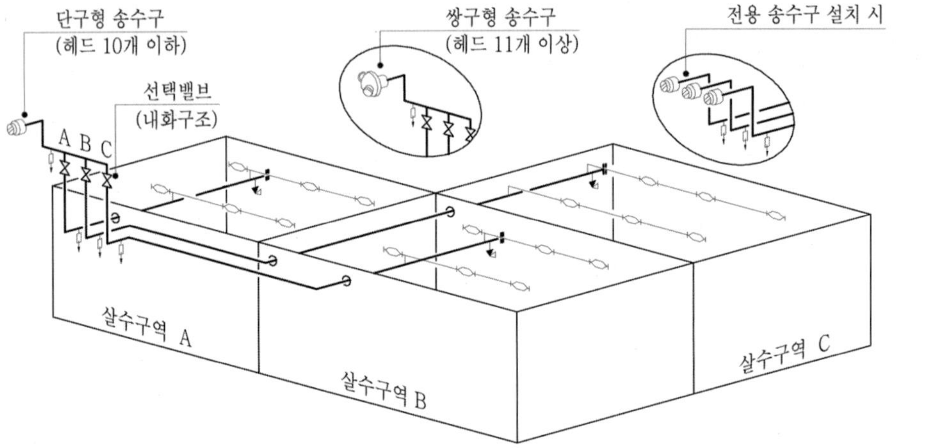

출처 : 소방시설의 설계 및 시공/강경원,백승주(동화기술)

나. 설치대상

특정 소방대상물	설치대상	적용
① 판매, 운수, 창고시설 중 물류터미널 용도로 사용하는 부분 바닥면적 합계	1,000 m² 이상	
② 지하층 바닥면적 합계 제외 : 피난층으로 주된 출입구가 도로와 접한 경우	150 m² 이상	
③ ①, ②의 부속된 연결통로		
④ 국민주택규모 이하인 아파트 지하층(대피시설용), 학교 지하층	700 m² 이상	
⑤ 가스시설 저장용량(지상에 노출된 탱크)	30톤 이상	탱크시설

※ 제외 : 지하구

다. 설치면제

- 송수구 부설한 스프링클러, 간이스프링클러, 물분무, 미분무소화설비를 설치한 경우 : 유효범위 부분
- 가스관계법령에 따라 설치되는 물분무장치 등에 연결송수구를 설치한 경우 또는 6시간 이상 수원이 확보된 경우

5 비상콘센트설비

가. 개념도

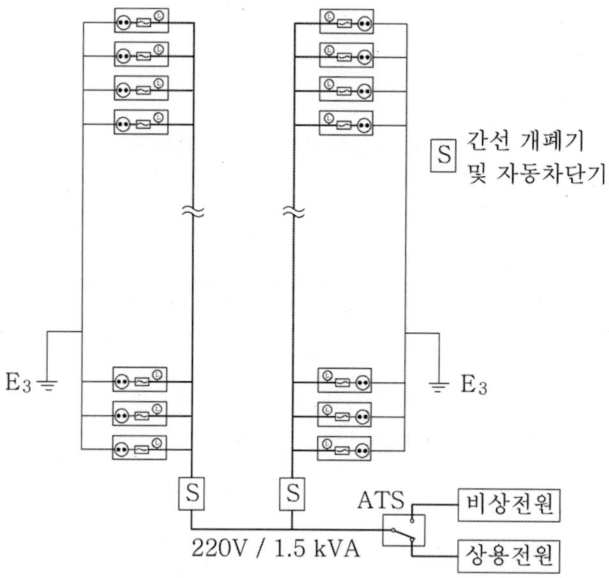

출처 : 소방시설의 설계 및 시공/강경원,백승주(동화기술)

나. 설치대상

특정 소방대상물	설치대상	적용
11층 이상	11층 이상 층	
지하 3층 이상으로 지하층 바닥면적	1,000 m^2 이상	지하층 전층
터널	500 m 이상	

※ 제외 : 위험물 저장 및 처리시설 중 가스시설, 지하구

6 무선통신보조설비

가. 개념도

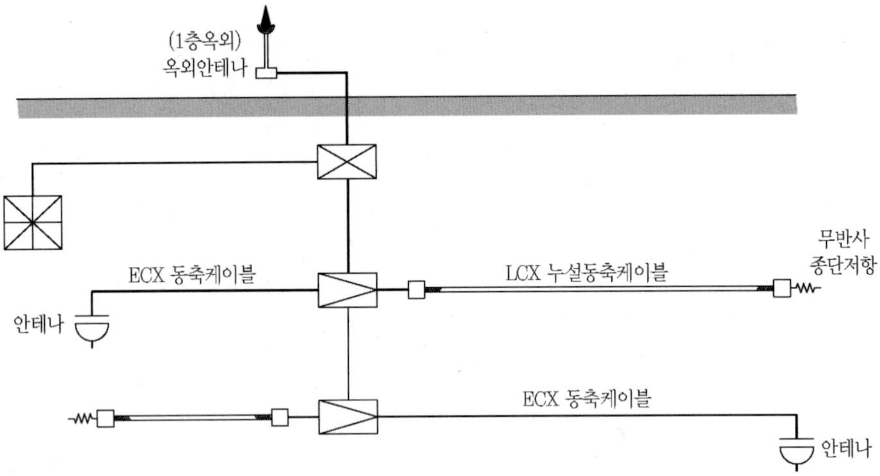

〈 무선통신보조설비 계통도 〉

출처 : 소방시설의 설계 및 시공/강경원,백승주(동화기술)

나. 설치대상

특정 소방대상물	설치대상	적용
지하가(터널제외) 연면적	1,000 m^2 이상	
지하층 바닥면적 합계 3,000 m^2 이상, 지하 3층 이상으로써 지하층 바닥면적 합계 1,000 m^2 이상		지하층
터널	500 m 이상	
지하구로서 공동구		
층수가 30층 이상	16층 이상	층

다. 제외

- 위험물 저장시설 및 처리시설 중 가스시설
- 지하층으로서 특정소방대상물의 바닥부분 2면 이상이 지표면과 동일하거나 지표면으로부터의 깊이가 1 m 이하인 경우에는 해당 층

라. 면제

이동통신 구내선로설비, 무선이동중계기 등을 무통기준에 적합하게 설치

마. 종류별 특징

누설 동축 케이블	공중선방식	누설 동축 케이블 +공중선방식
• 터널, 지하철역 등 폭이 좁고 긴 지하가 • 균일한 전파, 넓은 방사 • 케이블이 노출되므로 유지 보수 용이	• 장애물이 적은 대강당 • 말단 통화의 강도가 떨어져 통화의 어려움 • 경제적 • 케이블 은폐 : 미관 및 화재 영향이 없다.	• 누설 동축 케이블 및 공중선 방식 장점 이용

7 연소방지설비

가. 개념도

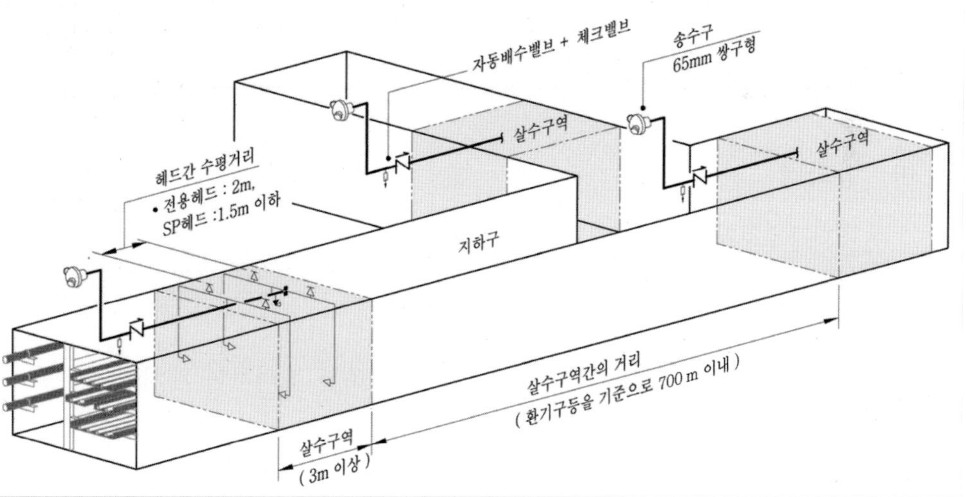

출처 : 소방시설의 설계 및 시공/강경원,백승주(동화기술)

나. 설치대상

전력, 통신사업용 지하구

다. 배관구경

<table>
<tr><td rowspan="2">전용헤드를 사용하는 경우</td><td>헤드 수</td><td>1개</td><td>2개</td><td>3개</td><td>4~5개</td><td>6개 이상</td></tr>
<tr><td>구경(mm)</td><td>32</td><td>40</td><td>50</td><td>65</td><td>80</td></tr>
<tr><td>스프링클러헤드를 사용하는 경우</td><td colspan="6">스프링클러설비 별표 1의 기준</td></tr>
<tr><td>수평주행배관</td><td colspan="6">100 mm 이상
기울기 : 상향 1/1,000 이상</td></tr>
</table>

라. 방수헤드

천장 또는 벽면	
수평거리	전용헤드 : 2 m 이하 스프링클러 : 1.5 m 이하
살수구역	환기구 등을 기준 : 지하구의 길이방향으로 700 m 이내마다 1개 이상 하나의 살수구역의 길이 : 3 m 이상

마. 방화벽

- 내화구조로서 자립구조
- 출입문 : 방화문
- 방화벽 관통부 : 내화성이 있는 화재차단재로 마감
- 방화벽의 위치 : 분기구 및 환기구 등의 구조를 고려하여 배치

바. 지하구에 설치하는 통합감시시설

- 정보통신망을 구축 : 소방관서 ↔ 지하구의 통제실
- 정보통신망 제어 : 광케이블, 유사한 성능으로 원격제어
- 수신기 : 지하구의 통제실
- 119상황실이 있는 관할소방관서 : 화재신호, 경보, 발화지점 등 표시

SECTION 2 피난·방화시설의 이해 및 기준

1 피난설계의 기본원칙

Fail－safe	• 하나의 수단이 고장 등으로 실패하여도 다음의 수단에 의해 구제할 수 있도록 고려할 것 • 피난설비는 고정설비에 의하고 기계·장비는 보조수단으로 사용할 것
Fool－proof	• 문자보다 색이나 기호로 직관성을 높이는 등 판단착오를 최소화 할 것 • 피난경로는 단순명료할 것 • 인간의 보행에 따르는 것을 제1원칙으로 할 것
단계별 방호	• 피난경로를 따라 일정한 구역을 정하여 '피난 Zone'을 설정한다.

2 피난경로 설계의 개념

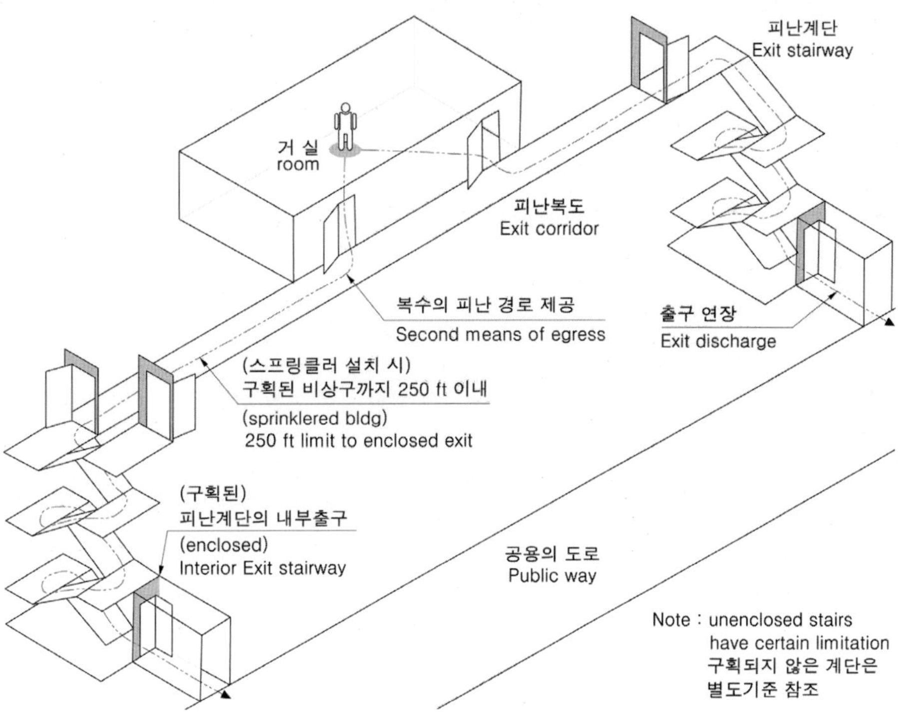

출처 : IBC－Means of egress

3 특별피난계단

1) 대상

- 건축물(갓복도식 공동주택 제외)의 11층(공동주택의 경우에는 16층)이상의 층(바닥면적이 400 m^2 미만인 층 제외)
- 지하 3층 이하의 층(바닥면적이 400 m^2 미만인 층 제외)으로부터 피난층 또는 지상으로 통하는 직통계단

2) 구조 및 기준

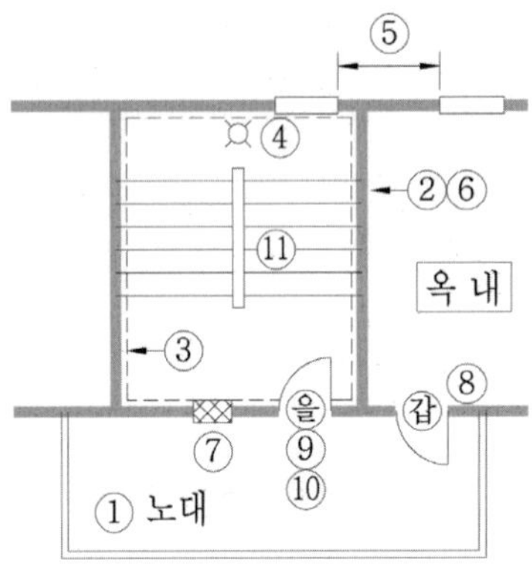

〈 노대를 설치한 특별피난계단 〉

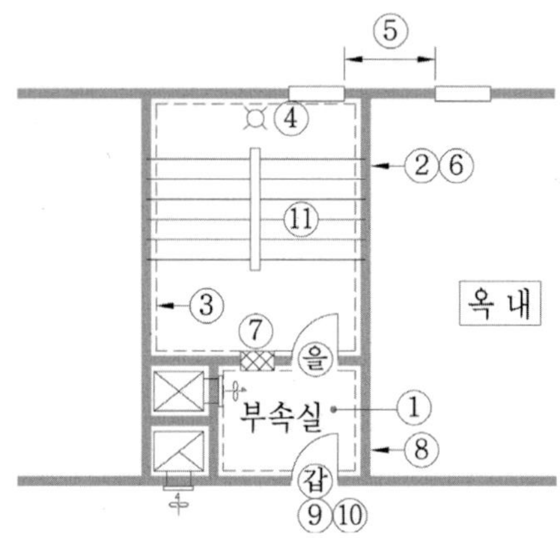

〈 부속실을 설치한 특별피난계단 〉

구분	기준	
① 옥내와 계단실과의 연결	노대 외부를 향한 창이 있는 부속실 배연설비가 있는 부속실	을 통하여 연결
② 계단실, 노대 또는 부속실의 경계	창문 등을 제외하고 내화구조의 벽으로 구획	
③ 내장재	불연재료	
④ 조명	예비전원에 의한 조명설비	
⑤ 계단실, 노대 또는 부속실의 옥외 개구부	다른 외벽개구부와 2m 이상 이격	
⑥ 계단실의 옥내 개구부	설치하지 않을 것	
⑦ 계단실의 노대 또는 부속실	1 m^2 미만 망입유리의 붙박이창	

개구부	
⑧ 노대 및 부속실의 옥내개구부	설치하지 않을 것
⑨ 노대 및 부속실의 옥내 출입구, 계단실 출입구	옥내출입구는 갑종방화문 설치 계단실출입구는 갑종 또는 을종방화문 설치
⑩ 출입구 유효폭	0.9 m 이상
⑪ 계단구조	내화구조로 피난층 또는 지상까지 직접 연결 돌음계단불가

4 피난기구

가. 피난사다리

- 화재 시 긴급대피를 위해 사용하는 사다리
- 개념도

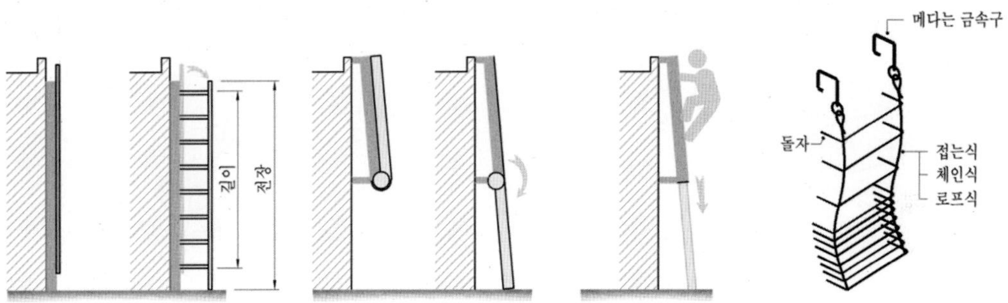

〈 하부수납식 〉 〈 하부접는식 〉 〈 하부신축식 〉 〈 내림식 사다리 〉

출처 : 소방시설의 설계 및 시공/강경원,백승주(동화기술)

나. 완강기

- 사용자의 몸무게에 따라 자동적으로 내려올 수 있는 기구 중 사용자가 교대하여 연속적으로 사용할 수 있는 것

• 개념도

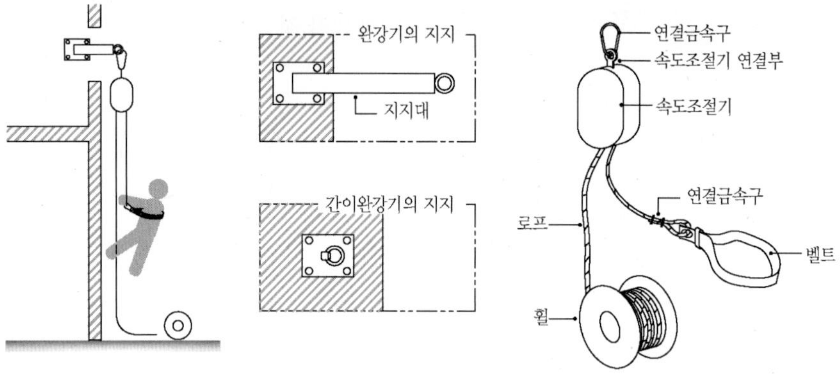

출처 : 소방시설의 설계 및 시공/강경원,백승주(동화기술)

다. 구조대

• 포지 등을 사용하여 자루형태로 만든 것으로서 화재 시 사용자가 그 내부에 들어가서 내려옴으로써 대피할 수 있는 것

• 개념도

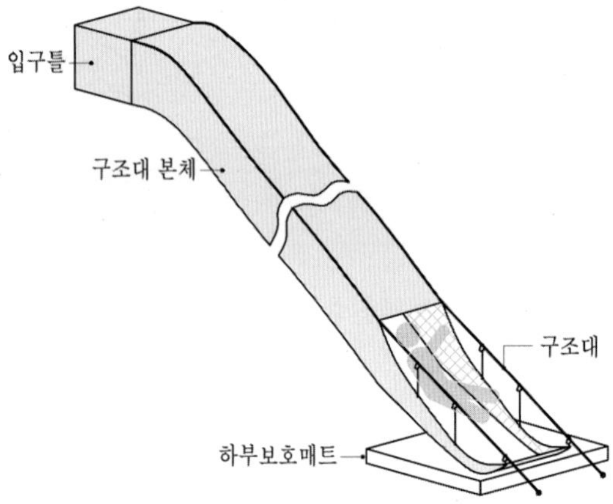

〈 경사강하식 〉

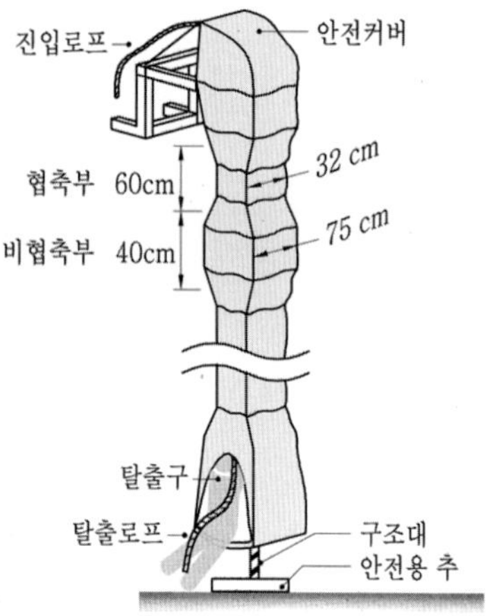

〈 수직강하식 〉

출처 : 소방시설의 설계 및 시공/강경원,백승주(동화기술)

라. 공기안전매트

• 화재 시 사람이 건축물 내에서 외부로 긴급히 뛰어 내릴 때 충격을 흡수하여 안전하게 지상에 도달할 수 있도록 포지에 공기 등을 주입하는 구조로 되어 있는 것

• 개념도

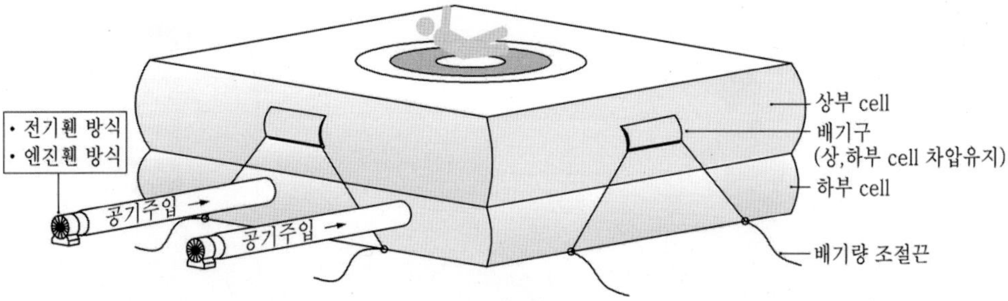

출처 : 소방시설의 설계 및 시공/강경원,백승주(동화기술)

마. 다수인피난장비

• 화재 시 2인 이상의 피난자가 동시에 해당층에서 지상 또는 피난층으로 하강하는 피난기구를 말한다.

• 사용방법

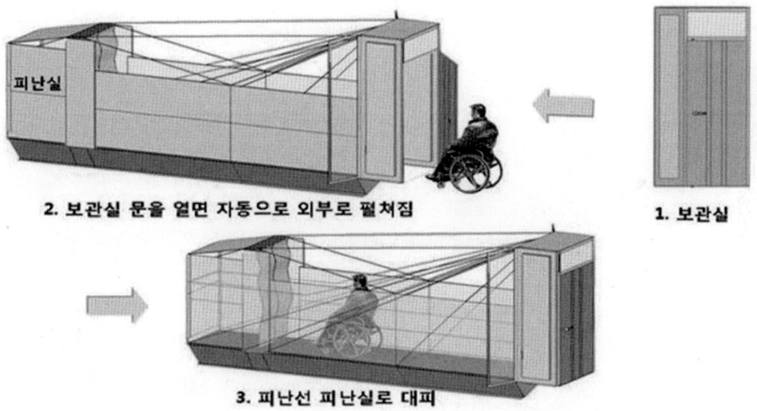

출처 : 이용자 특성에 따른 피난설비 기준 개선방안, 장애인피난용 다수인피난설비

바. 승강식피난기

• 사용자의 몸무게에 의하여 자동으로 하강하고 내려서면 스스로 상승하여 연속적으로 사용할 수 있는 무동력 승강식피난기를 말한다.

• 사용방법

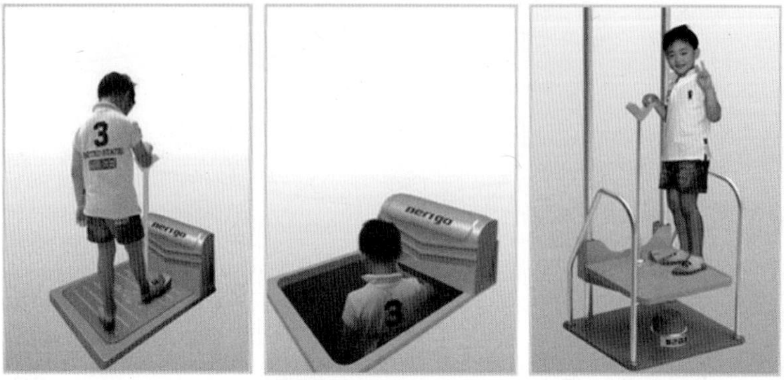

1 승강판에 올라 서서 안전 손잡이를 잡는다.

2 승강판의 기동레버를 밟아 하강한다.

3 아래층에 도달하면 바닥으로 내려선다.

출처 : 제조사 홈페이지 / www.nerigo.com

사. 하향식피난구용 내림식사다리

• 하향식 피난구 해치에 격납하여 보관하고 사용 시에는 사다리 등이 소방대상물과 접촉되지 아니하는 내림식 사다리를 말한다.

• 사용방법

안전핀을 뽑고 뚜껑 개방 | 아래층으로 탈출 | 아래층 도착

출처 : 이용자 특성에 따른 피난설비 기준 개선방안, 하향식 피난구용 내림식사다리 설치사례

아. 미끄럼대

• 미끄럼대는 안전한 강하속도를 유지하도록 하고, 전락방지를 위한 안전조치를 하여야 한다.

• 개념도

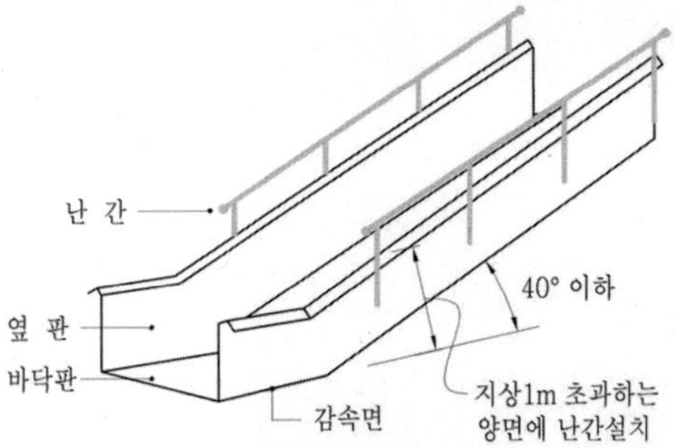

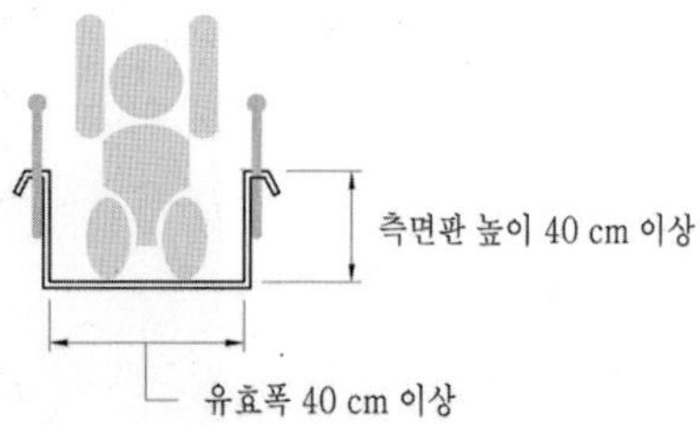

출처 : 소방시설의 설계 및 시공/강경원,백승주(동화기술)

자. 피난교

• 피난교는 휠체어 및 침상환자의 이동이 용이한 수평형 피난기구이다.

• 개념도

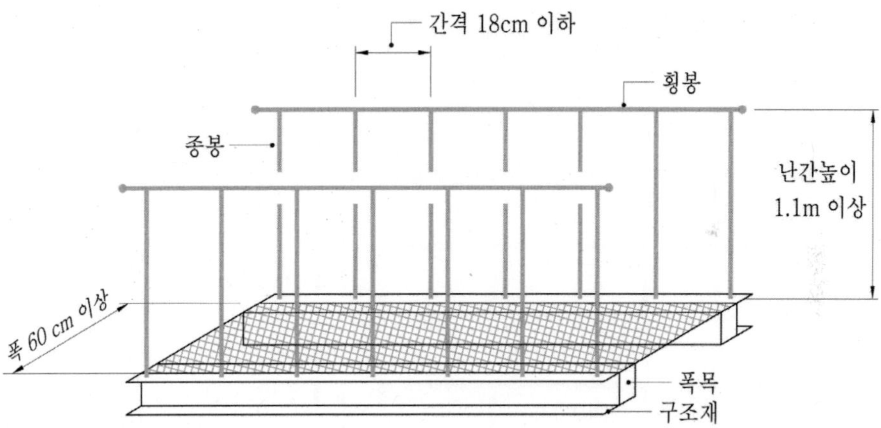

출처 : 소방시설의 설계 및 시공/강경원,백승주(동화기술)

차. 피난트랩

• 피난트랩은 실내의 피난구 외벽에 공간을 두어 외벽으로 탈출한 후 계단 또는 사다리를 이용하여 피난층으로 탈출할 수 있도록 한 것이다.

출처 : http://www.stpaulcorrugating.com/images/image001.jpg

5 방화구획

가. 개념

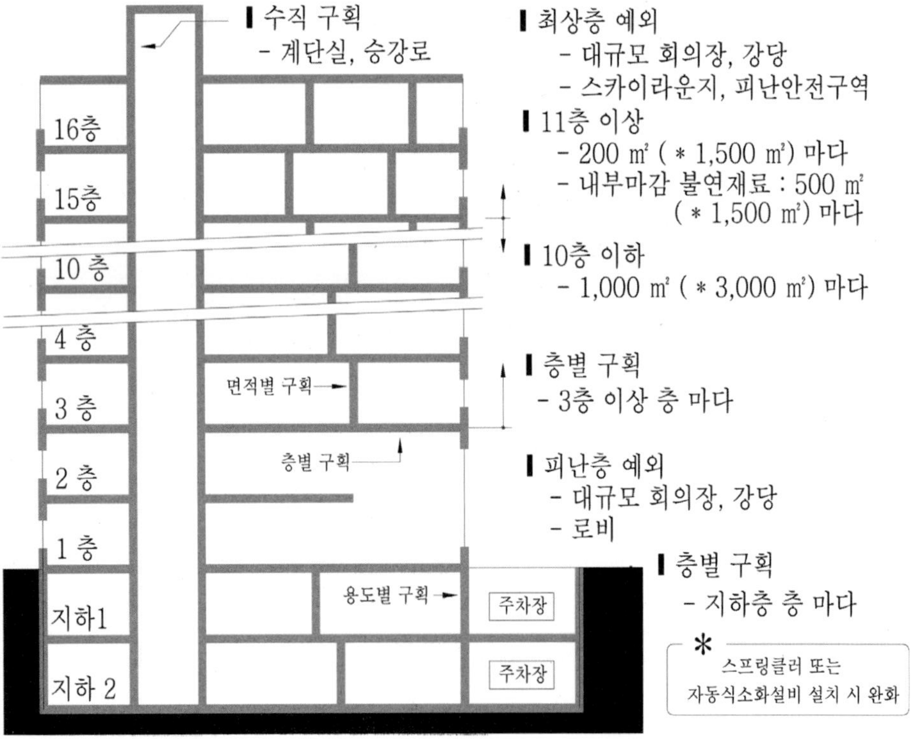

나. 기준

<table>
<tr><th>종 류</th><th colspan="3">구획단위</th><th>구획의 구조</th></tr>
<tr><td rowspan="3">면적별</td><td>10층 이하의 층</td><td colspan="2">바닥면적 1000 m^2 *</td><td rowspan="5">내화구조의 바닥·벽
갑종방화문
자동방화셔터</td></tr>
<tr><td rowspan="2">11층 이상의 층</td><td>일반내장재</td><td>바닥면적 200 m^2 *</td></tr>
<tr><td>불연내장재</td><td>바닥면적 500 m^2 *</td></tr>
<tr><td>층별</td><td colspan="3">매 층 마다
지하1층에서 지상으로 직접 연결하는 경사로 부위 제외</td></tr>
<tr><td>용도별</td><td colspan="3">[주요구조부 내화구조 대상]에 해당하는 경우에 그 부분과 다른 부분을 구획</td></tr>
</table>

• 스프링설비 기타 이와 유사한 자동식소화설비 설치 시 바닥면적 3배 완화

(1) 구획부분의 구조

내화구조의 바닥, 벽, 갑종방화문, 자동방화셔터로 구획할 것

(2) 관통부 충전

외벽과 바닥 사이에 틈이 생긴 때나 급수관, 배전관 기타의 관이 방화구획을 관통하는 경우에는 그 관과 방화구획과의 틈을 다음의 어느 하나로 메울 것

• 산업표준화법에 따른 한국산업규격에서 내화충전성능을 인정한구조
• 한국건설기술연구원장이 내화충전성능을 인청한 구조 → '내화구조의 인정 및 관리기준'에서 정하는 내화충전구조

SECTION 3 소화활동 및 피난·방화시설의 점검

1 특별피난계단의 부속실 제연설비 성능시험조사표

가. 설치상태 개요

■ 건 축 물 개 요

<table>
<tr><td rowspan="2">건물구조</td><td>식 조 가 / 층 동 연면적 m²</td></tr>
<tr><td>특별피난계단 개소 비상용승강기 대 부속실겸용 개소</td></tr>
</table>

■ 설 비 개 요(해당 개소명:)

<table>
<tr><th colspan="3">구 분</th><th colspan="2">점 검 항 목</th></tr>
<tr><td colspan="3">제연구역(제연방식)</td><td colspan="2">[ ] 부속실단독제연 [ ] 계단실 및 부속실 동시 제연
[ ] 계단실단독제연 [ ] 비상용승강기승강장단독제연
[ ] 기타</td></tr>
<tr><td rowspan="3">송풍기</td><td colspan="2">설치위치</td><td colspan="2">[ ] 급기용 :
[ ] 배출용 :</td></tr>
<tr><td colspan="2">전동기</td><td colspan="2">[ ] 급기용 kW
[ ] 배출용 kW</td></tr>
<tr><td colspan="2">풍량, 정압</td><td colspan="2">[ ] 급기용 m³/min, mmAq
[ ] 배출용 m³/min, mmAq</td></tr>
<tr><td rowspan="3">급기풍도</td><td colspan="2" rowspan="2">수직풍도</td><td>구 조</td><td>[ ] 내화구조 [ ] 기타( )</td></tr>
<tr><td>내부마감재료</td><td>[ ] 아연도금강판 [ ] 기타</td></tr>
<tr><td colspan="2">기타풍도</td><td colspan="2"></td></tr>
<tr><td rowspan="2">자/수동
기동장치</td><td colspan="2">기동방식</td><td colspan="2">[ ] 전층 [ ] 부분층(개층)</td></tr>
<tr><td colspan="2">급기댐퍼개방</td><td colspan="2">[ ] 전용감지기 [ ] 옥내(자탐)감지기 연동
[ ] 자동소화설비(스프링클러설비등) 연동</td></tr>
<tr><td>출입문</td><td colspan="2">제연구역 출입문</td><td colspan="2">[ ] 평상시 자동폐쇄장치에 의한 닫힘 유지
[ ] 일시 고정장치 설치(연기감지기에 의한 해정)</td></tr>
<tr><td rowspan="4">유입공기
배 출</td><td rowspan="3">수직풍도</td><td>방 식</td><td colspan="2">[ ] 자연배출(굴뚝효과) [ ] 기계배출(배출용 송풍기)</td></tr>
<tr><td>구 조</td><td colspan="2">[ ] 내화구조 [ ] 기타( )</td></tr>
<tr><td>내부마감</td><td colspan="2">[ ] 아연도금강판 [ ] 기타</td></tr>
<tr><td colspan="2">기 타</td><td colspan="2">[ ] 배출구(창문, 환기구, 배출기)
[ ] 공조겸용제연설비 [ ] 해당없음</td></tr>
</table>

과 압 방 지 장 치	[ ] 플랩댐퍼 [ ] 해당없음
비 상 전 원	[ ] 자가발전설비 ([ ]소방전용발전기 [ ]소방부하겸용 발전기 [ ]소방전원 보존형 발전기 [ ]기타 발전기) [ ] 축전지설비 [ ] 전기저장장치
비 고	※ 설비개요 작성시 최대 구역 1개소 기입

출처 : 소방시설 자체점검 사항 등에 관한 고시

나. 성능 및 점검항목

번호	점 검 항 목	결과
1	차압(제연구역과 옥내사이, 비개방층) 및 평균 방연풍속 유입공기배출량 ○ 제연구역과 옥내 사이의 최소차압 40 Pa (스프링클러설비가 설치된 경우 12.5 Pa)이상의 적정여부 ○ 화재발생층 출입문 개방시 다른층 차압의 적정여부 ○ 평균방연풍속의 적정여부 ○ 유입공기배출량의 적정여부	
2	과압방지조치 및 유입공기의 배출 ○ 자동차압과압조절형 급기댐퍼의 설치 또는 플랩댐퍼의 설치 상태 및 기능의 적정여부 ○ 수직풍도에 의한 배출방식의 경우 수직풍도의 구조 및 배출기능의 적정여부 ○ 배연설비에 의한 배출방식의 경우 배출기능 적정여부	
3	급기풍도 및 급기구 ○ 급기풍도의 구조 및 설치상태 적정여부 ○ 급기댐퍼의 작동상태의 적정여부	
4	송풍기 ○ 급기송풍기의 풍량 및 풍압의 적합여부 ○ 급기송풍기의 설치상태 및 기능의 적합여부 ○ 배출용송풍기의 풍량 및 풍압의 적합여부 ○ 배출용송풍기의 설치상태 및 기능의 적합여부 ○ 송풍기의 전류 및 전압의 적합여부	
5	제연구역의 출입문 ○ 평상시 자동폐쇄장치에 의한 닫힘 상태 유지 또는 연기감지기에 의한 폐쇄기능의 적합여부 ○ 제연설비가 가동될 경우 출입문이 110 N 이하의 힘으로 개방되는지 여부 ○ 출입문 틈새가 평균적 균일한지 여부	

	○ 개방시 유입공기의 압력에도 불구하고 출입문을 용이하게 닫을 수 있는 폐쇄력이 있는지 여부	
6	수동기동장치 ○ 수동기동장치의 설치위치 적정여부 ○ 수동기동장치 조작시 제연구역에 설치된 급기댐퍼의 개방상태 및 당해층의 배출댐퍼 또는 개폐기의 개방상태 ○ 수동기동장치 조작시 급기송풍기, 배출용 송풍기(설치한 경우), 출입문의 해정장치 작동상태	
7	제어반 ○ 비상용축전지의 확보 및 기능의 적합여부 ○ 제어반의 감시기능 및 원격조작기능의 적합여부	
8	비상전원 ○ 설치장소 및 기능의 적합여부	
비고		

출처 : 소방시설 자체점검 사항 등에 관한 고시

다. [붙임 1]특별피난계단의 계단실 및 부속실 제연설비의 성능시험 조사표

<갑지>

가. 제연구역과 옥내사이차압, 방화문개방력, 비개방층차압, 평균방연풍속, 유입공기배출량

제연구역	차압/개방력		비개방층 차압 Pa –방화문 1개층 개방	비개방층 차압 Pa –방화문 2개층 개방	평균방연풍속 m/s	유입공기 배출구배출량 m^3/h (기계배출식 등)	비 고
	차압 Pa	개방력 N					
	~	~	~	~	/		
	~	~	~	~	/		
	~	~	~	~	/		
	~	~	~	~	/		

- 측정값은 최저값과 최고값, 평균값 등을 기록한다.
- 계측기 및 측정오차의 최대허용범위는 측정값의 ±10%로 한다.

나. 송풍기 검사

송풍기번호 또는 제연구역	송풍기 규격	송풍기 검사			비 고 (송풍기 설치층)
		풍량 m^3/h	전류 A	전압 V	
	m^3/h × Pa× kw				
	m^3/h × Pa× kw				
	m^3/h × Pa× kw				
	m^3/h × Pa× kw				

다. 계측기

계측기명	형식(MODEL) 및 기기 번호	교정일과 성적서 유효기간	기기편차 또는 평균측정편차 % 등	비 고
			~	
			~	
			~	
			~	

※ 첨부 : 국가 공인기관의 계측기 교정성적서 사본

- 계측기명 : 측정 계측기명 기록
- 형식(MODEL) 및 기기 번호 : 교정성적서에 있는 형식(MODEL) 및 기기번호 기록
- 교정일과 성적서 유효기간 : 교정성적서에 있는 교정날짜와 유효기간을 기록한다.
- 교정성적서 2면 기기편차 또는 평균측정편차의 최소 및 최댓값, 평균값 등은 필요시 백분율로 환산하여 기록할 수 있다.
- 국내 교정기관에서 교정검사가 불가능 한 경우 공인검사기관의 확인서를 첨부하고 제조사의 교정성적서를 첨부할 수 있다.
- 사용 계측기의 최대허용오차는 교정성적서의 측정범위 내 표준 입력값의 ±5%범위 이내여야 한다.

성능시험실시자	업체명: 인증번호: 책임기술자:
* 제연설비의 성능시험을 별도의 업체에서 실시한 경우 성능시험 조사결과를 첨부한다.	

<을지>

제연구역	시험일시	외부 대기온도	실내평균온도
	20 . .	℃	℃

가. 제연구역과옥내사이차압, 방화문개방력, 비개방층차압, 방연풍속, 유입공기배출구배출량

□ 최종검사

<table>
<tr><th rowspan="2">층</th><th colspan="2">차압/개방력</th><th rowspan="2">비개방층차압
Pa－방화문
1개층 개방</th><th rowspan="2">비개방층차압
Pa－방화문
2개층 개방</th><th rowspan="2">비 고
(송풍기설치
위치표시)</th><th colspan="5" rowspan="2">방연풍속 m/s
배출(+),유입(−)</th></tr>
<tr><th>차압
Pa</th><th>개방력
N</th></tr>
<tr><td></td><td></td><td></td><td></td><td></td><td></td><td colspan="5">측정층 : 평균 : m/s</td></tr>
<tr><td></td><td></td><td></td><td></td><td></td><td></td><td></td><td>1</td><td>2</td><td>3</td><td>4</td></tr>
<tr><td></td><td></td><td></td><td></td><td></td><td></td><td>1</td><td></td><td></td><td></td><td></td></tr>
<tr><td></td><td></td><td></td><td></td><td></td><td></td><td>2</td><td></td><td></td><td></td><td></td></tr>
<tr><td></td><td></td><td></td><td></td><td></td><td></td><td>3</td><td></td><td></td><td></td><td></td></tr>
<tr><td></td><td></td><td></td><td></td><td></td><td></td><td>4</td><td></td><td></td><td></td><td></td></tr>
<tr><td></td><td></td><td></td><td></td><td></td><td></td><td>5</td><td></td><td></td><td></td><td></td></tr>
<tr><td></td><td></td><td></td><td></td><td></td><td></td><td>6</td><td></td><td></td><td></td><td></td></tr>
<tr><td></td><td></td><td></td><td></td><td></td><td></td><td>7</td><td></td><td></td><td></td><td></td></tr>
<tr><td></td><td></td><td></td><td></td><td></td><td></td><td>8</td><td></td><td></td><td></td><td></td></tr>
<tr><td></td><td></td><td></td><td></td><td></td><td></td><td colspan="5">측정층 : 평균 : m/s</td></tr>
<tr><td></td><td></td><td></td><td></td><td></td><td></td><td></td><td>1</td><td>2</td><td>3</td><td>4</td></tr>
<tr><td></td><td></td><td></td><td></td><td></td><td></td><td>1</td><td></td><td></td><td></td><td></td></tr>
<tr><td></td><td></td><td></td><td></td><td></td><td></td><td>2</td><td></td><td></td><td></td><td></td></tr>
<tr><td></td><td></td><td></td><td></td><td></td><td></td><td>3</td><td></td><td></td><td></td><td></td></tr>
<tr><td></td><td></td><td></td><td></td><td></td><td></td><td>4</td><td></td><td></td><td></td><td></td></tr>
<tr><td></td><td></td><td></td><td></td><td></td><td></td><td>5</td><td></td><td></td><td></td><td></td></tr>
<tr><td></td><td></td><td></td><td></td><td></td><td></td><td>6</td><td></td><td></td><td></td><td></td></tr>
<tr><td></td><td></td><td></td><td></td><td></td><td></td><td>7</td><td></td><td></td><td></td><td></td></tr>
<tr><td></td><td></td><td></td><td></td><td></td><td></td><td>8</td><td></td><td></td><td></td><td></td></tr>
<tr><td></td><td></td><td></td><td></td><td></td><td></td><td colspan="5">측정층 : 평균 : m/s</td></tr>
<tr><td></td><td></td><td></td><td></td><td></td><td></td><td></td><td>1</td><td>2</td><td>3</td><td>4</td></tr>
<tr><td></td><td></td><td></td><td></td><td></td><td></td><td>1</td><td></td><td></td><td></td><td></td></tr>
<tr><td></td><td></td><td></td><td></td><td></td><td></td><td>2</td><td></td><td></td><td></td><td></td></tr>
<tr><td></td><td></td><td></td><td></td><td></td><td></td><td>3</td><td></td><td></td><td></td><td></td></tr>
</table>

						4				
						5				
						6				
						7				
						8				
						측정층 : 평균 : m/s				
							1	2	3	4
						1				
						2				
						3				
						4				
						5				
						6				
						7				
						8				
						유입공기배출 풍량				
						층 : m^3/h				
						층 : m^3/h				
						층 : m^3/h				
						층 : m^3/h				

<을지>

나. 송풍기 검사

송풍기 번호 또는 제연구역	실측풍량 (m^3/h)	전류(A)	전압(V)	비고

※ 첨부 : 송풍기 풍량 측정 기록지

※ 도면 또는 측정기록지에는 측정위치를 표기한다.

(비고)

1. 제연구역과 옥내 간의 차압은 전 층 측정을 원칙으로 한다. 단, 계단실 가압을 하는 경우 급기댐퍼가 설치된 층만 측정할 수 있다.
2. 제연구역의 방화문이 모두 닫힌 상태에서 전 층 제연구역의 옥내 방화문 개방력 측정을 원칙으로 한다. 단, NFSC501A 제5조 1호 및 3호에 해당하는 경우 옥내 및 계단 방화문의 개방력을 모두 측정하는 것을 원칙으로 한다.
3. 방연풍속
   - 송풍기에서 가장 먼 층을 기준으로 제연구역 1개층 (20층 초과시 연속되는 2개층) 제연구역과 옥내간의 측정을 원칙으로 하며 필요시 그 이상으로 할 수 있다.
   - 방연풍속은 최소 10점 이상 균등 분할하여 측정하며, 측정시 각 측정점에 대해 제연구역을 기준으로 기류가 유입(–) 또는 배출(+) 상태를 측정지에 기록한다.
   - 유입공기배출장치(있는 경우)는 방연풍속을 측정하는 층만 개방한다.
   - 직통계단식 공동주택은 방화문 개방층의 제연구역과 연결된 세대와 면하는 외기문을 개방할 수 있다.
4. 비개방층 차압
   - 비개방층 차압은 "3호 방연풍속"의 시험 조건에서 방화문이 열린층의 직상 및 직하층을 기준층으로 하여 5개층 마다 1개소 측정을 원칙으로 하며 필요시 그 이상으로 할 수 있다.
   - 20개층 까지는 1개소만 개방하여 측정한다.
   - 21개층 부터는 2개소를 개방하여 측정하고, 동일층의 방화문을 2개소 중 1개소만 개방하여 추가로 측정한다.
5. 유입공기 배출량
   - 기계배출식은 송풍기에서 가장 먼 층의 유입공기배출댐퍼를 개방하여 측정하는 것을 원칙으로 한다.
   - 기타 방식은 설계조건에 따라 적정한 위치의 유입공기배출구를 개방하여 측정하는 것을 원칙으로 한다.
6. 송풍기 풍량 측정
   - "3호 방연풍속"의 시험 조건에서 송풍기 풍량은 피토관 또는 기타 풍량측정 장치를 사용하고, 송풍기 모터의 전류, 전압을 측정한다.
   - 이 때 전류 및 전압 측정값은 동력제어반에 표시되는 수치를 기록할 수 있다.

<table>
<tr><th colspan="11">송풍기 풍량 측정 기록지</th></tr>
<tr><td colspan="7">제연구역 및 송풍기 :</td><td colspan="4">회 측정의 평균풍속 : m/s</td></tr>
<tr><td colspan="7">풍량(m³/h)=속도(m/s)×단면적(m²)×3,600 : m³/h</td><td colspan="4">풍도크기 :</td></tr>
<tr><td>가로
세로</td><td>1</td><td>2</td><td>3</td><td>4</td><td>5</td><td>6</td><td>7</td><td>8</td><td>9</td><td>10</td></tr>
<tr><td>1</td><td></td><td></td><td></td><td></td><td></td><td></td><td></td><td></td><td></td><td></td></tr>
<tr><td>2</td><td></td><td></td><td></td><td></td><td></td><td></td><td></td><td></td><td></td><td></td></tr>
<tr><td>3</td><td></td><td></td><td></td><td></td><td></td><td></td><td></td><td></td><td></td><td></td></tr>
<tr><td>4</td><td></td><td></td><td></td><td></td><td></td><td></td><td></td><td></td><td></td><td></td></tr>
<tr><td>5</td><td></td><td></td><td></td><td></td><td></td><td></td><td></td><td></td><td></td><td></td></tr>
<tr><td>6</td><td></td><td></td><td></td><td></td><td></td><td></td><td></td><td></td><td></td><td></td></tr>
<tr><td>7</td><td></td><td></td><td></td><td></td><td></td><td></td><td></td><td></td><td></td><td></td></tr>
<tr><td>8</td><td></td><td></td><td></td><td></td><td></td><td></td><td></td><td></td><td></td><td></td></tr>
<tr><td>9</td><td></td><td></td><td></td><td></td><td></td><td></td><td></td><td></td><td></td><td></td></tr>
<tr><td>10</td><td></td><td></td><td></td><td></td><td></td><td></td><td></td><td></td><td></td><td></td></tr>
</table>

(비고)

1. 일반사항
   - 풍량 측정점은 덕트 내의 풍속, 시공상태, 현장 여건 등을 고려하여 송풍기의 흡입측 또는 토출측 덕트에서 정상류가 형성되는 위치를 선정한다. 일반적으로 엘보 등 방향전환 지점 기준 하류쪽은 덕트직경(장방형 덕트의 경우 상당지름)의 7.5배 이상 상류쪽은 2.5배이상 지점에서 측정하여야 하며, 직관길이가 미달하는 경우 최적위치를 선정하여 측정하고 측정기록지에 기록한다.
   - 피토관 측정시 풍속은 아래공식으로 계산한다.
     $V = 1.29\sqrt{P_v}$ (V : 풍속 m/s, P_v : 동압 Pa)
   - 풍량 계산은 아래공식으로 계산한다.
     $Q = 3,600\,VA$ (Q : 풍량 m³/h, V : 평균풍속 m/s, A : 덕트의 단면적
2. 송풍기 풍량 측정위치는 측정자가 쉽게 접근할 수 있고 안전하게 측정할 수 있도록 조치하여야 한다.
3. 동일면적 분할법 사례

<table>
<tr><th>원형덕트 또는 송풍기 흡입구 피토관 이송 측정점(동일면적 분할법)</th><th>장방형 덕트 피토관 이송 측정점(동일면적 분할법)</th></tr>
<tr><td>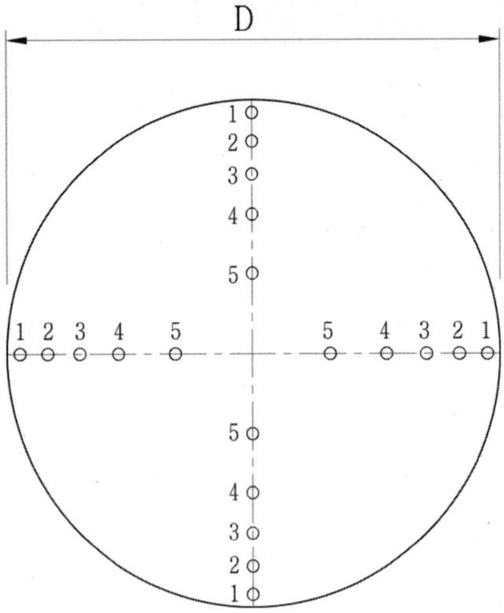
</td><td>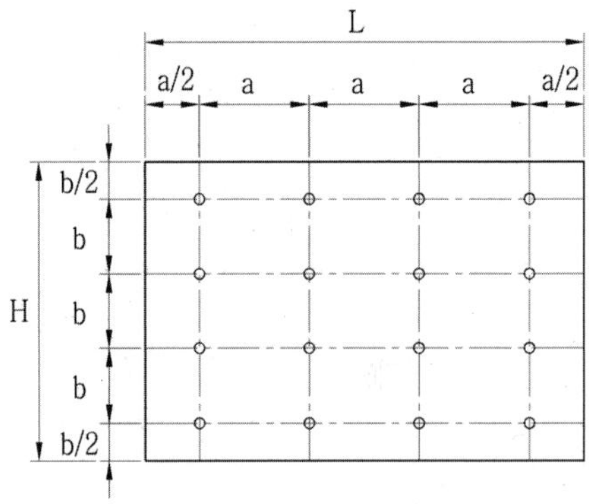
</td></tr>
<tr><td>• 300 mm 이상인 경우 총 20개 지점 측정
• 측정점 위치
<table>
<tr><th>측정점1</th><th>측정점2</th><th>측정점3</th><th>측정점4</th><th>측정점5</th></tr>
<tr><td>0.0257D</td><td>0.0817D</td><td>0.1465D</td><td>0.2262D</td><td>0.3419D</td></tr>
</table>
주) D : 원형 덕트의 직경</td><td>• 최소 16점이며 64점 이상을 넘지 않도록 한다.
• 64점 이하 측정시 a, b의 간격은 150 mm 이하일 것
• L=1,100일 경우
1,100/150=7.33, 측정점은 8개소
a=1,100/8=137.5mm</td></tr>
</table>

출처 : 소방시설 자체점검 사항 등에 관한 고시

CHAPTER 12

연습문제

■ 소방시설의 점검실무 Ⅷ

01 다음 중 부속실제연설비에 대한 설명으로 틀린 것은?

① 부속실제연설비는 연기감지기의 동작에 따라 자동 구동한다.
② 부속실제연설비의 급기풍량은 누설량 및 보충량으로 이루어진다.
③ 부속실제연설비는 화재즉시 작동하는 피난설비에 속한다.
④ 부속실제연설비의 누설량은 차압의 확보에 필요한 풍량이다.

해설 부속실제연설비는 피난과 소방대의 구조활동을 돕는 소화활동설비에 속한다.

02 다음 중 피난설계의 기본원칙에 속하지 않는 것은?

① Fool－proof　② Fail－safe
③ 단계별 방호　④ All or nothing

해설 피난설계의 기본원칙은 Fool－proof, Fail－safe 및 단계별 방호이다.

03 다음 중 특별피난계단 부속실 제연설비의 개요표에서 송풍기 항목에 해당하지 않는 것은?

① 설치위치　② 제품중량
③ 전동기동력　④ 풍량 및 정압

해설 송풍기의 개요는 설치위치, 동력, 풍량 및 정압을 확인하여 입력한다.

정답 01. ③ 02. ④ 03. ②

CHAPTER 12

학습정리

■ 소방시설의 점검실무 Ⅷ

1. 소화활동설비

- 제연설비
- 연결송수관설비
- 연결살수설비
- 비상콘센트설비
- 무선통신보조설비
- 연소방지설비

2. 피난설계의 기본원칙

- Fail－safe
- Fool－proof
- 단계별 방호

3. 방화구획 기준의 종류

- 면적별
- 층별
- 용도별

참고문헌

- 특별피난계단 부속실제연설비의 화재안전기준 해설서
- 화재보험협회 화재안전매뉴얼
- 국가직무능력표준(NCS) 소방분야 학습모듈
- 소방시설의 설계 및 시공(동화기술/강경원,백승주)

CHAPTER

13

자체점검결과 보고서

학습 목표	1. 자체점검 후 그 결과를 정리할 수 있다. 2. 자체점검결과 보고의 절차를 설명할 수 있다. 3. 자체점검결과 보고서를 직접 작성할 수 있다.
학습 목차	1. 자체점검결과의 정리 2. 자체점검결과 보고서 3. 자체점검결과 보고서의 작성실무

복습 점검

01 부속실 제연설비는 화재즉시 작동하는 피난설비에 속한다.

해설 부속실 제연설비는 피난과 소방대의 구조활동을 돕는 소화활동설비에 속한다.

02 Fool-proof, Fail-safe 및 단계별 방호는 피난설계의 기본원칙이다.

해설 피난설계의 기본원칙은 Fool-proof, Fail-safe 및 단계별 방호이다.

03 송풍기의 자체점검 시 설치상태 개요에는 설치위치, 동력, 풍량 및 정압을 기록하여야 한다.

해설 송풍기의 자체점검 시 설치상태 개요에는 설치위치, 동력, 풍량 및 정압을 기록하여야 한다.

정답 01. X 02. O 03. O

CHAPTER 13 자체점검결과 보고서

SECTION 1 자체점검결과의 정리

1 자체점검의 절차

가. 점검절차

계획 수립	• 건축물구조 확인 • 건축물대장 비교 검토	• 시설현황조사
점검 실시	• 점검순서 등 현장협의 • 소방시설 점검	• 점검 전 안전조치 • 점검 후 복원
검토 평가	• 문제점 전달	• 대책 제시
결과 보고	• 보고서 제출	

나. 점검 전 준비

1) 관련자료 검토

- 대상물 소방시설의 설계도면을 검토한다(개·보수 도면 포함).
- 전년도 작동기능점검표 및 종합정밀점검표를 검토한다.
- 전년도 점검결과 지적내역서를 검토한다.
- 소방계획서와 소방시설정비·보완기록부를 검토한다.

2) 관계인 협의

- 점검일정 및 순서를 협의한다(혼잡시간 등 고려).
- 대상물의 업무에 방해되지 않도록 관계인과 충분히 협의하여 일정을 결정한다.
- 점검입회자(안내자)를 정하거나 협조를 구한다.
- 보안업체에 점검실시를 통보할 수 있도록 한다.
- 화재경보 시 출입통제 시스템 등의 정상동작을 확인하여야 한다.
- 점검안내방송 및 안내문 게시 등을 협의한다.
- 안내방송과 안내문의 문구 등을 안내하고, 사전 안내될 수 있도록 협의한다.
- 안내문은 엘리베이터나 비상계단 등 눈에 잘 띄는 곳에 게시한다.

3) 점검장비 준비

- 대상물에 설치된 소방시설을 확인한다.
- 소방시설별 점검장비를 파악하여 품목과 수량을 확인한다.
- 점검장비 중 배터리를 사용하는 것은 정상 여부를 확인하고, 필요 시 반드시 충전하도록 한다.
- 점검장비의 이상 여부를 확인한다.

4) 점검 전 안전조치

- 화재수신기 및 감시제어반의 연동 정지(주경종, 지구경종, 비상방송, 사이렌 등 경보)
- 자동소화설비의 연동 정지(스프링클러설비, 가스계소화설비 등)
- 방화셔터 및 배연창의 작동범위 내 장애물 제거
- 자동화재속보설비의 연동 정지

점검 전 안전조치

① 주경종, 지구경종, 사이렌, 방송 등 정지
② 연동설비 정지(유도등, 방화셔터, 자동소화설비 등)
③ 빠른 진행을 위해 오동작방지기를 비축적으로 전환

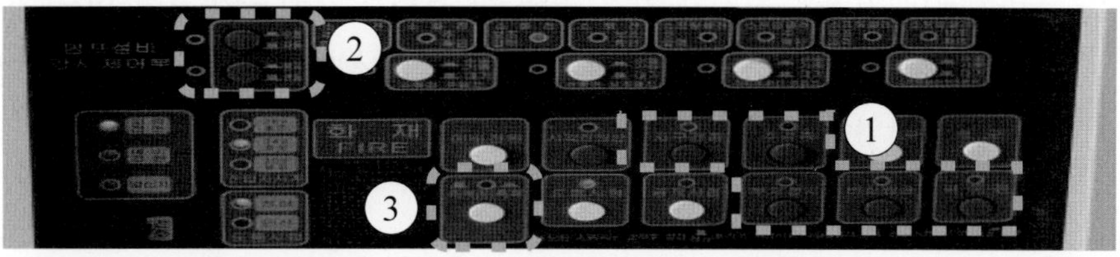

〈 P형 수신기 점검 전 안전조치 〉

다. 점검 실시

- 소방시설점검표를 참고하여 점검을 실시하고, 위험 및 특수시설에 대하여는 점검입회자의 동행을 요청한다.
- 소방시설의 각 계통별 동작 상태 및 적정기능 유지에 착안하여 최종 방수시험까지의 정상 여부를 확인한다.
- 측정 및 시험에 사용되는 기구는 적정한 것을 사용하며, 측정 목적과 내용 등에 맞는 측정 방법, 조건 등을 고려하여 정확하게 측정한다.

라. 점검현장 정리

1) 소방시설 현황표 등 발주처로부터 받은 자료와 점검현장 시설현황과 상이한 부분이 있는지를 확인하여 보완한다.
2) 소방시설에 대한 점검이 완료되면 다음과 같이 소방시설 등을 복구하여 정상적인 작동이 가능하도록 하여야 한다.
   - 전원을 차단시킨 설비는 전원을 복구한다.
   - 점검을 위해 폐쇄 또는 개방한 밸브 등은 정상위치로 복구한다.
   - 분리된 기구 등은 정상상태로 결합한다.
   - 화재수신기와 감시제어반의 연동 정지를 연동 또는 자동으로 전환한다.
3) 소방시설의 점검이 완료되면 점검을 위해 사용하였던 점검기구를 회수하고 어지러워진 주위를 정돈함은 물론, 점검을 위해 사용했던 각종 물건들을 제자리에 갖다 놓는 등 사후관리를 청결히 하여야 한다.

마. 점검결과 자료 정리 등

1) 점검 종료 후 발주처 측과 점검 결과에 대한 강평을 실시한다. 이때 점검 시 나타난 문제점과 대책을 함께 협의하며 정비가 필요한 경우 최선의 정비 방법을 제시한다.
2) 소방시설의 점검을 실시한 결과 정비 및 보수를 요하는 부분이 있는 경우, 간단히 정비할 수 있는 부분에 대해서는 현장에서 완료하고, 복잡하고 시간이 걸리는 정비 또는 보수작업에 대하여는 관계자에게 통보하여 전문소방업체에 정비 또는 보수를 받도록 하여야 한다.

바. 점검결과보고서 작성

점검결과 자료 정리 후 나타난 문제점을 점검결과보고서에 기록한다.

2 소방시설별 점검장비

소방시설	장 비	규 격
공통시설	방수압력측정계, 절연저항계, 전류전압측정계	
소화기구	저울	
옥내소화전설비 옥외소화전설비	소화전밸브압력계	
스프링클러설비 포소화설비	헤드결합렌치	
이산화탄소소화설비 분말소화설비 할로겐화합물소화설비 할로겐화합물 및 불활성기체소화설비	검량계, 기동관누설시험기	
자동화재탐지설비 시각경보기	열감지기시험기, 연감지기시험기, 공기주입시험기, 감지기시험기연결폴대, 음량계	
누전경보기	누전계	누전전류 측정용
무선통신보조설비	무선기	통화시험용
제연설비	풍속압력계, 폐쇄력측정기, 차압계	
통로유도등 비상조명등	조도계	최소 눈금이 0.1럭스 이하인 것

3 자체점검결과의 정리

가. 자체점검의 종류별 결과처리 방법

<table>
<tr><th colspan="2">구 분</th><th>보고시 서식</th><th>점 검</th><th>처리</th></tr>
<tr><td colspan="2">종합 정밀점검</td><td>소방시설 등 종합정밀점검 실시결과 보고서
점검결과 지적내역서
종합정밀점검표</td><td>시행규칙 제18조제2항에 따른 소방시설별 점검장비를 이용하여 점검</td><td>제출</td></tr>
<tr><td rowspan="2">작동 기능 점검</td><td>소방 안전 관리 대상</td><td>소방시설등 작동기능점검 실시 결과보고서(관계인용, 점검업체용)
점검결과 지적내역서
작동기능점검표</td><td>방수압력측정계, 절연저항계, 전류전압측정계, 열감지기시험기, 연감지기시험기 등을 이용하여 점검</td><td>제출</td></tr>
<tr><td>소 규모</td><td>작동기능점검표</td><td></td><td>자체 보관</td></tr>
<tr><td colspan="2">외관점검</td><td>외관점검표</td><td>육안 또는 신체 감각을 이용하여 점검</td><td>자체 보관</td></tr>
</table>

나. 자체점검 점검표

- 종합정밀점검 실시 후 소방시설 등 종합정밀점검 실시결과 보고서, 점검결과 지적내역서에 시설별 종합정밀점검표를 첨부하여 대상처와 소방서에 제출한다.
- 작동기능점검 실시 후 소방시설등 작동기능점검 실시결과 보고서, 점검결과 지적내역서를 소방서에 제출한다(소방안전관리대상물).
- 소규모 대상과 공공기관의 외관점검은 작동기능점검표와 외관점검표를 작성하여 자체보관한다.

SECTION 2 자체점검결과 보고서

1 점검보고서

가. 제출 시 관련 양식

- 제출용 공문서
- 소방시설 등 종합정밀점검 실시결과 보고서(종합정밀점검)
- 소방시설 등 작동기능점검 실시결과 보고서(작동기능점검)
- 종합정밀점검표 또는 작동기능점검표

나. 제출 제외 대상 시 관련 양식

- 소방시설 등 작동기능점검 실시결과 보고서(작동기능점검)
- 소방시설 자체점검기록부(공공기관)
- 소방시설 외관점검표(공공기관)

다. 관련 법령

- 「화재예방, 소방시설·유지 및 안전관리에 관한 법률 」제25조
- 「화재예방, 소방시설·유지 및 안전관리에 관한 법률 시행규칙」제18조, 제19조
- 「소방시설 자체점검사항 등에 관한 고시」

2 소방시설 자체점검사항 등에 관한 고시

제1조(목적)
(1) 이 고시는「화재예방, 소방시설 설치·유지 및 안전관리에 관한 법률 시행규칙」제18조제4항에서 소방청장에게 위임한 소방시설자체점검 구분에 따른 점검사항·소방시설등점검표·점검인원 배치상황 통보 및 세부점검방법 그 밖의 자체점검에 관한 사항등에 관하여 필요한 사항을 규정함을 목적으로 한다.

제2조(점검인력 배치상황 통보 등)
(1) 화재예방, 소방시설 설치·유지 및 안전관리에 관한 법률 시행규칙」(이하 "규칙"이라 한다) 제18조제3항에 따른 점검인력 배치상황 통보는 관리업자가 평가기관이 운영하는 전산망에 직접 접속하여 처리한다.
(2) 제1항의 점검인력 배치상황 통보는 다음의 기준에 따른다.
① 1개의 특정소방대상물을 기준으로 별지 제1호서식에 따라 통보한다.

<table>
<tr><td colspan="9">소방시설 점검인력 배치확인신청서(1대상 배치)</td><td colspan="2">처리기간
즉 시</td></tr>
<tr><td rowspan="4">배 치 장 소
(점검대상)</td><td>상 호
(명 칭)</td><td colspan="4"></td><td colspan="2">점검구분</td><td colspan="3">종합( ) 작동( )</td></tr>
<tr><td>소 재 지</td><td colspan="4"></td><td colspan="2">관계인</td><td colspan="3"></td></tr>
<tr><td>미보유시설</td><td colspan="4">스프링클러설비( ), 제연설비( )
물분무등 소화설비( )</td><td colspan="2">용도</td><td colspan="3"></td></tr>
<tr><td>소방대상물
현 황</td><td colspan="9">연면적: m², 개동,
아파트 총세대수: 세대(85제곱미터 초과 세대, 이하 세대)</td></tr>
<tr><td rowspan="9">배치인력
(점검인력)</td><td>구분</td><td>성 명</td><td colspan="3">자격구분</td><td colspan="3">자격증 번호</td><td colspan="2">비 고</td></tr>
<tr><td>주인력</td><td></td><td colspan="3"></td><td colspan="3"></td><td colspan="2"></td></tr>
<tr><td>보조인력①</td><td></td><td colspan="3"></td><td colspan="3"></td><td colspan="2"></td></tr>
<tr><td>보조인력②</td><td></td><td colspan="3"></td><td colspan="3"></td><td colspan="2"></td></tr>
<tr><td>보조인력③</td><td></td><td colspan="3"></td><td colspan="3"></td><td colspan="2"></td></tr>
<tr><td>보조인력④</td><td></td><td colspan="3"></td><td colspan="3"></td><td colspan="2"></td></tr>
<tr><td>보조인력⑤</td><td></td><td colspan="3"></td><td colspan="3"></td><td colspan="2"></td></tr>
<tr><td>보조인력⑥</td><td></td><td colspan="3"></td><td colspan="3"></td><td colspan="2"></td></tr>
<tr><td>보조인력⑦</td><td></td><td colspan="3"></td><td colspan="3"></td><td colspan="2"></td></tr>
<tr><td rowspan="7">배치상황</td><td>전체기간</td><td colspan="9">년 월 일부터 년 월 일까지(일간)</td></tr>
<tr><td>보조인력
배치여부</td><td>보조인력
①</td><td>보조인력
②</td><td>보조인력
③</td><td>보조인력
④</td><td>보조인력
⑤</td><td>보조인력
⑥</td><td colspan="2">보조인력
⑦</td><td>계</td></tr>
<tr><td>1일차</td><td></td><td></td><td></td><td></td><td></td><td></td><td colspan="2"></td><td>명</td></tr>
<tr><td>2일차</td><td></td><td></td><td></td><td></td><td></td><td></td><td colspan="2"></td><td>명</td></tr>
<tr><td>3일차</td><td></td><td></td><td></td><td></td><td></td><td></td><td colspan="2"></td><td>명</td></tr>
<tr><td>4일차</td><td></td><td></td><td></td><td></td><td></td><td></td><td colspan="2"></td><td>명</td></tr>
<tr><td>5일차</td><td></td><td></td><td></td><td></td><td></td><td></td><td colspan="2"></td><td>명</td></tr>
<tr><td colspan="11">「화재예방, 소방시설 설치유지 및 안전관리에 관한 법률」 제25조와 같은 법 시행규칙 제18조제3항에 따라 위와 같이 소방시설 점검인력 배치를 통보합니다.
년 월 일
소방시설 관리업체 : 등록번호 : 제 호
대 표 자 : (서명 또는 인)
주 소 :</td></tr>
</table>

※ 배치일자는 필요시 추가

② 제1호에도 불구하고 2이상의 특정소방대상물에 점검인력을 배치하는 경우에는 별지 제1호의2서식에 따라 통보한다.

<table>
<tr><td colspan="5">소방시설 점검인력 배치확인신청서(2이상 대상 배치)</td><td>처리기간
즉 시</td></tr>
<tr><td colspan="6">ㅁ 점검대상수 : 개소 ㅁ 이웃 점검대상물간 최단주행거리 합계 : km</td></tr>
<tr><td rowspan="4">배치장소
①
(점검대상)</td><td>상 호
(명 칭)</td><td colspan="2"></td><td>점검구분</td><td>종합( ) 작동( )</td></tr>
<tr><td>소 재 지</td><td colspan="2"></td><td>관계인</td><td></td></tr>
<tr><td>미보유시설</td><td colspan="2">스프링클러설비( ), 제연설비( )
물분무등 소화설비( )</td><td>용도</td><td></td></tr>
<tr><td>소방대상물
현 황</td><td colspan="4">연면적: m², 개동,
아파트 총세대수: 세대(85제곱미터 초과 세대, 이하 세대)</td></tr>
<tr><td rowspan="4">배치장소
②
(점검대상)</td><td>상 호
(명 칭)</td><td colspan="2"></td><td>점검구분</td><td>종합( ) 작동( )</td></tr>
<tr><td>소 재 지</td><td colspan="2"></td><td>관계인</td><td></td></tr>
<tr><td>미보유시설</td><td colspan="2">스프링클러설비( ), 제연설비( )
물분무등 소화설비( )</td><td>용도</td><td></td></tr>
<tr><td>소방대상물
현 황</td><td colspan="4">연면적: m², 개동,
아파트 총세대수: 세대(85제곱미터 초과 세대, 이하 세대)</td></tr>
<tr><td rowspan="9">배치인력
(점검인력)</td><td>구분</td><td>성 명</td><td>자격구분</td><td>자격증 번호</td><td>비 고</td></tr>
<tr><td>주인력</td><td></td><td></td><td></td><td></td></tr>
<tr><td>보조인력①</td><td></td><td></td><td></td><td></td></tr>
<tr><td>보조인력②</td><td></td><td></td><td></td><td></td></tr>
<tr><td>보조인력③</td><td></td><td></td><td></td><td></td></tr>
<tr><td>보조인력④</td><td></td><td></td><td></td><td></td></tr>
<tr><td>보조인력⑤</td><td></td><td></td><td></td><td></td></tr>
<tr><td>보조인력⑥</td><td></td><td></td><td></td><td></td></tr>
<tr><td>보조인력⑦</td><td></td><td></td><td></td><td></td></tr>
</table>

<table>
<tr><td rowspan="7">배치상황</td><td>전체기간</td><td colspan="8">년 월 일부터 년 월 일까지(일간)</td></tr>
<tr><td>보조인력
배치여부</td><td>보조인력
①</td><td>보조인력
②</td><td>보조인력
③</td><td>보조인력
④</td><td>보조인력
⑤</td><td>보조인력
⑥</td><td>보조인력
⑦</td><td>계</td></tr>
<tr><td>1일차</td><td></td><td></td><td></td><td></td><td></td><td></td><td></td><td>명</td></tr>
<tr><td>2일차</td><td></td><td></td><td></td><td></td><td></td><td></td><td></td><td>명</td></tr>
<tr><td>3일차</td><td></td><td></td><td></td><td></td><td></td><td></td><td></td><td>명</td></tr>
<tr><td>4일차</td><td></td><td></td><td></td><td></td><td></td><td></td><td></td><td>명</td></tr>
<tr><td>5일차</td><td></td><td></td><td></td><td></td><td></td><td></td><td></td><td>명</td></tr>
</table>

「화재예방, 소방시설 설치·유지 및 안전관리에 관한 법률」 제25조와 같은 법 시행규칙 제18조제3항에 따라 위와 같이 소방시설 점검인력 배치를 통보합니다.

년 월 일

소방시설 관리업체 : 등록번호 : 제 호
대 표 자 : (서명 또는 인)
주 소 :

※ 배치장소 및 배치 일차는 필요시 추가

(3) 점검인력 배치통보 시 최초 1회 및 점검인력 변경 시에는 규칙 별지 제30호의4서식에 따른 소방기술인력 보유현황을 통보하여야 한다.

■ 소방시설공사업법 시행규칙 [별지 제35호서식] 〈개정 2016.1.27.〉

소방기술자 보유현황

상 호	
대표자	

일련번호	성 명	생년월일	입 사 일	자 격 내 용		기술등급		비고
				종목 및 등급	등 록 번 호	기계	전기	

위와 같이 보유하고 있음을 확인합니다.

년 월 일

대표자 : (서명 또는 인)

첨부서류	1. 국가기술자격증 또는 소방기술인정자격수첩 사본 2. 기술인력의 기술등급을 증명하는 서류 사본 3. ( )년 12월 말 회사에 근무하고 있음을 증명하는 서류

유의사항

1. 소방기술자 1명이 둘 이상의 자격증을 소지하고 있는 경우 대표 자격종목만 적으십시오.
2. 일반 소방시설공사업의 기계분야 및 전기분야를 함께 보유하고 있는 업체는 이 확인서를 기계분야 및 전기분야로 나누어 각각 작성하되, 1인 1분야만 기재하십시오.

210 mm×297mm[백상지(80g/ m^2) 또는 중질지(80g/ m^2)]

제3조(점검사항·세부점검방법 및 소방시설등점검표 등)

(1) 특정소방대상물에 설치된 소방시설등의 자체점검사항 및 세부점검방법은 별지 제2호서식부터 별지 제2호의21서식까지의 소방시설등 작동기능점검표 및 별지 제3호서식부터 별지 제3호의33호서식까지의 소방시설등 종합정밀점검표에 따라 실시하여야 한다.

(2) 특정소방대상물에 설치된 소방시설등에 대하여 자체점검을 실시하고자 하는 경우의 자체점검표는 다음 각 호와 같다.

① 작동기능점검 : 별지 제2호서식부터 별지 제2호의21서식까지의 소방시설등 작동기능점검표에 의하여 실시하되, 별표의 소방시설 도시기호를 이용하여 작동기능점검표를 작성할 수 있다.

② 종합정밀점검 : 별지 제3호서식부터 별지 제3호의33호서식까지의 소방시설등 종합정밀점검표에 의하여 실시하되, 별표의 소방시설 도시기호를 이용하여 종합정밀점검표를 작성할 수 있다.

(3) 건축물을 신축하거나 증축·개축 또는 대수선을 한 때에는 건축물의 사용승인을 받은 다음연도부터 작동기능과 종합정밀점검을 실시한다.

분류	명 칭	도시기호	분류	명 칭	도시기호
배관	일반배관	————	헤드류	스프링클러헤드폐쇄형 상향식(평면도)	
	옥내·외소화전	—— H ——		스프링클러헤드폐쇄형 하향식(평면도)	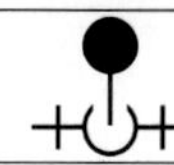
	스프링클러	—— SP ——		스프링클러헤드개방형 상향식(평면도)	
	물분무	—— WS ——		스프링클러헤드개방형 하향식(평면도)	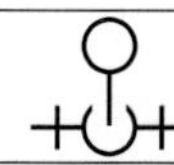
	포소화	—— F ——		스프링클러헤드폐쇄형 상향식(계통도)	
	배수관	—— D ——		스프링클러헤드폐쇄형 하향식(입면도)	
	전선관 입상	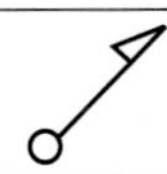		스프링클러헤드폐쇄형 상·하향식(입면도)	
	전선관 입하	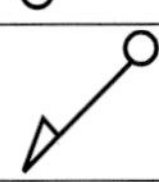		스프링클러헤드 상향형(입면도)	
	전선관 통과	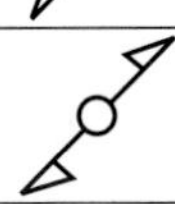		스프링클러헤드 하향형(입면도)	
관이음쇠	후렌지	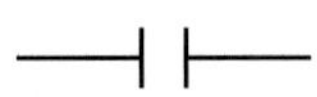		분말·탄산가스·할로겐헤드	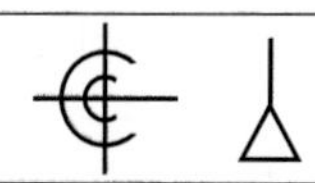
	유니온	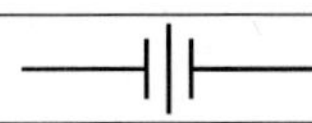		연결살수헤드	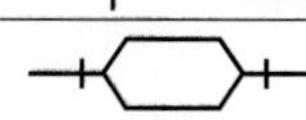
	플러그	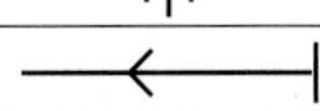		물분무헤드(평면도)	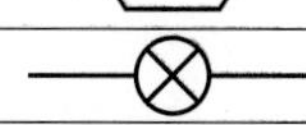
	90°엘보	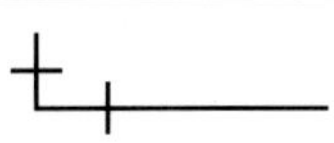		물분무헤드(입면도)	
	45°엘보	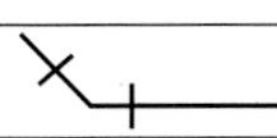		드랜쳐헤드(평면도)	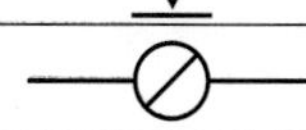
	티	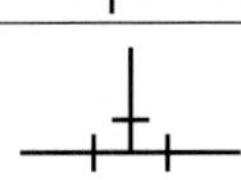		드랜쳐헤드(입면도)	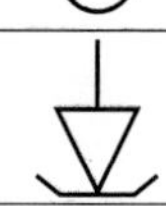
	크로스	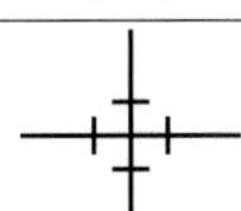		포헤드(평면도)	
	맹후렌지	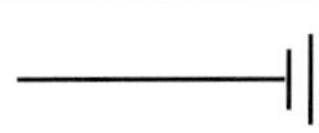		포헤드(입면도)	
	캡	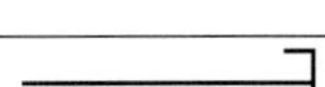		감지헤드(평면도)	

분류	명 칭	도시기호	분류	명 칭	도시기호
헤드류	감지헤드(입면도)	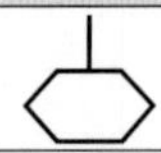	밸브류	릴리프밸브 (이산화탄소용)	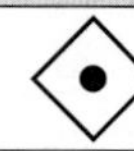
헤드류	할로겐화합물 및 불활성기체소화설비 방출헤드(평면도)		밸브류	릴리프밸브 (일반)	
헤드류	할로겐화합물 및 불활성기체소화설비 방출헤드(입면도)		밸브류	동체크밸브	
밸브류	체크밸브		밸브류	앵글밸브	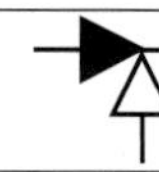
밸브류	가스체크밸브	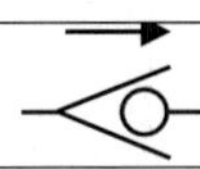	밸브류	FOOT밸브	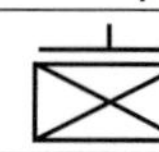
밸브류	게이트밸브(상시개방)	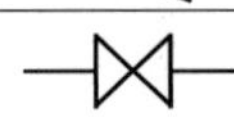	밸브류	볼밸브	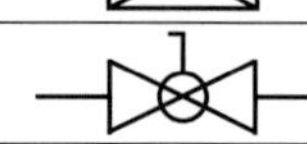
밸브류	게이트밸브(상시폐쇄)		밸브류	배수밸브	
밸브류	선택밸브	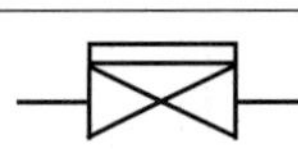	밸브류	자동배수밸브	
밸브류	조작밸브(일반)	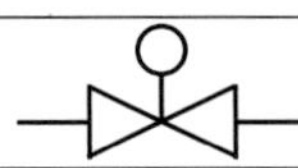	밸브류	여과망	
밸브류	조작밸브(전자식)	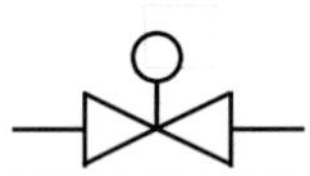	밸브류	자동밸브	
밸브류	조작밸브(가스식)	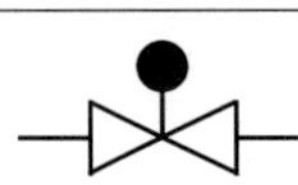	밸브류	감압밸브	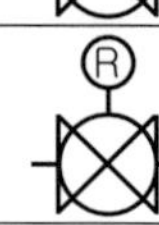
밸브류	경보밸브(습식)	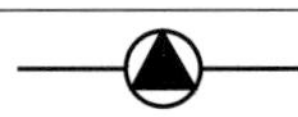	밸브류	공기조절밸브	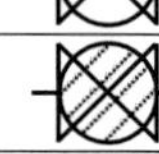
밸브류	경보밸브(건식)	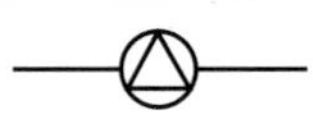	계기류	압력계	
밸브류	프리액션밸브	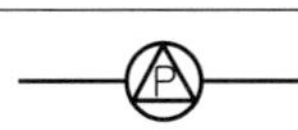	계기류	연성계	
밸브류	경보델류지밸브		계기류	유량계	
밸브류	프리액션밸브 수동조작함	SVP	소화전	옥내소화전함	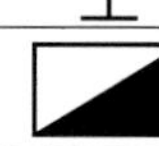
밸브류	플렉시블조인트	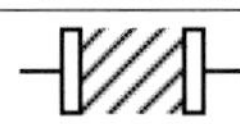	소화전	옥내소화전 방수용기구병설	
밸브류	솔레노이드밸브	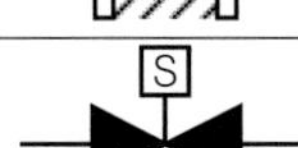	소화전	옥외소화전	
밸브류	모터밸브		소화전	포말소화전	

분류	명 칭	도시기호	분류	명 칭	도시기호
소화전	송수구	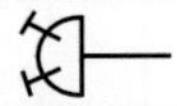	경보설비기기류	차동식스포트형감지기	
	방수구	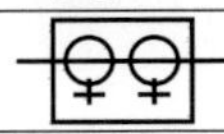		보상식스포트형감지기	
스트레이너	Y형			정온식스포트형감지기	
	U형			연기감지기	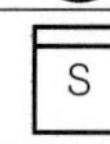
저장탱크류	고가수조 (물올림장치)	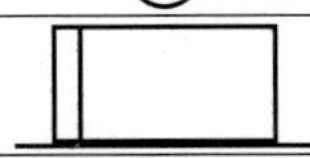		감지선	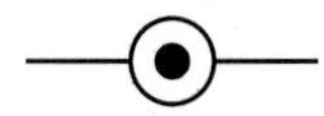
	압력챔버			공기관	
	포말원액탱크	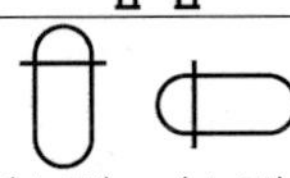 (수직) (수평)		열전대	
레듀셔	편심레듀셔	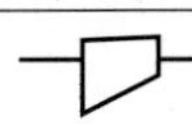		열반도체	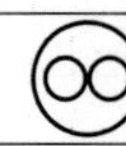
	원심레듀셔	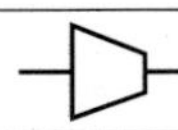		차동식분포형 감지기의 검출기	
혼합장치류	프레져 프로포셔너	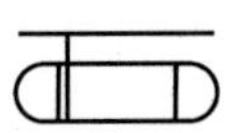		발신기세트 단독형	
				발신기세트 옥내소화전내장형	
	라인 프로포셔너	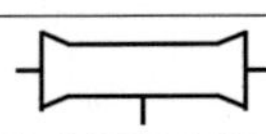		경계구역번호	
	프레져사이드 프로포셔너	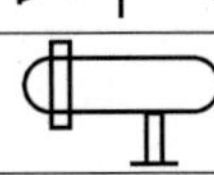		비상용누름버튼	
	기 타	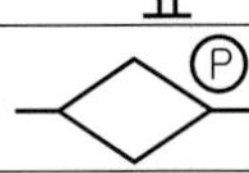		비상전화기	
펌프류	일반펌프	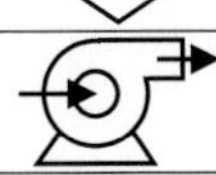		비상벨	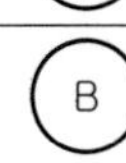
	펌프모터(수평)	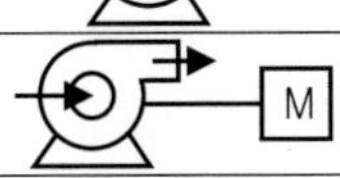		사이렌	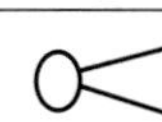
	펌프모토(수직)	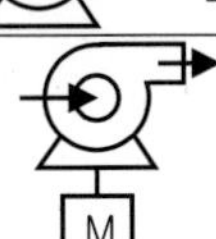		모터사이렌	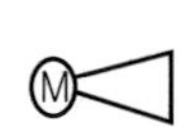
저장용기류	분말약제 저장용기			전자사이렌	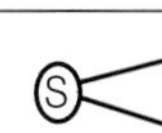
	저장용기			조작장치	
				증폭기	

분류	명 칭	도시기호	분류	명 칭	도시기호
경보설비기기류	기동누름버튼		경보설비기기류	종단저항	Ω
	이온화식감지기(스포트형)	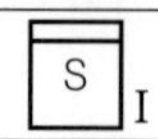	제연설비	수동식제어	□
	광전식연기감지기(아나로그)	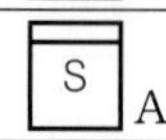		천장용 배풍기	
	광전식연기감지기(스포트형)	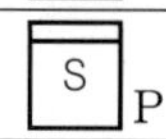		벽부착용 배풍기	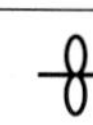
	감지기간선, HIV1.2mm×4(22C)	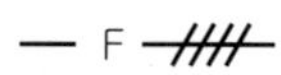	배풍기	일반배풍기	
	감지기간선, HIV1.2mm×8(22C)			관로배풍기	
	유도등간선 HIV2.0 mm×3(22C)	—— EX ——	댐퍼	화재댐퍼	
	경보부저	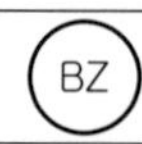		연기댐퍼	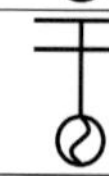
	제어반	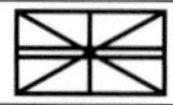		화재/연기 댐퍼	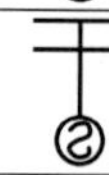
	표시반	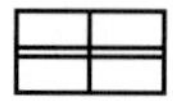	스위치류	압력스위치	
	회로시험기			탬퍼스위치	T S
	화재경보벨	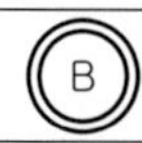	방연·방화문	연기감지기(전용)	
	시각경보기(스트로브)			열감지기(전용)	
	수신기	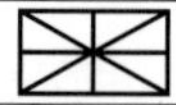		자동폐쇄장치	
	부수신기	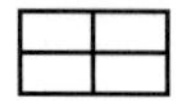		연동제어기	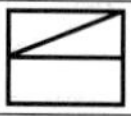
	중계기	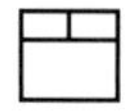		배연창기동 모터	
	표시등			배연창수동조작함	
	피난구유도등		피뢰침	피뢰부(평면도)	
	통로유도등	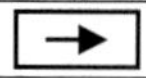		피뢰부(입면도)	
	표시판			피뢰도선 및 지붕위 도체	—
	보조전원	T R			

분류	명 칭	도시기호	분류	명 칭	도시기호
제연설비	접 지	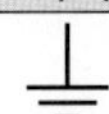	기타	비상콘센트	
	접지저항 측정용 단자	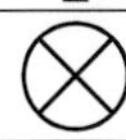		비상분전반	
소화기류	ABC소화기	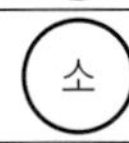		가스계소화설비의 수동조작함	RM
	자동확산 소화기	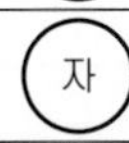		전동기구동	M
	자동식소화기			엔진구동	E
	이산화탄소 소화기	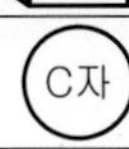		배관행거	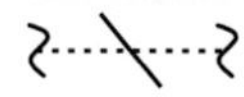
	할로겐화합물 소화기			기압계	
기타	안테나			배기구	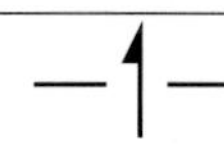
	스피커			바닥은폐선	
	연기 방연벽	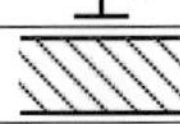		노출배선	
	화재 방화벽			소화가스패키지	PAC
	화재 및 연기방벽	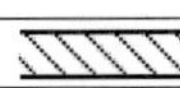			

출처 : 소방시설의 설계 및 시공/강경원,백승주(동화기술)

제4조(소방시설 종합정밀점검표의 준용)

(1)「소방시설공사업법」 제20조 및 같은 법 시행규칙 제19조에 따른 감리결과보고서에 첨부하는 서류 중 소방시설성능시험조사표의 붙임 서류인 소방시설의 항목별 성능시험표는 이 고시의 별지 제4호서식부터 별지 제4호의34서식까지의 소방시설 성능시험조사표에 의한다.

제5조(공공기관의 자체소방점검표 등)

(1) 공공기관의 기관장은 규칙 제18조제4항에 따라 소방시설등의 자체점검을 실시한 경우 별지 제6호서식의 소방시설자체점검기록부에 기재하여 관리하여야 하며, 외관점검을 실시하는 경우 별지 제5호서식의 소방시설외관점검표를 사용하여 점검하여야 한다.

제6조(재검토기한)

(1) 소방청장은 「훈령 · 예규 등의 발령 및 관리에 관한 규정」에 따라 이 고시에 대하여 2017년 7월 1일 기준으로 매3년이 되는 시점(매 3년째의 6월 30일까지를 말한다)마다 그 타당성을 검토하여 개선 등의 조치를 하여야 한다.

SECTION 3 자체점검결과 보고서의 작성실무

1 소방시설 자체점검 기록부

가. 서식

① 점검일자	② 점검시설	③ 점검내용	④ 점검결과	⑤ 결과조치	⑥ 비 고

점검 담당자 : (서명 또는 인)

관리 책임자 : (서명 또는 인)

210 mm×297mm [백상지(80g/ ㎡) 또는 중질지(80g/m^2)]

나. 기록

점검일자	매달 외관점검을 실시하고 점검을 실시한 날을 기재한다. 작동기능점검과 종합정밀점검을 실시한 달은 외관점검하지 않는다.
점검시설	대상물에 설치되어 있는 시설의 종류를 기재한다.
점검내용	외관점검
점검결과	이상유무를 기재한다.
결과조치	점검결과에 따른 보수 및 공사 등의 조치계획을 기재한다.
점검담당자	공공기관소방안전관리자 또는 점검담당자
관리책임자	공공기관소방안전관리자

2 소방시설 외관점검표

가. 서식

1. 소화기구 및 자동소화장치

확 인 자

정상:○ 불량:× 요정비:△

점 검 내 용													
	점 검 자												
	점검월일												
소화기	잘 보이는 위치에 소화기 설치여부												
	보행거리 적정 설치여부												
	소화기 용기 변형 · 손상 · 부식 여부												
	안전핀 고정 여부												
	가압식소화기(폐기 대상, 압력계 미부착 분말 소화기) 비치 여부												
자동소화장치	소화약제용기 지시압력치 적정여부												
	수신부의 설치장소 및 음량장치의 음량 적정 여부												
	감지기 작동여부 및 설치위치의 적정여부												
	소화약제 방출 시 장애물 존재여부												
	가스차단밸브 변형 · 손상 · 부식 여부												
비고	비고란에는 특정소방대상물의 위치·구조·용도 및 소방시설의 상황등이 이 표의 항목대로 기재하기 곤란하거나 이 표에서 누락된 사항을 기재합니다.												

※ 확인자는 해당 공공기관 소방안전 관련 부서의 책임자를 말합니다.

나. 기록

확인자	관리책임자가 확인하고 서명한다.
점검자	실제로 점검을 실시한 실무자를 기재한다.
점검월일	매월 점검실시일을 기재한다. 작동기능점검 및 종합정밀점검을 실시한 달은 표기하여 대체한다.
점검결과	정상○, 불량×, 요정비△를 구분하여 기재한다.

다. 소방시설 외관점검표의 구성

• 외관점검표 서식은 소방, 피난·방화, 위험물, 화기, 가연성가스 및 전기를 포함한 15페이지로 구성되어 있다.

구 분	번호	제 목	비 고
소화설비	1	소화기구 및 자동소화장치	
	2	옥내·외 소화전 설비	
	3	스프링클러, 물분무, 포소화설비	
	4	이산화탄소, 할로겐화합물, 분말소화설비	
경보설비	5	자동화재탐지설비, 자동화재속보설비, 비상경보설비	
	6	누전경보기	
피난·방화시설	7	피난 및 방화시설	
소화용수설비	8	소화용수설비	
소화활동설비	9	제연설비	
	10	연결송수관, 연결살수설비	
	11	비상콘센트 설비	
가연물	12	위험물 저장취급시설	
	13	화기시설	
	14	가연성 가스시설	
점화원	15	전기시설	

3 소방시설등 작동기능·종합정밀 점검표

소방시설등 [ ] 작동기능 [ ] 종합정밀 점검표

□ 특정소방대상물

건물명(상호)		대상물 구분	
소 재 지			

□ 소방시설등 점검결과

구분	해당설비	점검결과
소화설비	[ ] 소화기구 및 자동소화장치 [ ] 소화기구 (소화기 · 자확 · 간이) [ ] 주거용주방자동소화장치 [ ] 상업용주방자동소화장치 [ ] 캐비닛형자동소화장치 [ ] 가스 · 분말 · 고체자동 소화장치	
	[ ] 옥내소화전설비	
	[ ] 스프링클러설비	
	[ ] 간이스프링클러설비	
	[ ] 화재조기진압용스프링클러 설비	
	[ ] 물분무소화설비	
	[ ] 미분무소화설비	
	[ ] 포소화설비	
	[ ] 이산화탄소소화설비	
	[ ] 할론소화설비	
	[ ] 할로겐화합물 및 불활성기체 소화설비	
	[ ] 분말소화설비	
	[ ] 옥외소화전설비	
경보설비	[ ] 단독경보형감지기	
	[ ] 비상경보설비	
	[ ] 자동화재탐지설비 및 시각 경보기	
	[ ] 비상방송설비	
	[ ] 통합감시시설	
	[ ] 자동화재속보설비	
	[ ] 누전경보기	
	[ ] 가스누설경보기	

구분	해당설비	점검결과
피난구조설비	[ ] 피난기구 [ ] 공기안전매트 · 피난사다리 (간이)완강기 · 미끄럼대 · 구조대 [ ] 다수인피난장비 [ ] 승강식피난기 하향식피난구용내림식 사다리	
	[ ] 인명구조기구	
	[ ] 유도등	
	[ ] 유도표지	
	[ ] 피난유도선	
	[ ] 비상조명등	
	[ ] 휴대용비상조명등	
소화용수설비	[ ] 상수도소화용수설비	
	[ ] 소화수조 및 저수조	
소화활동설비	[ ] 거실제연설비	
	[ ] 부속실 등 제연설비	
	[ ] 연결송수관설비	
	[ ] 연결살수설비	
	[ ] 비상콘센트설비	
	[ ] 무선통신보조설비	
	[ ] 연소방지설비	
기타	[ ] 방화문, 방화셔터	
	[ ] 비상구, 피난통로	
	[ ] 방 염	
비고		

□ 다중이용업소 안전시설등 점검결과

구분	해당설비	점검결과	구분	해당설비	점검결과
소화설비	[ ] 소화기 또는 자동확산소화기		비상구	[ ] 방화문	
	[ ] 간이스프링클러설비			[ ] 비상구(비상탈출구)	
경보설비	[ ] 비상경보설비 또는 자동화재탐지설비		기타	[ ] 영업장 내부 피난통로	
				[ ] 영상음향차단장치	
	[ ] 가스누설경보기			[ ] 누전차단기	
피난구조설비	[ ] 피난기구			[ ] 창 문	
	[ ] 피난유도선			[ ] 피난안내도·피난안내영상물	
	[ ] 유도등, 유도표지 또는 비상조명등			[ ] 방염물품	
	[ ] 휴대용비상조명등		비고		

□ 점검업체(점검인력) 현황

구분	성명	자격구분	자격번호	점검참여일(기간)	서명
주인력					(서명)
보조인력					(서명)
보조인력					(서명)
보조인력					(서명)
보조인력					(서명)
보조인력					(서명)
보조인력					(서명)

점검기간(일자): 년 월 일부터 년 월 일 까지 (총 점검일수: 일)

소방시설관리업체(등록번호): (제0000-00호)

대 표 자: (인)

□ 점검번호 구분(대분류-중분류-소분류)

대분류 (설비구분)	소화기구 및 자동소화장치를 '1'번으로 하여 설비별 순차적으로 번호를 부여하여 다중이용업소'32'번까지로 함
중분류 (단위구분)	각 설비별 점검단위에 따라'A'부터 알파벳 순서대로 부여함
소분류 (점검항목)	각 설비별 점검단위 내의 점검항목에 따라'001'부터 순서대로 부여함

※ 소방시설, 다중이용업란의 [ ] 란에는 해당 시설에 √ 표를 한다. 점검결과란은 양호○, 불량X, 해당 없는 항목은 /표시를 한다.
※ 소방시설등 (종합정밀,작동기능)점검결과보고서의 '각 설비별 점검결과'에는 본 서식의 점검번호를 기재한다.
※ 자체점검결과(보고서 및 점검표)를 2년간 보관하여야 한다.

□ 소방시설등의 세부현황

1. 소화기구, 자동소화장치

구분	[ ] 소화기		[ ] 간이소화용구		[ ] 자동 확산소화기	[ ] 자동 소화장치	비 고
	[ ] 분말	[ ] 기타	[ ] 투척용	[ ] 기타			
합계 층							
층							
층							
층							
층							
층							
층							
층							
층							
비 고	※ [ ]에는 해당 시설에 √ 표를 하고, 수량을 기입하며, 설비현황에 대하여 기입란이 부족한 경우 서식을 추가하여 작성할 수 있습니다.						

2. 수계소화설비(공통사항)

수원	주된수원	○ 종류: [ ] 일반수조 [ ] 고가수조 [ ] 압력수조 [ ] 가압수조 ○ 흡입방식: [ ] 정압 [ ] 부압, ○ 유효수량: ( )m^3 ○ 설치장소: [ ] 지상/[ ] 지하 ( )층, [ ] 전용실 [ ] 기계실 [ ] 기타( )
	보조수원	○ 유효수량: ( )m^3 ○ 설치장소: [ ] 지상/[ ] 지하 ( )층, [ ] 전용실 [ ] 기계실 [ ] 기타( )
가압 송수 장치	[ ] 고가수조	○ 유효낙차: ( )m ○ 설치장소: [ ] 지상/[ ] 지하 ( )층, [ ] 전용실 [ ] 기계실 [ ] 기타( )
	[ ] 압력수조	○ 설치장소: [ ] 지상/[ ] 지하 ( )층, [ ] 전용실 [ ] 기계실 [ ] 기타( ) ○ 수조용량: ( )L, 수조가압압력: ( )MPa ○ 자동식공기압축기 용량: ( )m^3/min, 동 력: ( )Kw
	[ ] 가압수조	○ 실치장소: [ ] 지싱/[ ] 지하 ( )층, [ ] 전용실 [ ] 기계실 [ ] 기타( ) ○ 수조용량: ( )L, 수조가압압력: ( )MPa ○ 가압가스의 종류: [ ] 공기 [ ] 불연성가스( )
	[ ] 펌프방식	○ 설치장소: [ ] 지상/[ ] 지하 ( )층, [ ] 전용실 [ ] 기계실 [ ] 기타( ) ○ 주펌프1 전양정: ( )m, 토출량: ( )L/min [ ] 전동기 [ ] 내연기관(연료: [ ] 경유 [ ] 기타, 탱크용량: ( )L) ○ 주펌프2 전양정: ( )m, 토출량: ( )L/min [ ] 전동기 [ ] 내연기관(연료: [ ] 경유 [ ] 기타, 탱크용량: ( )L) ○ 예비펌프1 전양정: ( )m, 토출량: ( )L/min [ ] 전동기 [ ] 내연기관(연료: [ ] 경유 [ ] 기타, 탱크용량: ( )L) ○ 예비펌프2 전양정: ( )m, 토출량: ( )L/min [ ] 전동기 [ ] 내연기관(연료: [ ] 경유 [ ] 기타, 탱크용량: ( )L) ○ 충압펌프 전양정: ( )m, 토출량: ( )L/min ○ [ ] 물올림장치(유효수량: ( )L, 급수배관: ( )mm) ○ 기동장치: [ ] 기동용수압개폐장치, [ ] ON/OFF 방식 [ ] 압력챔버(용량: ( )L, 사용압력: ( )MPa) [ ] 기동용압력스위치([ ] 부르동관식 [ ] 전자식 [ ] 그 밖의 것) ○ [ ] 감압장치 [ ] 지상/[ ] 지하 ( )층, 설치장소: ( )
송수구		○ 설치장소: ( ), [ ] 쌍구형 ( )개/[ ] 단구형 ( )개 [ ] 옥내소화전설비 [ ] 옥외소화전설비 [ ] 스프링클러설비 [ ] 간이스프링클러설비 [ ] 화재조기진압용스프링클러설비 [ ] 물분무소화설비 [ ] 미분무소화설비 [ ] 포소화설비
비상전원		○ 설치장소: [ ] 지상/[ ] 지하 ( )층, [ ] 전용실 [ ] 기계실 [ ] 기타( ) [ ] 자가발전설비 ([ ] 소방전용 [ ] 소방부하겸용 [ ] 소방전원보존형 [ ] 기타( )) [ ] 비상전원수전설비 [ ] 축전지설비 [ ] 전기저장장치

3. 수계소화설비(개별사항)

구분	[ ] 옥내 소화전	[ ] 옥외 소화전	스프링클러설비				
			[ ] 습식	[ ] 부압식	[ ] 준비작동식	[ ] 건식	[ ] 일제살수식
합계 층							
층							
층							
층							
층							
층							
층							
층							
층							

구분	간이스프링클러설비			[ ] 화재 조기진압용	[ ] 물분무	[ ] 미분부	비고
	[ ] 펌프	[ ] 캐비닛	[ ] 상수도				
합계 층							
층							
층							
층							
층							
층							
층							
층							
층							
[ ] 포 소화설비	[ ] 포워터스프링클러설비 [ ] 포헤드설비 [ ] 고정포방출설비 [ ] 기타( ) ○ 방수구역: ( )개, 설치층(장소): [ ] 지상/[ ] 지하 ( )층( ) ○ 소화약제 [ ] 단백포 [ ] 합성계면활성제포 [ ] 수성막포 [ ] 내알코올포						

4. 가스계소화설비(개별사항)

[ ] 이산화탄소 [ ] 할론 [ ] 할로겐화합물 및 불활성기체 [ ] 분말	[ ] 전역방출 [ ] 국소방출 [ ] 호스릴 / [ ] 고압식 [ ] 저압식 / [ ] 축압식 [ ] 가압식 ○ 방호구역: ( )개, 설치층(장소): [ ] 지상/[ ] 지하 ( )층( ) ○ 저장용기 설치장소: [ ] 지상/[ ] 지하 ( )층, [ ] 전용실 [ ] 기타( ) 수량: ( )[ ] kg, [ ] m^3 ( )L ( )개 ○ 소화약제 [ ] 이산화탄소 [ ] 할론1301 [ ] 할론2402 [ ] 할론1211 [ ] 할론104 [ ] FC-3-1-10 [ ] HCFC BLEND A [ ] HCFC-124 [ ] HFC-125 [ ] HFC-227ea [ ] HFC-23 [ ] IG-541 [ ] IG-100 [ ] 기타( ) [ ] 제1종분말 [ ] 제2종분말 [ ] 제3종분말 [ ] 제4종분말
비고	

5. 경보설비

[ ] 단독 경보형감지기	주전원 [ ] 상용전원 [ ] 건전지
[ ] 비상 경보설비	[ ] 비상벨설비 [ ] 자동식사이렌설비, 회선 수: ( )회선 ○ 조작장치 설치장소: [ ] 지상/[ ] 지하 ( )층, [ ] 전용실 [ ] 기타( )
[ ] 자동화재 탐지설비	○ 주수신기 ( )형 ( )급 ( )회로, 경계구역 수: ( )개 설치장소: [ ] 지상/[ ] 지하 ( )층, [ ] 방재실 [ ] 기타( ) ○ 부수신기 ( )형 ( )급 ( )회로, 경계구역 수: ( )개 설치장소: [ ] 지상/[ ] 지하 ( )층, [ ] 관리실 [ ] 기타( ) ○ 감지기종류 [ ] 열 [ ] 연기 [ ] 그 밖의 것([ ] 불꽃 [ ] 아날로그식 [ ] 복합형) ○ 경보방식 [ ] 전층경보 [ ] 우선경보, 시각경보기 [ ] 유 [ ] 무
[ ] 비상 방송설비	[ ] 전용 [ ] 겸용 / [ ] 전층경보 [ ] 우선경보 ○ 증폭기 설치장소: [ ] 지상/[ ] 지하 ( )층, [ ] 방재실 [ ] 기타( )
[ ] 자동화재 속보설비	○ 속보기 설치장소: [ ] 지상/[ ] 지하 ( )층, [ ] 방재실 [ ] 기타( )
[ ] 통합 감시시설	○ 주수신기 설치장소: [ ] 지상/[ ] 지하 ( )층, [ ] 방재실 [ ] 기타( ) 경계구역 수: ( )개 ○ 부수신기 설치장소: [ ] 지상/[ ] 지하 ( )층, [ ] 방재실 [ ] 기타( ) ○ 정보통신망 [ ] 광케이블 [ ] 기타( ) / 예비선로 [ ] 유 [ ] 무
[ ] 누전 경보기	○ 정격전류: ( )A, 계약전류: ( )A, 정격전압: ( )V ○ 수신기 설치장소: [ ] 지상/[ ] 지하 ( )층, [ ] 방재실 [ ] 기타( ) ○ 수신기 형식 [ ] 1급 [ ] 2급, 차단기구 [ ] 무 [ ] 유(설치장소:)
[ ] 가스누설 경보기	○ [ ] 단독형 [ ] 분리형, 사용가스종류 [ ] LNG [ ] LPG, 경계구역 수: ( )개 ○ 수신기 설치장소: [ ] 지상/[ ] 지하 ( )층, [ ] 방재실 [ ] 기타( ) ○ 차단기구 [ ] 무 [ ] 유(설치장소:)

6. 피난구조설비(피난기구)

종류 \ 설치 층	층	층	층	층	층	층	층	층
[ ] 피난사다리								
[ ] 완강기								
[ ] 다수인피난장비								
[ ] 승강식피난기								
[ ] 미끄럼대								
[ ] 피난교								
[ ] 피난용트랩								
[ ] 구조대								
[ ] 간이완강기								
[ ] 공기안전매트								

7. 피난구조설비(인명구조기구)

종류 \ 설치 층	층	층	층	층	층	층	층	층
[ ] 방열복/ 방화복								
[ ] 공기호흡기								
[ ] 인공소생기								
대상물의 용도	[ ] 5층이상 병원 [ ] 7층이상 관광호텔 [ ] 이산화탄소소화설비 설치 [ ] 지하역사 · 백화점 · 대형점 · 쇼핑센타 · 지하상가 · 영화상영관							

8. 피난구조설비(유도등, 비상조명등)

[ ] 유도등	[ ] 피난구 [ ] 통로([ ] 거실 [ ] 복도 [ ] 계단) / [ ] 상시점등 [ ] 화재 시 점등 [ ] 객석유도등, 설치층(장소): [ ] 지상/[ ] 지하 ( )층 ( ) [ ] 유도표지([ ] 피난구 [ ] 통로), 설치층(장소): [ ] 지상/[ ] 지하 ( )층 ( ) [ ] 피난유도선([ ] 축광 [ ] 광원점등), 설치층(장소): [ ] 지상/[ ] 지하 ( )층 ( )
[ ] 비상조명등	○ 비상전원 [ ] 자가발전설비 [ ] 축전지설비 [ ] 내장형 ○ 설치장소 [ ] 지상/[ ] 지하 ( )층, ( )
[ ] 휴대용 비상조명등	○ 전원 [ ] 건전지식 [ ] 충전식 배터리식 ○ 설치장소 [ ] 지상/[ ] 지하 ( )층, ( )

9. 소화용수설비

[ ] 상수도 소화용수	○ 설치장소: ( ), 소화전 호칭지름: ( )mm
[ ] 소화수조	[ ] 전용 [ ] 겸용 / [ ] 흡수식 [ ] 가압식 / [ ] 일반수조 [ ] 그 밖의 것 / 유효수량: ( )m^3 ○ 가압송수장치 전양정: ( )m, 토출량: ( )L/min [ ] 전동기 [ ] 내연기관(연료: [ ] 경유 [ ] 기타, 탱크용량: ( )L ○ [ ] 물올림장치(유효수량: ( )L, 급수배관: ( )mm ○ 기동스위치 설치장소: [ ] 채수구 부근 [ ] 방재실 [ ] 기타( ) ○ 채수구 구경: ( )mm, 흡수관 투입구: 가로 ( )cm 세로 ( )cm / 직경 ( )cm

10. 소화활동설비

[ ] 제연 설비	[ ] 거실	○ 설치장소: [ ] 지상/[ ] 지하 ( )층 (또는 지상 지하 ( )층 ~ 지상 지하 ( )층 ○ 방식 [ ] 단독 [ ] 공동 [ ] 상호 [ ] 기타( ) ○ 기동장치 [ ] 자동(감지기 연동) [ ] 수동 [ ] 원격 ○ 제연구획면적 최대: ( )m² / 구조 [ ] 내화 [ ] 불연 [ ] 그 밖의 것: ( ) ○ 제연구역 출입문 [ ] 상시폐쇄(자동폐쇄장치) [ ] 상시개방(감지기에 의한 닫힘) ○ 급기용송풍기 설치장소: [ ] 지상/[ ] 지하 ( )층( ) 전동기 ( )kW, 풍량 ( )m³/min, 정압 ( )mmAq ○ 배출용송풍기 설치장소: [ ] 지상/[ ] 지하 ( )층( ) 전동기 ( )kW, 풍량 ( )m³/min, 정압 ( )mmAq ○ 배출구 [ ] 천장면 [ ] 천장직하 [ ] 기타( ) / 옥외배출구 [ ] 옥상 [ ] 기타( ) 풍도구조 [ ] 내화 [ ] 불연 [ ] 그 밖의 것( ) / 구획댐퍼 [ ] 유 [ ] 무 ○ 유입공기배출 [ ] 자연배출 [ ] 기계배출 [ ] 배출구 [ ] 제연설비 ○ 급기구 [ ] 강제유입 [ ] 자연유입 [ ] 인접구역유입 풍도구조 [ ] 내화 [ ] 불연 [ ] 그 밖의 것( ) / 구획댐퍼 [ ] 유 [ ] 무
	[ ] 전실	○ 설치대상: 특별피난계단 ( )개소, 비상용승강기 ( )대 ○ 방식 [ ] 부속실 [ ] 계단실 및 부속실 [ ] 계단실 [ ] 비상용승강기승강장 ○ 기동방식 [ ] 전층 [ ] 부분층(개층) / 댐퍼개방감지기 [ ] 전용 [ ] 겸용 ○ 급기용송풍기 설치장소: [ ] 지상/[ ] 지하 ( )층( ) 전동기 ( )kW, 풍량 ( )m³/min, 정압 ( )mmAq ○ 배출용송풍기 설치장소: [ ] 지상/[ ] 지하 ( )층( ) 전동기 ( )kW, 풍량 ( )m³/min, 정압 ( )mmAq ○ 제연구역 출입문 [ ] 상시폐쇄(자동폐쇄장치) [ ] 상시개방(연기감지기에 의한 닫힘) ○ 유입공기배출 [ ] 자연배출 [ ] 기계배출 [ ] 배출구 [ ] 제연설비 ○ 과압방지장치 [ ] 플랩댐퍼 [ ] 자동차압(과압조절형)댐퍼 [ ] 그 밖의 것 [ ] 해당없음
비고		※ 제연설비 설비개요 작성 시 최대 구역 1개소에 대하여 기입합니다.
[ ] 연결 송수관		[ ] 전용 [ ] 겸용([ ] 옥내소화전설비 [ ] 스프링클러설비 [ ] 기타( ) ○ 송수구 설치장소: ( ), 중간수조용량: ( )m³ ○ 방수구 위치 [ ] 복도·통로 [ ] 계단실 [ ] 계단등의 부근 ○ 가압송수장치 전양정: ( )m, 토출량: ( )L/min [ ] 전동기 [ ] 내연기관(연료: [ ] 경유 [ ] 기타, 탱크용량: ( )L ○ 기동스위치 설치장소 [ ] 송수구 [ ] 방재실 [ ] 기타( )
[ ] 연결 살수		[ ] 습식 [ ] 건식 / [ ] 지하층 [ ] 판매시설 [ ] 가스시설 [ ] 부속된 연결통로 ○ 송수구 설치장소: ( ), 송수구역수: ( )구역
[ ] 비상 콘센트		[ ] 3상 380V [ ] 단상 220V / [ ] 접지형 2극 플러그접속기 [ ] 접지형 3극 플러그접속기 ○ 설치장소: [ ] 지상/[ ] 지하 ( )층 (또는 지상 지하 ( )층 ~ 지상 지하 ( )층)
[ ] 무선 통신보조		[ ] 전용 [ ] 공용 / 방식: [ ] 누설동축케이블 [ ] 누설동축케이블과 안테나 [ ] 안테나 ○ 접속단자 설치 층(장소)(소방용 : 지상 ,지하 , 기타 : 지상 ,지하)

[ ] 연소방지	○ 방호대상물 [ ] 전력사업용 [ ] 통신사업용 [ ] 그 밖의 것(　　　　　) ○ 송수구역수: (　　)구역 / 구역간의 구획 [ ] 있다 [ ] 일부 있다 [ ] 없다
비고	

4 소방시설등(작동기능, 종합정밀) 점검표 구성

구분	No.	제 목
		소방시설등의 세부현황
소화설비	1	소화기구 및 자동소화장치 점검표
	2	옥내소화전설비 점검표
	3	스프링클러설비 점검표
	4	간이스프링클러설비 점검표
	5	화재조기진압용 스프링클러설비 점검표
	6	물분무소화설비 점검표
	7	미분무소화설비 점검표
	8	포소화설비 점검표
	9	이산화탄소소화설비 점검표
	10	할론소화설비 점검표
	11	할로겐화합물 및 불활성기체소화설비 점검표
	12	분말소화설비 점검표
	13	옥외소화전설비 점검표
경보설비	14	비상경보설비·단독경보형감지기 점검표
	15	자동화재탐지설비·시각경보기 점검표
	16	비상방송설비 점검표
	17	자동화재속보설비 및 통합감시시설 점검표
	18	누전경보기 점검표
	19	가스누설경보기 점검표
피난구조설비	20	피난기구 및 인명구조기구 점검표
	21	유도등 및 유도표지 점검표
	22	비상조명등·휴대용비상조명등 점검표

소화용수 설비	23	소화용수설비 점검표
소화활동 설비	24	제연설비 점검표
	25	특별피난계단의 계단실 및 부속실의 제연설비 점검표
	26	연결송수관설비 점검표
	27	연결살수설비 점검표
	28	비상콘센트설비 점검표
	29	무선통신보조설비 점검표
	30	연소방지설비 점검표
방화	31	기타 사항 확인표 점검표
다중	32	다중이용업소 점검표

5 성능시험조사표

- 성능시험조사표 서식은 개요표를 포함하여 42종으로 구성되어 있다.
- 감리결과보고에 포함하는 서식으로 자체점검의 점검표과 유사하여 본서에서는 생략한다.

CHAPTER 13

연습문제

■ 자체점검결과 보고서

01 다음 중 자체점검 전 준비의 절차가 순서대로 바르게 연결된 것은?

① 관련자료검토 → 관계인협의 → 점검장비준비 → 점검전안전조치
② 점검전안전조치 → 점검장비준비 → 관계인협의 → 관련자료검토
③ 점검장비준비 → 관계인협의 → 점검전안전조치 → 관련자료검토
④ 관계인협의 → 점검장비준비 → 점검전안전조치 → 관련자료검토

해설 자체점검 전 준비절차는 관련자료검토 → 관계인협의 → 점검장비준비 → 점검전안내조치의 순서로 진행한다.

02 다음 중 점검보고서 제출 시 포함하여야 하는 양식이 아닌 것은?

① 제출용 공문서
② 점검 실시결과 보고서
③ 점검표
④ 일위대가표

해설 제출대상의 점검 후 결과보고 시에는 제출용 공문서, 점검실시결과 보고서, 점검표를 작성하여 제출하여야 한다.

03 다음 중 소방시설의 외관점검표에 포함되지 않는 항목은?

① 확인자 및 점검자의 이름
② 점검월일
③ 작동기능점검월의 외관점검 기록
④ 점검결과

해설 작동기능점검 및 종합정밀점검을 실시한 달은 외관점검을 생략한다.

정답 01. ① 02. ④ 03. ③

CHAPTER 13

학습정리

■ 자체점검결과 보고서

1. 자체점검결과의 정리

- 종합정밀점검대상은 모든 경우 보고서 및 점검표를 제출
- 소방안전관리대상의 경우 보고서 및 작동기능점검표를 제출
- 소규모대상의 작동기능점검표, 공공기관의 외관점검표는 자체보관

2. 제출하는 보고서의 구성

- 제출용 공문서
- 종합정밀점검의 경우 종합정밀점검 실시결과 보고서
- 작동기능점검의 경우 작동기능점검 실실결과 보고서
- 종합정밀점검의 경우 종합정밀점검표
- 작동기능점검의 경우 작동기능점검표

3. 소방시설 점검표의 종류

- 자체점검 기록부를 작성하여 보관
- 소방시설외관점검표
- 작동기능점검표
- 종합정밀점검표
- 감리결과보고 시에는 성능시험조사표

참고문헌

- 국가직무능력표준(NCS) 소방분야 학습모듈
- 소방시설의 설계 및 시공(동화기술)

CHAPTER 14

점검 후 대책수립

학습 목표	1. 자체점검 결과에 따라 부적합한 소방시설을 발견할 수 있다. 2. 자체점검을 통해 부적합한 피난·방화시설을 파악할 수 있다. 3. 부적합이 파악된 시설에 대한 개선방안을 제시할 수 있다.
학습 목차	1. 소방시설의 부적합 사례 2. 피난·방화시설의 부적합 사례 3. 소방시설 및 피난·방화시설의 부적합 개선

복습 점검

01 자체점검 전 준비절차는 「관련자료검토 → 관계인협의 → 점검장비준비 → 점검 전 안전조치」 순서로 진행한다.

해설 자체점검 전 「관련자료검토 → 관계인협의 → 점검장비준비 → 점검 전 안전조치」의 순서로 준비절차를 진행한다.

02 점검보고서 제출 시에는 일위대가표를 제출한다.

해설 점검 후 점검보고서는 제출용 공문서 양식을 갖추고 점검실시결과 보고서 및 점검표를 포함하여 제출한다.

03 작동기능점검을 실시한 달에는 외관점검을 월초에 진행한다.

해설 작동기능점검 및 종합정밀점검을 실시한 달은 외관점검을 생략한다.

정답 01. O 02. X 03. X

CHAPTER 14 점검 후 대책수립

SECTION 1 소방시설의 부적합 사례

01	소화기의 노후
사 진	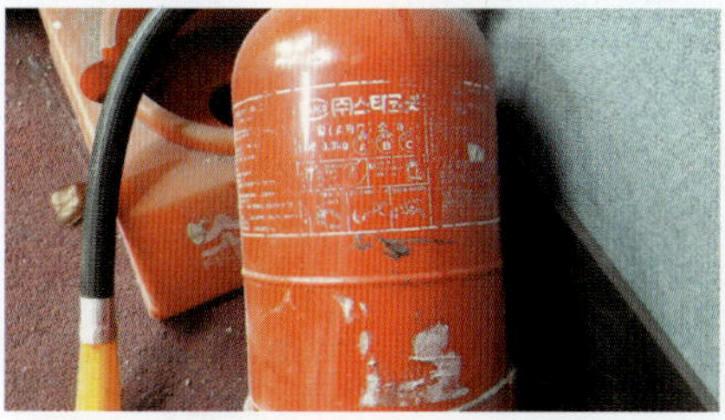 
설 명	– 소화기가 노후(최장 26년)상태로 비치되어 있다.

출처 : 학교안전원스톱점검 가이드라인

02	소화기의 외관점검표가 공란상태
사 진	 
설 명	– 소화기의 외관점검표는 공란이고 위치표지가 안 되어 있다.

출처 : 학교안전원스톱점검 가이드라인

03	복도에 소화기가 미비
사 진	
설 명	– 복도에 소화기가 배치되어 있지 않다.

출처 : 학교안전원스톱점검 가이드라인

04	주방에 주방화재(K급)용 소화기가 미비
사 진	 
설 명	– 주방에 K급 소화기가 비치되어 있지 않다.

출처 : 학교안전원스톱점검 가이드라인

05	옥내소화전의 직사형 관창이 노후
사 진	 
설 명	– 소화전 호스의 수납상태가 부적절하고 관창이 직사형의 구형이다.

출처 : 학교안전원스톱점검 가이드라인

06	옥내소화전함이 출입문과 간섭
사 진	
설 명	– 옥내소화전함이 출입문과 간섭하여 개방된 상태에서 사용이 곤란하다.

출처 : 학교안전원스톱점검 가이드라인

07	옥내소화전의 사용설명이 오류
사 진	 
설 명	– 자동기동방식의 옥내소화전설비를 갖추었으나 사용방법은 수동기동방식을 설명하고 있다.

출처 : 학교안전원스톱점검 가이드라인

08	엔진펌프의 연료가 부족
사 진	
설 명	– 소화설비용 엔진펌프의 연료가 거의 바닥인 상태이다.

출처 : 학교안전원스톱점검 가이드라인

09	합숙소에 열감지기 설치
사 진	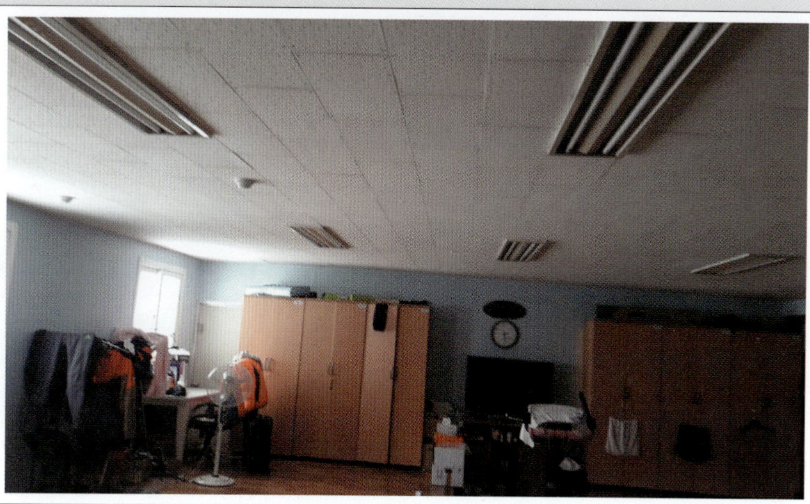
설 명	– 합숙소에 감지시간이 늦은 열감지기가 설치되어 있다.

출처 : 학교안전원스톱점검 가이드라인

10	기숙사에 열감지기 설치
사 진	
설 명	– 기숙사에 감지시간이 늦은 열감지기가 설치되어 있다.

출처 : 학교안전원스톱점검 가이드라인

11	발신기함 앞에 장애물 적치
사 진	
설 명	– 발신기함 앞에 장애물을 쌓아두어 화재 시 즉시 조작하기 곤란하다.

출처 : 학교안전원스톱점검 가이드라인

12	발신기함 내부결선의 불량
사 진	 
설 명	– 발신기함 내부의 결선이 일부 단선되었고 고정상태가 불량하다.

출처 : 학교안전원스톱점검 가이드라인

13	감지기의 잦은 오작동으로 수신기를 정지상태로 방치
사 진	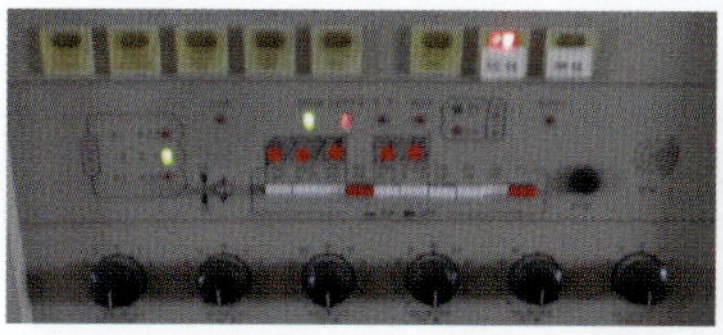 
설 명	– 감지기가 냉난방기에 가까워 오작동이 자주 발생하자 수신기의 주경종 및 지구경종을 정지상태로 방치하여 두고 있다.

출처 : 학교안전원스톱점검 가이드라인

14	증설한 창고에 감지기 미비
사 진	
설 명	– 조립식으로 증설한 창고에 감지기를 설치하지 않아 화재발생 시 초기대응이 곤란하다.

출처 : 학교안전원스톱점검 가이드라인

15	저수조 및 배수집수정 자동작동 불능
사 진	 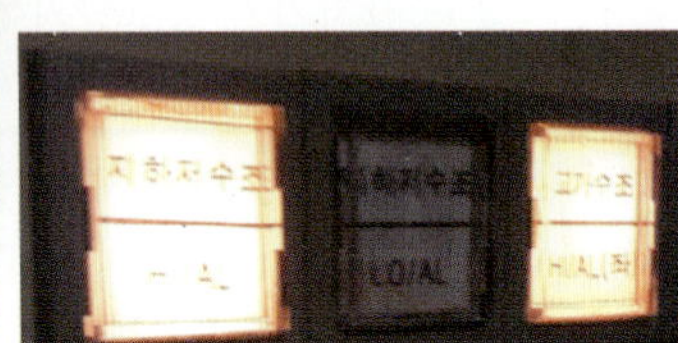
설 명	– 저수조는 고수위알람이 점등된 상태이고 배수집수정은 자동기동이 되지 않아 소화펌프실의 침수가 우려된다.

출처 : 학교안전원스톱점검 가이드라인

16	연결송수구 및 상수도소화전으로의 접근곤란
사 진	 
설 명	– 연결송수구 및 상수도소화전이 주차된 통학차량과 조경수에 가려져 있어 소방대의 신속한 접근 및 사용이 곤란하다.

출처 : 학교안전원스톱점검 가이드라인

17	연결송수구로의 접근곤란
사 진	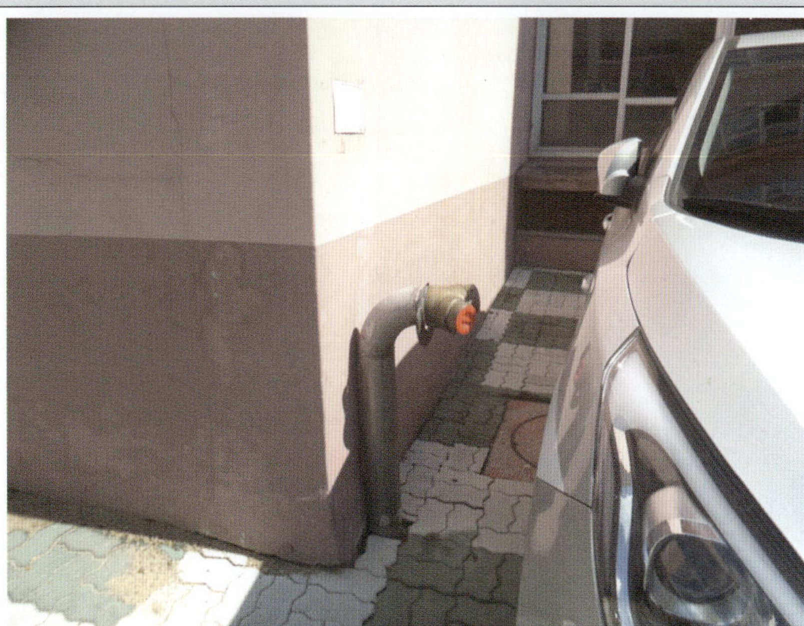
설 명	– 연결송수구 앞에 주차된 차량으로 인해 소방대의 신속한 접근 및 사용이 곤란하다.

출처 : 학교안전원스톱점검 가이드라인

18	상수도소화전의 식별 및 사용이 곤란
사 진	 
설 명	– 상수도소화전이 너무 깊게 묻혀 있거나 조경수에 가려져 있어 소방대의 신속한 발견 및 사용이 곤란하다.

출처 : 학교안전원스톱점검 가이드라인

SECTION 2 피난·방화시설의 부적합 사례

01	완강기 바로 아래의 차양막이 간섭
사 진	 
설 명	– 완강기 바로 아래에 차양막이 설치되어 화재 시 연속적인 피난이 곤란하다.

출처 : 학교안전원스톱점검 가이드라인

02	발코니로의 피난구에 잠금장치
사 진	 
설 명	– 화재 시 임시피난하여 외부에서의 구조를 기다릴 수 있는 발코니로의 피난구에 잠금장치를 해두었다.

출처 : 학교안전원스톱점검 가이드라인

03	부출입구 폐쇄상태
사 진	
설 명	– 화재 시 피난경로가 되는 부출입구를 열 수 없도록 폐쇄상태로 관리하고 있다.

출처 : 학교안전원스톱점검 가이드라인

04	실내체육관 부출입구 폐쇄상태
사 진	 
설 명	– 화재 시 피난경로가 되는 부출입구를 열 수 없도록 폐쇄상태로 관리하고 있다.

출처 : 학교안전원스톱점검 가이드라인

05	실내체육관 방범창살 설치
사 진	
설 명	– 실내체육관에 방범창살을 설치하고 부출입구도 폐쇄하여 실질적인 피난구는 주출입구 한 곳 뿐이다.

출처 : 학교안전원스톱점검 가이드라인

06	학교 급식실 피난용량 부족
사 진	  
설 명	– 300여명이 동시에 사용하는 급식실이 조립식으로 지어진데다 유효한 피난구가 주출입구 한 곳 뿐이어서 피난용량이 부족한 상태이다.

출처 : 학교안전원스톱점검 가이드라인

07	창고의 출입문이 주차로 가로막힘
사 진	
설 명	– 창고의 출입문이 주차로 가로막혀 내부에서 피난할 때 문을 열수 없는 상태이다.

출처 : 학교안전원스톱점검 가이드라인

08	복도 및 계단에 방범용 출입문을 설치
사 진	 
설 명	– 화재 시 주된 피난경로가 되는 복도 및 계단에 임의적인 출입문을 설치되어 피난이 불가한 상태이다.

출처 : 학교안전원스톱점검 가이드라인

09	방화문 상부 피난구유도등 미설치
사 진	
설 명	– 방화문은 화재 시 차단되므로 상부에 피난구유도등을 설치하여 피난을 도와야 한다.

출처 : 학교안전원스톱점검 가이드라인

10	방화문의 노후
사 진	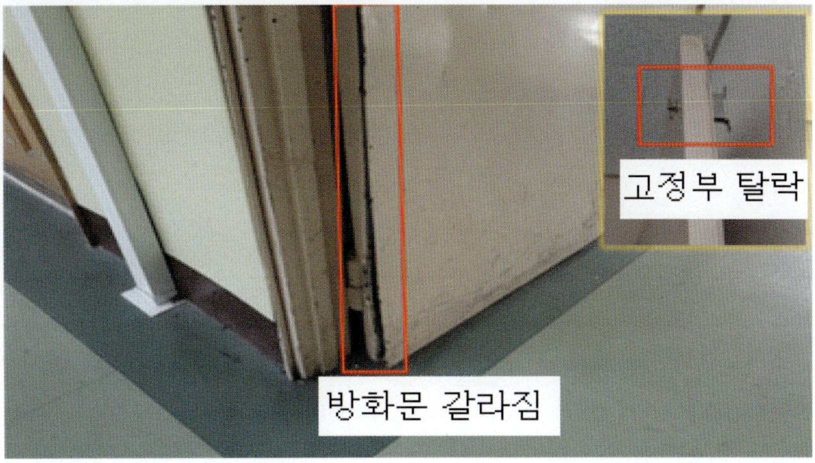
설 명	– 방화문이 노후하여 화재 시 화재확산을 방지하는 성능을 보장할 수 없는 상태이다.

출처 : 학교안전원스톱점검 가이드라인

11	방화문의 자동폐쇄 불가
사 진	 
설 명	– 방화문은 화재 시 자동으로 폐쇄되어야 하는데 비틀린 상태이거나 소화기로 받쳐두어 자동으로 폐쇄가 불가한 상태이다.

출처 : 학교안전원스톱점검 가이드라인

12	방화문의 자동폐쇄 불가
사 진	
설 명	– 화재 시 닫혀야 하는 방화문에 도어스토퍼를 설치하였다.

출처 : 학교안전원스톱점검 가이드라인

13	방화문의 자동폐쇄장치가 용융퓨즈방식
사 진	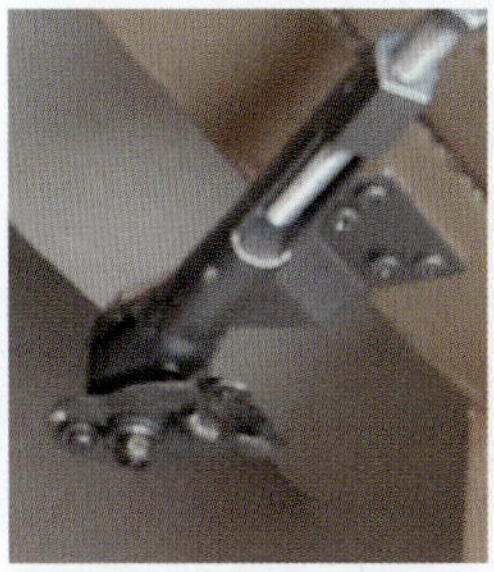 
설 명	– 방화문의 자동폐쇄장치가 용융퓨즈방식으로 화재 시 신속한 폐쇄가 이뤄질 수 없어 현재는 사용이 금지된 방식이다.

출처 : 학교안전원스톱점검 가이드라인

14	계단실의 방화셔터가 난간과 지나치게 인접
사 진	 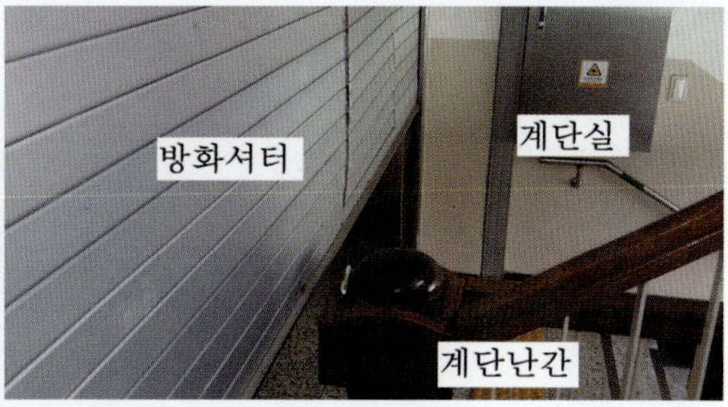
설 명	– 계단실의 방화셔터가 계단의 난간과 지나치게 인접하여 계단을 통한 피난에 큰 장애물이 되는 상태이다.

출처 : 학교안전원스톱점검 가이드라인

15	폐식용유와 폐지를 같이 보관
사 진	
설 명	– 폐식용유와 폐지를 같이 보관하여 화재발생 우려가 높고 화재 발생 시 급격한 확산이 우려된다.

출처 : 학교안전원스톱점검 가이드라인

16	지하보일러실에 변전실 증설
사 진	
설 명	– 지하실에 변전실을 증설하여 변전실, 전기트레이, 경유탱크, 보일러 및 그 부속장치들이 한 공간에 설치되어 있다.

출처 : 학교안전원스톱점검 가이드라인

17	경유탱크, 기름통이 관리대장에 누락한 상태로 사용
사 진	 
설 명	– 경유탱크, 기름통을 관리대장에 누락한 상태로 사용하고 있어 관리의 사각지대에 놓여져 있다.

출처 : 학교안전원스톱점검 가이드라인

18	기름보일러의 주변관리가 부실
사 진	 
설 명	– 기름보일러의 주위가 누수, 누유로 오염되어 있고 전원배선이 조잡하여 화재 우려가 높다.

출처 : 학교안전원스톱점검 가이드라인

SECTION 3 소방시설 및 피난·방화시설의 부적합 개선

1 개선방안 제안 시 고려사항

① 발견된 부적합 사례에 대해서는 관련규정에 부합하는 최선의 대책을 제시한다.

② 대책을 제시할 때에는 해당 사안이 법적 의무사항에 포함되는지를 검토하여 알림으로써 관계인의 판단을 돕는다.

〈 소화기, 소화전의 의무 및 권장 알림 예시 〉

구분		주요 지적사항	의무	권장
1	소화기	① 소화기의 교체시기 및 외관점검	○	
		② 소화기관리대장의 서식 및 활용		○
		③ 배치·표지 개선 및 화재특성별 비치	○	
		④ 화기 사용장소에 자동확산소화기를 설치	○	
2.	소화전	① 소화전의 노후한 호스 및 관창	○	

2 소방시설의 부적합 사례 개선

가. 소화기

1) 소화기의 교체시기 및 외관점검

- 분말형태의 소화기는 시간이 지날수록 소화성능이 점차 감소하므로 소화기의 내용연수를 10년으로 제한(초기대응을 위한 소화기의 중요성을 감안)

▸ **(관련근거)**

○ 소방시설법 시행령 제15조의 4(내용연수 설정 대상 소방용품)
① ...내용연수를 설정하여야 하는 소방용품은 분말형태의 소화약제를 사용하는 소화기로 한다.
② 제1항에 따른 소방용품의 내용연수는 10년으로 한다. [본조신설 2017.1.26.]

○ 소방시설법 부칙 제3조(내용연수 설정에 관한 경과조치)
....관계인은 이 영 시행 후 1년이 되는 날까지 내용연수가 경과한 소화기를 교체하거나 총리령으로 정하는 바에 따라 성능확인을 받아야 한다.

○ 소방용품의 품질관리 등에 관한 규칙(총리령) [시행 2017.2.15.]
수동식 분말소화기는 성능확인을 받은 경우 1회에 한하여 3년 연장이 가능하다

※ 소화기구는 소방시설법의 소급적용대상이므로 반드시 반영하여야 함

• 소화기의 정비 및 교체 시기는 매월 외관점검을 통해 판단

참고 소화기의 점검 부적합 사례 및 외관점검 항목

(노후·부식된 소화기)

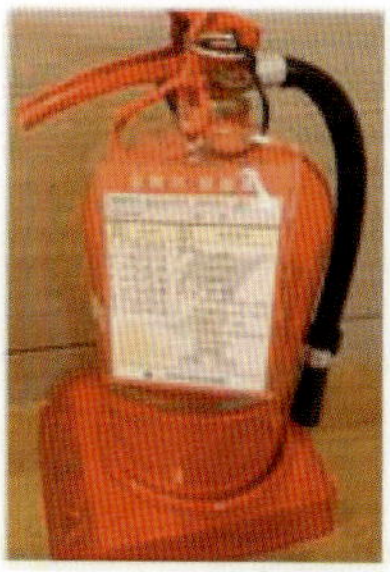

(소화기 교체)

- 잘 보이는 위치에 소화기 설치 여부
- 보행거리 적정 설치 여부
- 소화기 용기 변형·손상·부식 여부
- 안전핀 고정 여부
- 가압식소화기(폐기대상, 압력계 미부착 분말소화기) 비치 여부

(소방시설 자체점검사항 등에 관한 고시[별지 제5호 서식])

출처 : 학교안전원스톱점검 가이드라인

• 공공기관은 반기별로 실시하는 종합정밀점검과 작동기능점검이 속하지 않는 달에 매월 1회 이상 외관점검 실시

참고 자체점검의 종류별 점검자의 자격

종합정밀점검	작동기능점검	외관점검(공공기관)
소방시설관리업자 소방시설관리자(선임자) 소방기술사(선임자)	관계인 소방안전관리자 소방시설관리업자	관계인 소방안전관리자 소방시설관리업자

○ 작동기능점검 및 외관점검은 관계인 및 소방안전관리자가 수행할 수 있도록 하고 있으나,
  - 소방전문지식이 미흡한 많은 건축물에서 종합정밀점검 및 외관점검까지 소방시설관리업자와의 용역계약을 통해 수행하고 있다.

○ 하지만 원스톱점검에서 다수로 지적된 것처럼 소화기의 외관점검 및 관리는 전문용역업체와 병행하여 특정소방대상물 자체에서의 점검, 관리가 필요하다.

○ 관계인 및 소방안전관리자가 외관점검을 하여야 하는 모든 소방시설을 점검할 수는 없으나 소화기만큼은 외주용역과 병행하여 주요사항을 점검하고 관리할 필요가 있다.

- 매월마다 외관점검 법정서식과는 별도로 소화기마다 외관점검표를 부착하여 비전문가도 점검가능한 항목들을 집중적으로 점검·관리

참고 **소화기 외관점검표와 외관점검point**

○ 소화기마다 부착하는 외관점검표 예시

20 /8 년 외관점검표

월	일	확인	월	일	확인
1	4	홍길동	7		
2	3	홍길동	8		
3	6	홍길동	9		
4	2	홍길동	10		
5	4	홍길동	11		
6			12		

※ 매월 1회 이상 외관점검하여 정상확인 후 서명

학교안전원스톱 가이드라인

○ 소화기 외관점검 점검 point

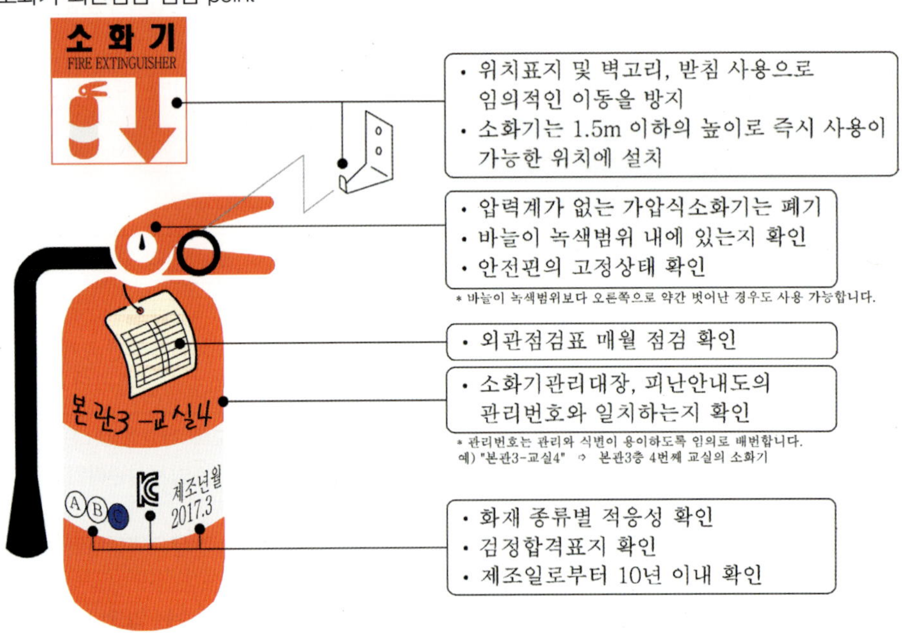

출처 : 학교안전원스톱점검 가이드라인

• 다수의 폭발로 사상사고를 일으킨 '가압식 소화기'는 발견 즉시 수거하여 폐기한다.

참고 가압식 소화기의 식별 및 조치

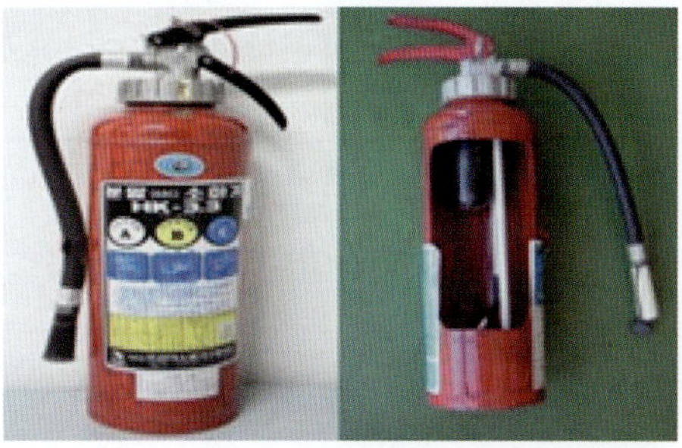

출처 : 중앙매일 인터넷 기사

○ 구조
내장된 작은 압력용기가 소화기 작동 시 내부를 급격히 가압하여 작동한다.

○ 식별방법
상부캡이 투박하며 압력계가 설치되어 있지 않다.

○ 발견 시 조치
즉시 수거하여 폐기하고 축압식 소화기로 교체한다.

출처 : 학교안전원스톱점검 가이드라인

• 축압식 소화기는 용기 상부의 압력계로 축압상태의 적정여부를 판단

참고 축압식 소화기의 압력확인 및 조치

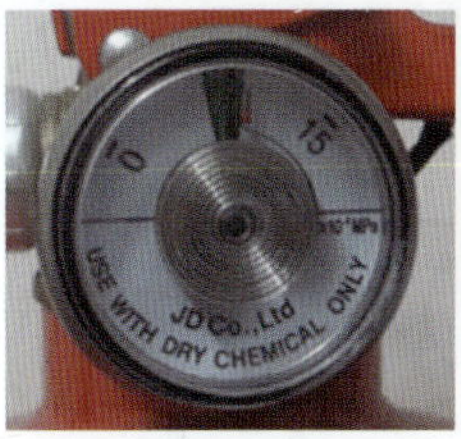

〈 정 상 〉

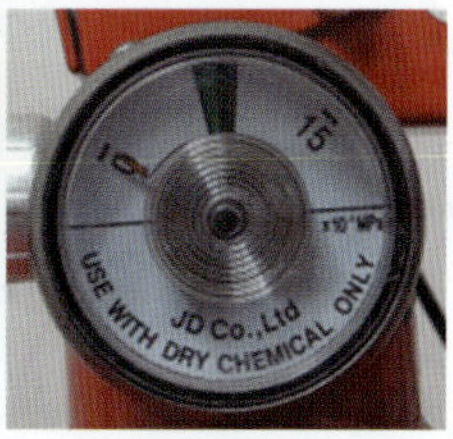

〈 압력부족 〉

정상범위의 약간 오른쪽을 지시하는 경우에도 사용 가능하다.

○ 점검
압력계 지시바늘이 9×10^{-1}MPa 인근의 녹색 범위 내에 위치하는지를 확인한다.

○ 압력부족
지시바늘이 정상범위의 왼쪽을 지시한다.

○ 발견 시 조치
즉시 수거 후 정상압력범위의 소화기로 교체한다.

출처 : 학교안전원스톱점검 가이드라인

2) 소화기관리대장의 서식 및 활용

• 소화기 관리대장(권장서식 참조)에 특정소방대상물 내 전 구간에 비치된 소화기마다의 정보(위치, 관리번호, 실용도, 종류, 제조일)를 기입

▸ (관련근거)
○ 화재예방, 소방시설 설치 · 유지 및 안전관리에 관한 법률 제20조
⑥(생략)소방안전관리대상물의 소방안전관리자의 업무는 다음 각 호와 같다
1.(생략)대통령령으로 정하는 사항이 포함된 소방계획서의 작성 및 시행(이하 생략)
○ 화재예방, 소방시설 설치 · 유지 및 안전관리에 관한 법률 시행령 제24조
① 법 제20조제6항제1호에 따른 소방계획서에는 다음 각 호의 사항이 포함되어야 한다.
2. 소방안전관리대상물에 설치한 소방 · 방화, 전기 · 가스 및 위험물시설의 현황

- [소화기 관리대장(권장서식 참조) ↔ 각 소화기 ↔ 피난안내도]의 관리번호를 일치시켜 광범위하게 비치된 소화기를 체계적으로 관리

참고 소화기 관리대장의 활용

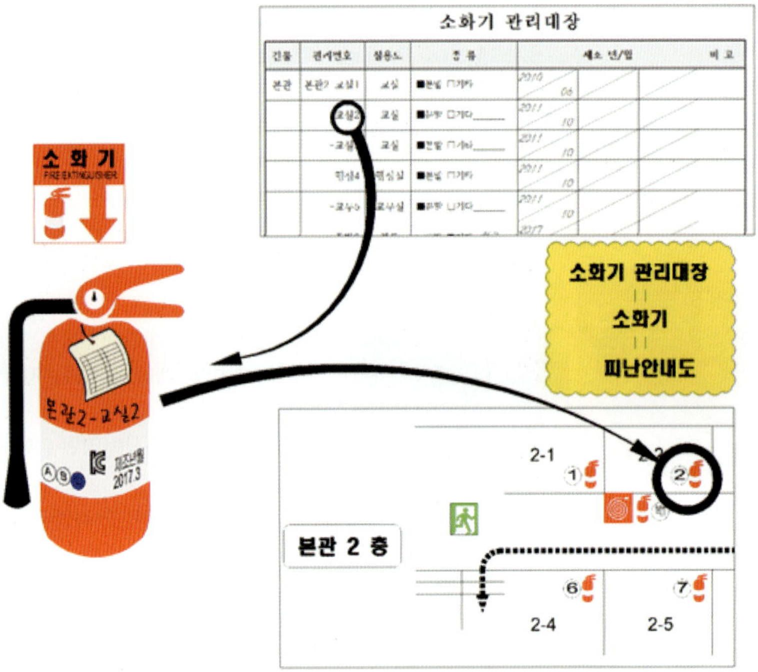

출처 : 학교안전원스톱점검 가이드라인

○ 소화기 관리대장의 활용
- 소화기관리대장의 관리번호를 해당 소화기에 표기한다.
- 소화기는 위치표지 및 벽고리, 받침 사용으로 지정위치에 배치한다.
- 피난안내도의 소화기 배치위치와 일치시키면 체계적 관리, 사용 가능하다.

3) 배치·표지 개선 및 화재특성별 비치

- 화재초기에 신속한 소화기 사용이 가능할 수 있도록 눈에 잘 띄는 곳에 소화기를 배치하고, 소화기 설치위치마다 "소화기"라고 표시된 표지를 부착

▸ **(관련근거)**

○ 소화기구 및 자동소화장치의 화재안전기준 제4조 (설치기준)

4. 소화기는 다음 각 목의 기준에 따라 설치할 것

가. (생략)특정소방대상물의 각 부분으로부터 1개의 소화기까지의 보행거리가 소형소화기의 경우에는 20 m 이내, 대형소화기의 경우에는 30 m 이내가 되도록 배치할 것(생략)

6. 소화기구는(생략)바닥으로부터 높이 1.5m 이하의 곳에 비치하고, 소화기에 있어서는 "소화기", 투척용소화용구에 있어서는 "투척용소화용구"(생략)라고 표시한 표지(이하 생략)

참고 소화기 배치·표지의 사례 및 제안

○ 신속한 소화기 사용을 위한 배치위치를 선정한다.

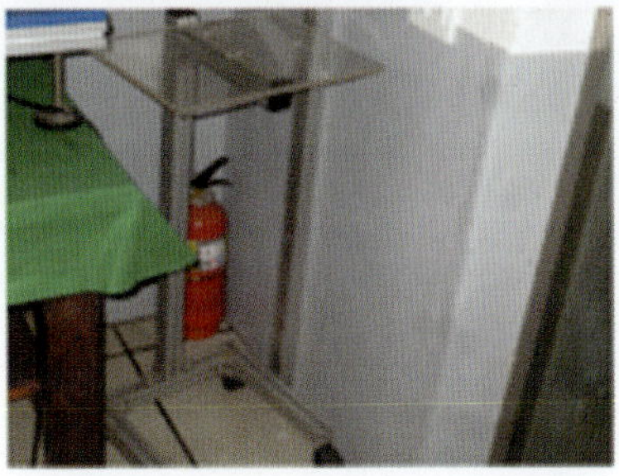

(표지누락 및 안 보이는 곳에 비치)

→

(표지부착 및 이동설치)

○ 소화기 배치위치마다 '소화기' 표지를 부착한다.

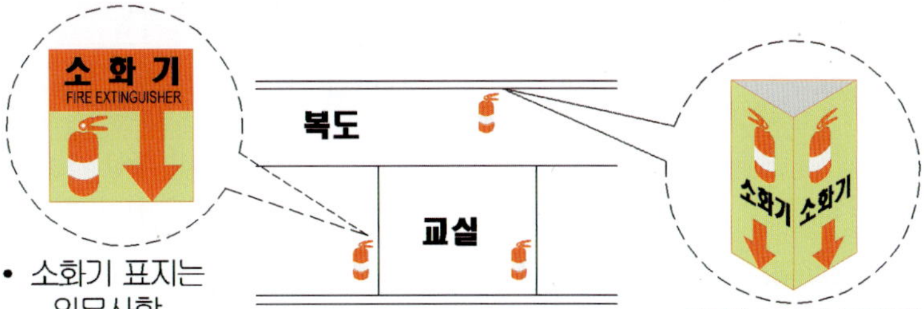

- 소화기 표지는 의무사항
- 길거나 넓은 공간은 입체형 표지를 권장

출처 : 학교안전원스톱점검 가이드라인

• 분말소화기, 자동확산소화기, 스프링클러로는 소화할 수 없는 식용유(K급)화재에 대응하기 위한 K급 소화기를 주방마다 비치

▸ **(관련근거)**

소화기구 및 자동소화장치의 화재안전기준 개정(별표4) (2017. 6. 12 시행)

용도별	소화기구의 능력단위
나. 교육연구시설의 주방	2. 나목의 주방의 경우, 1호에 의하여 설치하는 소화기 중 1개 이상은 주방화재용 소화기(K급)를 설치하여야 한다.

※ 소화기구는 소방시설법의 소급적용대상이므로 반드시 반영하여야 함

참고 **상업용 주방의 소화기구 및 자동소화장치의 이해**

○ 상업용주방에 설치되는 소화기구 및 자동소화장치의 종류별 비교

항 목	분말 소화기	자동확산 소화기	K급 소화기	상업용 주방자동소화장치
외관				
약제	분말 (인산암모늄)	분말 (인산암모늄)	액체 (중탄산칼륨)	액체 (중탄산칼륨)
일반 화재	O	O	O	O
식용유 화재	X	X	O (소규모)	O (50리터 초과 중·대규모)
특징	• 이동가능 • 수동작동	• 이동불가 • 자동작동	• 이동가능 • 수동작동	• 이동불가 • 자동작동
소요 비용	2만원	2만원	15만원	설치조건에 따라 300만원~수천만원
법적 대상	• 33 m^2 이상	• 주방 외 • 10 m^2 이하는 1개, 초과는 2개	• 음식점 등 주방에 1개 이상 설치	• 법적 대상 기준마련 중 • 주방 설치 시 자동확산소화기 면제
범주	소화기구에 해당(소급, 의무)			자동소화장치에 해당(권장)

• 식용유화재의 위험 및 피해증가로 K급 화재가 도입되었고, 이에 따라 K급 소화기의 설치대상, 설치기준이 마련되었다. (국민안전처고시, 2017.6.12)

출처 : 학교안전원스톱점검 가이드라인

4) 화기 사용장소에 자동확산소화기를 설치

- 주방 이외의 화기를 사용하는 실의 경우, 상부에 자동확산소화기를 설치하여 화재 발생 초기에 신속한 화재진압

▸ **(관련근거)**

소화기구 및 자동소화장치의 화재안전기준 (2017. 6. 12 시행)

(별표4 부속용도별로 추가하여야 할 소화기구 및 자동소화장치)

나. 교육연구시설의 주방	1. (생략)자동확산소화기를 10 m²이하는 1개, 초과는 2개를 설치할 것

※ 주방에만 규정된 자동확산소화기를 실습실 등 화기를 사용하는 장소에도 권장함

참고 **주방 이외의 화기를 사용하는 장소 예**

(조리 실습실)

(용접,선반 실습실)

(보일러실)

➔

(자동확산소화기 설치)

출처 : 학교안전원스톱점검 가이드라인

나. 소화전

1) 소화전의 노후한 호스 및 관창

- 옥내소화전의 노후로 내부의 호스는 경화되었고, 관창은 구형의 직사형관창으로 봉상(막대형태)주수 시 화재 확산 우려
- 소화전호스는 항상 접결상태를 유지하고, 고착되어 균열이 발생하지 않았는지 외관 점검한 후 고착, 또는 균열 발생 시 교체
- 소화전관창은 구형의 직사형인 경우 직방사형의 신형관창으로 교체

▸ **(관련근거)**
소방시설 자체점검사항 등에 관한 고시
(서식2의3 옥내 · 외소화전설비의 작동기능점검)

소화전함(호스 및 노즐, 개폐밸브)	• 기동표시등 및 사용설명서, 사용요령 표지 • 밸브와 호스의 연결 및 정리상태 • 호스 및 관창의 적정설치 • 주변 장애물

※ 소화전호스의 내용연수, 관창의 형식이 구체적으로 규정되지는 않았으나 호스 및 관창의 성능확보를 위해서는 노후한 호스를 교체하고 직사형 관창은 직 · 방사형 관창으로 교체하는 것을 권장함

참고 **노후한 소화전의 개선 예**

(노후한 호스 및 직사형의 구형관창)

→

(근래의 호스 및 직방사형 관창)

출처 : 학교안전원스톱점검 가이드라인

다. 수신기

1) 수신기 기능의 고의적인 정지

- 화재를 감시하여 경보하고 소방 및 방화시설과 연동하는 핵심시설인 수신기는 고의적인 정지조작을 금하며 반드시 상시대기상태를 유지 함

▸ **(관련근거)**

화재예방, 소방시설 설치·유지 및 안전관리에 관한 법률 제9조

③ 특정소방대상물의 관계인은 (생략)소방시설의 기능과 성능에 지장을 줄 수 있는 폐쇄(잠금을 포함한다. 이하 같다)·차단 등의 행위를 하여서는 아니 된다. 다만, 소방시설의 점검·정비를 위한 폐쇄·차단은 할 수 있다.

참고 대부분의 기능을 정지상태로 한 수신기

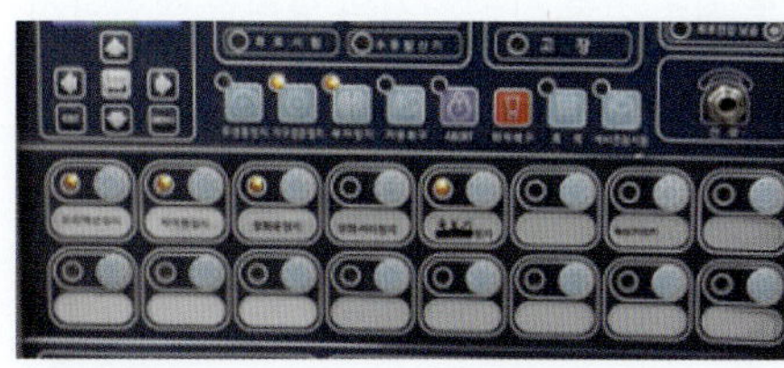

수신기 기능을 고의로 정지한 상태

정지 System	• 지구경종, 부저, 싸이렌 • 방화문 • 자동화재속보기

출처 : 학교안전원스톱점검 가이드라인

참고 수신기 역할의 중요성 이해 및 문제해결 방안

○ 화재, 폭발의 발생 시 수신기 역할의 중요성
- 수신기의 기능 정지는 전체 소화 및 피난·방화시설에 장애를 일으킨다.
- 기능 정지로 피해발생 반복되어 인명피해 시 처벌을 대폭 강화하였다.

▶ (처벌규정)
화재예방, 소방시설 설치·유지 및 안전관리에 관한 법률 제48조(벌칙)
① 소방시설에 폐쇄·차단 등의 행위를 한 자는 5년 이하의 징역 또는 5천만원 이하의 벌금에 처한다.
② 제1항의 죄를 범하여 사람을 상해에 이르게 한 때에는 7년 이하의 징역 또는 7천만원 이하의 벌금에 처하며, 사망에 이르게 한 때에는 10년 이하의 징역 또는 1억원 이하의 벌금에 처한다. <신설 2016.1.27.>

○ 수신기의 고의적 기능정지 원인에 따른 문제해결 방안
- 설비고장으로 신속히 복구하지 못한 경우 : 신속한 보수, 복구
- 잦은 화재경보(비화재보) : 설계 및 시공단계부터의 근본적 원인 해결
※ 최초 건축 시 감지기의 형식을 적절하지 못하게 설계하였거나, 도중에 실의 용도가 바뀐 경우 감지기는 비화재보 발생

라. 감지기

1) 연기감지기 우선고려 장소

- 기숙사, 숙직실, 합숙소 용도의 침실
- 과학실, 실습실과 같이 학생·교사가 상주하지 않는 교실
- 기타 비화재보에 대한 우려 보다는 신속한 감지의 필요성이 높다고 판단되는 장소

〈 열감지기의 감지시간 지연 〉

출처 : 학교안전원스톱점검 가이드라인

▸ **(관련근거)**

자동화재탐지설비 및 시각경보장치의 화재안전기준(NFSC 203) 제7조(감지기

5. 다음 각 목의 어느 하나에 해당하는 특정소방대상물의 취침 · 숙박 · 입원 등 이와 유사한 용도로 사용되는 거실 <신설 2015.1.23.>
   가. 공동주택 · 오피스텔 · 숙박시설 · 노유자시설 · 수련시설
   나. 교육연구시설 중 합숙소(이하 생략)

※ 사람이 상주하지 않거나 상주하더라도 취침중인 실에 열감지기를 설치하면 화재를 조기에 감지할 수 없으므로 연기감지기를 설치하도록 개정되었다.
취침이 가능한 용도의 실이나 과학실, 실습실과 같이 사람이 상주하지 않는 교실 및 조기감지가 중요한 실이라면 열감지기 보다는 연기감지기의 설치를 권장함
(단, 연기감지기는 공기의 오염에 민감하여 화재발생으로 오인하는 비화재보를 일으키기 쉬우므로 실의 조건 및 위험성을 고려하여 판단하여야 함)

참고 **화재의 조기감지가 필요한 장소 예**

(조리 실습실)

(기숙사, 합숙소)

➔

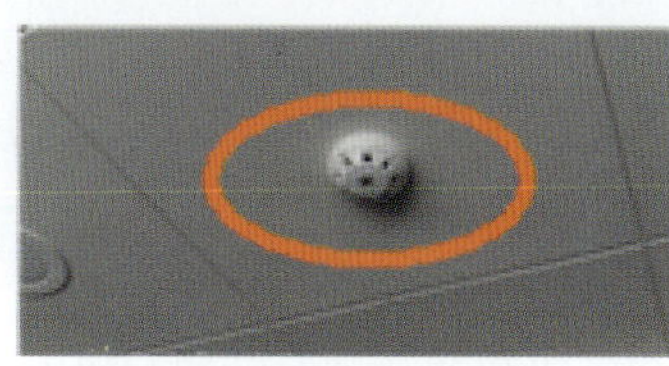

(연기감지기 설치)

출처 : 학교안전원스톱점검 가이드라인

2) 화재감지기의 설치 오류

- 화재감지기가 설치장소의 주위환경에 부합하지 않는 경우 비화재보 발생
- 수신기의 대기상태 유지를 위해 원인을 규명하고 조치를 취한다.

▸ **(관련근거)**

자동화재탐지설비 및 시각경보장치의 화재안전기준(NFSC 203) 제7조(감지기)

③ 감지기는 다음 각 호의 기준에 따라 설치하여야 한다. (생략)

1. 감지기는 실내로의 공기유입구로부터 1.5m 이상 떨어진 위치에 설치할 것(생략)

※ 외부 또는 여과된 상태의 공기유입구 인근에서는 화재의 열, 연기를 감지하기 곤란하므로 1.5m 이상 이격하도록 규정하였다.

실내공기를 재순환하는 천정형 냉난방기라 할지라도 열감지기에서는 난방기류를 화재로 오판하는 비화재보를, 연기감지기에서는 화재를 감지하지 못하는 실보를 일으키므로 토출구와 감지기를 1.5m 이상 이격할 것을 권장함

참고 냉난방기에 의한 비화재보 발생

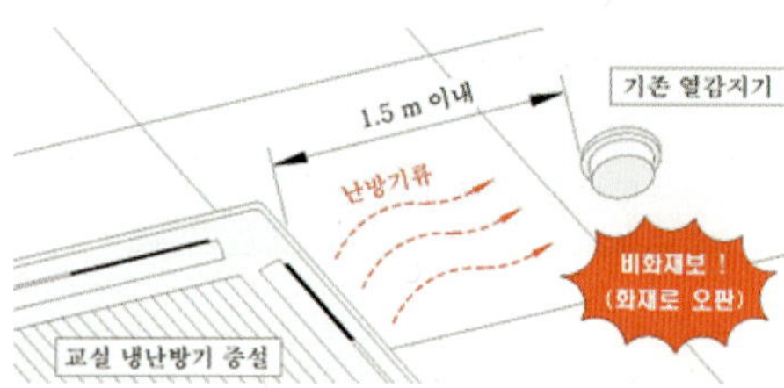

○ 위와 같은 경우 증설된 냉·난방기의 난방기류로 인해 차동식열감지기는 비화재보를 일으켰다.
  - 열감지기와 냉난방기의 토출구는 1.5m 이상 이격한다.
  - 연기감지기의 경우도 Air－ filter를 경유하는 급기로 인해 감지시간이 지연될 수 있으므로 1.5m 이상 이격한다.

○ 기타 비화재보가 자주 발생하는 경우에는 수신기의 기능유지를 위해 해당 원인을 규명하여 감지기의 교체, 사양변경 등 조치를 취한다.

출처 : 학교안전원스톱점검 가이드라인

3 피난·방화시설의 부적합 사례 개선

가. 피난시설

1) 피난안내도의 부착 및 내용 미흡

• 건물의 형태 및 소방시설의 배치를 충분히 표현하고 인식할 수 있는 규격 이상으로 제작하여 부착한다.

▸ (관련근거)

다중이용 특별법 시행규칙 별표2의 2(피난안내도에 포함되어야 할 내용)

• 비상구 위치	• 비상구 및 출입구까지의 동선
• 소화기, 옥내소화전 위치 및 사용방법	• 피난 및 대처방법

참고 **피난안내도의 포함내용 예시**

○ 평면도 및 소방시설의 배치를 인식할 수 있는 규격 이상으로 부착

○ 화재시 행동요령, 소화기 및 소화전 사용을 포함

◇ 화재 시 행동요령

• '불이야!' 소리쳐 주위에 알린다

• 발신기를 눌러 화재를 알린다

• 소화기, 소화전으로 불을 끈다

▶ 훈련 시의 절차를 간단히 표현

◇ 소화기 사용방법

• 안전핀을 뽑는다

• 노즐을 불난곳으로 향한다

• 레버를 강하게 움켜쥔다

▶ 훈련 시의 절차를 간단히 표현

◇ 소화전 사용방법

• 불난곳까지 호스를 편다

• 시계반대방향으로 밸브를 연다

• 빨간버튼을 눌러 펌프를 기동시킨다

• 물을 방사하여 불을 끈다

▶ 수동기동, 자동기동 여부를 반영 (예시는 수동기동방식)

▶ 평면상에는 소방시설을 표기

▶ 소화기관리대장과 소화기 일치

출처 : 학교안전원스톱점검 가이드라인

2) 출입구에 장애물 등 적치

- 화재 등의 불의의 사고 시 신속하게 대피할 수 있도록 주위에 물건을 쌓아두거나 장애물을 설치하는 행위 금지

▸ **(관련근거)**

화재예방, 소방시설 설치 · 유지 및 안전관리에 관한 법률 제10조(피난시설, 방화구획 및 방화시설의 유지 · 관리)

① 특정소방대상물의 관계인은(생략)피난, 방화시설에 대하여 다음 각 호의 행위를 하여서는 아니 된다.

- 폐쇄, 훼손
- 주위에 물건을 쌓아두거나 장애물을 설치
- 용도에 장애를 주거나 소방활동에 지장을 주는 행위(이하생략)

참고 **출입구에 장애물 등 적치 사례**

(출입구 앞 기자재 적치)

▸ **(처벌규정의 강화)**

화재예방, 소방시설 설치 · 유지 및 안전관리에 관한 법률 제10조

② 소방본부장이나 소방서장은 특정소방대상물의 관계인이 제1항 각 호의 행위를 한 경우에는 피난시설, 방화구획 및 방화시설의 유지 · 관리를 위하여 필요한 조치를 명할 수 있다.

화재예방, 소방시설 설치 · 유지 및 안전관리에 관한 법률 제48조의 2(벌칙)

다음 각 호의 어느 하나에 해당하는 자는 3년 이하의 징역 또는 1천500만원 이하의 벌금에 처한다.

1. 제10조제2항(생략)에 따른 명령을 정당한 사유 없이 위반한 자

○ 출입문, 비상구, 방화문, 방화셔터는 폐쇄하거나 장애물을 두지 말아야 한다.

출처 : 학교안전원스톱점검 가이드라인

나. 방화시설

1) 방화셔터의 2단강하 System 미비

- 방화셔터는 열감지 시 1단강하, 연기감지 시 2단강하 System을 갖추도록 함

▸ **(관련근거)**

○ 국토교통부고시 제2016－193호 자동방화셔터 및 방화문의 기준 제4조
(셔터의 구성) ② 셔터는 화재발생시 연기감지기에 의한 일부폐쇄와 열감지기에 의한 완전폐쇄가 이뤄질 수 있는 구조를 가진 것이어야 한다.

※ 시행일(2005.7.27.) 이전에 지어진 특정소방대상물에서도 보완을 권장함

참고 방화셔터 2단 강하의 중요성 이해

○ 도입 배경

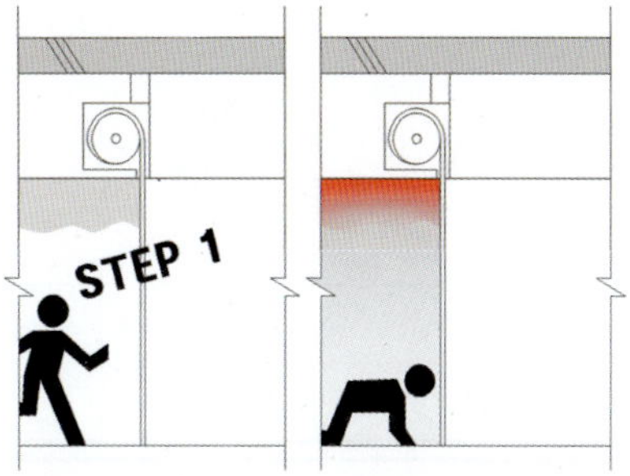

2003년 2월 18일 대구지하철 중앙로역 화재 시 지하철 승강장인 지하3층에서 지하2층 까지 이동한 피난자들이 주 통행로였던 지하1층의 중앙지하상가 쪽 방화셔터에 막혀 암흑상태에서 피난구를 찾지 못하고 다수가 사망하는 안타까운 사례가 발생하였다.

▸ **한국화재보험협회 화재조사 보고서 일부(2003.2)**

한 119구조대원은 지하2층 개찰구 부분에서 사망자들을 특히 많이 발견했다고 전하고 있어, 나중에 간신히 객차를 빠져나온 승객의 대부분도 출구를 찾다 유독가스와 연기에 질식해 쓰러져 대피를 못한 것으로 추정됨

○ 자동방화셔터 및 방화문의 기준 제정, 고시 (시행 2005.7.27.)

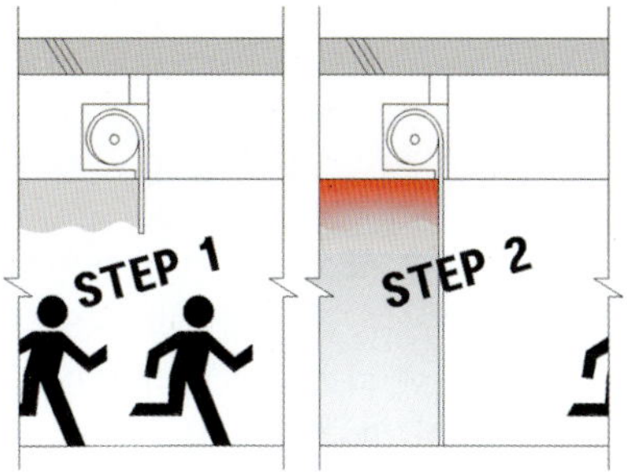

셔터는 화재 시 연기감지기에 의한 일부폐쇄와 열감지기에 의한 완전폐쇄가 이뤄질 수 있는 구조를 가진 것이어야 한다.

○ 2단강하 적용에 따른 피난안전성 확보효과가 크므로 고시 이전의 특정소방대상물에서도 보완할 것을 권장함

2) 방화셔터가 계단 유효너비를 간섭

- 층간 방화구획의 개념이 적용되지 않았던 과거에 지어진 건물에 방화셔터를 증설하게 되면서 계단의 돌음구간을 침범한 상태의 사례가 다수 발견
- 화재 시 계단을 통한 화재확산을 방지하기 위한 방화셔터가 폐쇄되면 상층의 재실자에게는 피난장애를 초래

▸ **(관련근거)**

건축물의 피난·방화구조 등의 기준에 관한 규칙 제15조 (계단의 설치기준)

계단의 종류	계단 (참) (min, cm)	단	
		높이 (max)	너비 (min)
초등학교	150	~16	26~
중·고등학교	150	~18	26~
기타 용도에 따라	60 ~ 120		

참고 **방화셔터 계단간섭의 사례와 제안**

(방화셔터 작동 시 피난장애 발생)

→

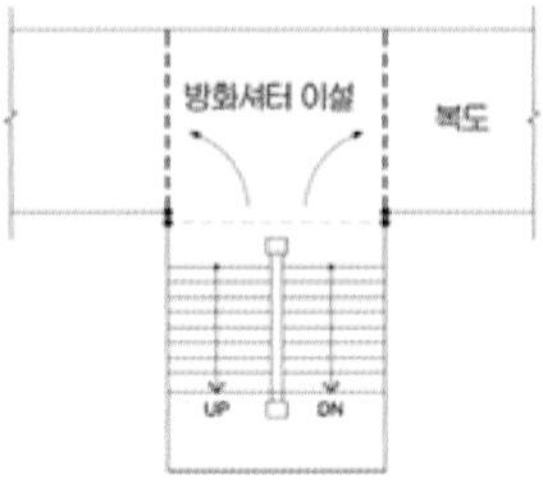

- 공간구조 상 현실적인 방법은 방화셔터의 이설을 통해 확보할 수 있다.
- 건축법에 따라 유효너비 120cm 이상의 폭을 복도쪽으로 확보하여야 한다.

출처 : 학교안전원스톱점검 가이드라인

4 소화활동설비의 부적합 사례 개선

1) 상수도소화전의 위치확인 및 표지

- 상수도소화전은 소방대의 소화용수가 고갈되기 이전에 가까운 곳에서 소화용수를 확보하기 위해 설치

▸ **(관련근거)**

소방기본법 제10조 (소방용수시설의 설치 및 관리)

①시 · 도지사는 소방용수시설을 설치하고 유지 · 관리하여야 한다.(이하 생략)

화재예방, 소방시설 설치유지 및 안전관리에 관한 법률 제9조(유지 · 관리 등)

① 특정소방대상물의 관계인은 대통령령으로 정하는 소방시설을 (생략)설치 또는 유지 · 관리하여야 한다. (이하 생략)

참고 상수도소화전의 높이확보 및 표지의 사례

(상수도소화전의 높이 및 위치표지 부적합)

→

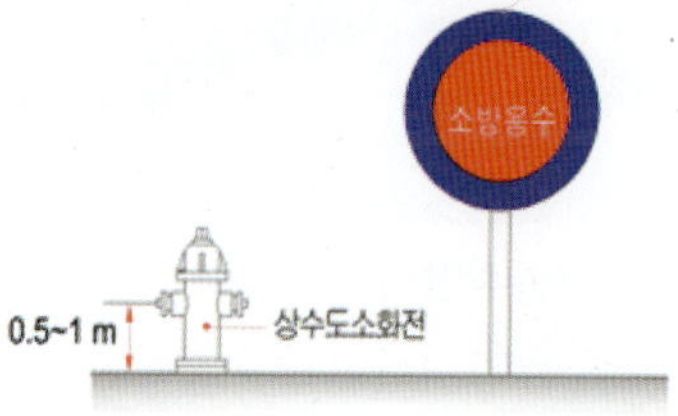

(사용높이 확보 및 위치표지)

○ 화단, 수풀 및 장애물에 가려 상수도소화전의 위치식별이 곤란하다고 판단될 경우 소방용수 시설임을 알리는 표지를 설치하여야 한다.

출처 : 학교안전원스톱점검 가이드라인

2) 연결송수구 사용시의 장애물

- 연결송수구 주변의 장애물을 제거하고 송수구 인근에 송수압력범위 표지

▸ **(관련근거)**

연결송수관설비의 화재안전기준 제4조(송수구)

연결송수관설비의 송수구는 다음 각 호의 기준에 따라 설치하여야 한다.

1. 소방차가 쉽게 접근할 수 있고 잘 보이는 장소에 설치할 것 <개정 2014.8.18.>
2. 지면으로부터 높이가 0.5 m 이상 1 m 이하의 위치에 설치할 것
3. 송수구는 화재층으로부터 지면으로 떨어지는 유리창 등이 송수 및 그 밖의 소화작업에 지장을 주지 아니하는 장소에 설치할 것

참고 송수구의 장애물제거 및 송수압력표지

○ 연결송수구는 건물외부의 소방차에서 건물내부의 소방대로 소화용수를 공급하여 화재를 진압하기 위한 설비이다.

(옥내 소화전 송수구 장애물)

→

(노출형 연결송수구)

(송수압력범위 표지 미부착)

(매립형 연결송수구)

○ 장애물을 제거하고 송수압력범위를 표지하여 안정된 소화활동을 대비한다.

출처 : 학교안전원스톱점검 가이드라인

3) 소방차의 동선확보

- 소방차의 진입·활동에 방해가 되지 않도록 도로를 확보하고 최소폭을 침범하는 주·정차를 통제

▸ (관련근거)

소방기본법 제16조(소방활동)

② 누구든지 정당한 사유 없이 제1항에 따라 출동한 소방대의 화재진압 및 인명구조·구급 등 소방활동을 방해하여서는 아니 된다.

소방기본법 제21조(소방자동차의 우선통행 등)

① 모든 차와 사람은 소방자동차가 화재진압 및 구조·구급 활동을 위하여 출동을 할 때에는 이를 방해하여서는 아니 된다.

② 소방자동차의 우선 통행에 관하여는 「도로교통법」에서 정하는 바에 따른다.

참고 소방차 진입 장애와 소방차의 제원

○ 진입로에 다수의 차량을 주차하여 소방차의 진입이 곤란함

(진입로 무단주차 상태)

→

(소방차 진입로 확보)

소방차종	중량 (ton)	전폭 (m)	전고 (m)	내부/외부 회전반경
27m 굴절차	21.4	2.49	3.85	5.3 / 10.6
대형펌프차	13.1	2.49	3.35	5.5 / 9.9
중형펌프차	8.5	2.23	2.85	4.4 / 8.6

○ 소방대는 발화 후 Golden Time인 5분 이내에 도착하여야 한다.
- 고가차 및 펌프차의 통행을 위해 최소 3.25m를 확보 함
- 진입로 및 꺾이는 도로에서는 회전반경을 고려하여 도로폭을 확보 함

출처 : 학교안전원스톱점검 가이드라인

CHAPTER 15

소방공사감리의 업무지침

유의사항	본 업무지침은 「소방공사감리 업무절차서/중앙소방본부」를 기본으로 하였다. • 「소방시설 공사업법」에 따른 감리업무의 세부절차 및 방법 등 표준적인 내용을 정한 것으로써, 원활한 감리업무를 수행하기 위한 지침서이다. • 본문에서 이르는'법, 령, 규칙'은 「소방시설 공사업법」의 법, 시행령, 시행규칙을 말하며, 별지서식은 「소방공사감리 업무절차서」의 원문에 포함된 50여 호의 별지서식을 이르나 본서의 경량화를 위하여 따로 싣지 않으니 실무에서 해당 서식이 필요한 경우에는 원문을 참고하여 주기 바란다.

CHAPTER 15 소방공사감리의 업무지침

SECTION 1 소방감리의 이해

1 주요 용어의 정의

용 어	정 의
감리	• 발주자가 감리업체를 지정하여 해당 공사의 설계도서, 기타 관계서류의 내용대로 시공되는지의 여부를 확인하고 품질관리, 시공관리, 공정관리, 안전관리 등에 대한 기술지도를 하며, 관계법령에 따라 발주자의 감독 권한을 대행하는 것
발주자	• 소방시설의 설계·시공·감리를 하기 위하여 소방시설업자에게 용역을 발주하는 자
감리자	• 소방공사감리업을 영위하고자 시·도지사에게 소방공사감리업을 등록한 소방공사감리업체
시공자	• 소방시설공사업을 영위하고자 시·도지사에게 소방시설공사업을 등록한 소방시설공사업체
감리원	• 자격을 갖추어 감리원 자격수첩을 취득한 사람으로서 감리업체에 종사하면서 감리 업무를 수행하는 사람
책임감리원	• 발주자와 체결된 소방시설공사의 감리용역계약에 따라 감리업체를 대표하여 현장에 상주 또는 비상주하면서 해당 소방시설공사 전반에 관한 감리업무를 총괄하는 사람
상주감리원	• 현장에 상주하면서 감리업무를 수행하는 사람
검사	• 공사계약문서에 나타난 시공 등의 단계 및 재료에 대해서 완성품 및 품질을 확보하기 위해 시공자의 확인검사에 근거하여 검사원이 완성품, 품질, 규격, 수량 등을 확인하는 것을 말한다. 이 경우 시공자가 실시하여 확인한 결과 중 대표가 되는 부분을 추출하여 실시할 수 있다. 또 시공에 대한 합격판정은 검사원이 한다.

2 구성원의 기본임무

1) 발주자

구 분	임 무
지 원	• 설계도서와 계약사항에 명기된 자재, 장비, 비품 및 설비의 제공 • 소방시설공사 시행에 따른 업무연락, 문제점파악 및 민원해결 • 소방시설공사 시행에 필요한 용지 및 지장물 보상 • 인허가 등의 조처 또는 협력 • 시공자의 도서, 자재, 장비, 설비, 직원 등에 대한 협조의 보장 • 감리원의 현장보고 등 방침 요구사항에 대한 의사결정 및 통보 • 외부전문가의 자문,감리가 필요한 경우 별도 조처 • 기타 발주자로서의 감독업무 • 감리업무에 필요한 부대시설을 제공하거나 시공자와의 계약문서에 규정하여 제공
보 장	• 정당한 사유없이 감리원의 업무에 개입, 간섭, 침해 금지
기 간	• 착공 전 설계도서 검토 등의 감리업무 수행기간을 확보 • 준공 후 준공처리, 사후관리 등을 위하여 일정기간 확보
배 치	• 감리자 및 감리원을 배치하고 관계기관에 통보하거나 확인 • 계약 및 변경계약 시 감리자지정신고 및 변경신고 • 배치 및 변경배치 시 감리원의 배치 및 변경배치 통보 또는 확인 • 감리원의 시공사 현장대리인 및 기술자 등의 교체 요구에 대하여 검토하고 조치결과를 통보

2) 감리자

구 분	임 무
배 치	• 소방감리원이 현장에 배치된 기간에는 소방감리 이외의 타 공종 업무의 겸임을 금지 • 감리원 투입기간은 공사의 진행정도와 감리 업무수요에 따라 총 예정 인·월 수에 맞춰 투입시기 및 기간을 조정할 수 있으며, 그 조정 및 변경 내용은 관할소방서에 보고

3) 감리원

구 분	임 무
감 독 대 행	• 해당 소방시설공사가 설계도서 및 기타 관계서류의 내용대로 시공되는지의 여부를 확인하고 품질관리, 시공관리, 공정관리, 안전관리 등에 대한 기술지도를 하며, 발주자의 위탁에 따른 관계법령에 따라 발주자의 감독 권한을 대행
검 측	• 해당 공사의 특성, 공사의 규모 및 현장조건을 감안하여 현장별로 수립한 검측체크리스트에 따라 설계도서에서 정한 규격 및 치수 등에 대하여 시설물의 각 공종마다 육안검사 · 입회 · 승인 · 시험 등의 방법으로 검측업무를 수행 • 시공자가 검측업무를 요청할 경우에는 즉시 검측업무를 수행하고 그 결과를 시공자에게 통보

4) 시공자

구 분	임 무
시 공	• 시공자는 공사계약문서에 따라 현장작업, 시공방법에 대하여 전적인 책임을 지고 신의와 성실의 원칙에 입각하여 시공하고, 정해진 기간 내에 완성
하도급	• 소방시설공사를 하도급 하거나 하도급업자를 변경하고자 할 경우에는 사전에 하도급사유와 하도급업체의 경영상태 및 시공능력을 확인할 수 있는 자료를 감리원에게 제출하고 감리원의 검토 의견을 첨부하여 발주자에게 승인을 요청
협 조	• 시공자는 발주자와의 소방시설공사계약문서에 따라 감리원의 업무에 적극 협조하여야 한다.

SECTION 2 감리업무의 계통

Ⅰ 착 수

도서검토 — **현장개설** — **착공신고**

- 도서검토
  - 설계도서 검토
  - 해석의 우선순위
  - 설계도서의 관리
- 현장개설
  - 현장사무소 개설
  - 행정업무
  - 하도급관련사항
- 착공신고
  - 인허가
  - 착공신고

↓

Ⅱ 공사관리

업무보고 — **의견제시** — **품질관리**

- 업무보고
  - 업무의 보고,기록
  - 시공자 제출서류 검토
  - 현장정기교육
- 의견제시
  - 감리원의 의견제시
  - 지시사항의 처리
- 품질관리
  - 품질관리계획
  - 품질시험 검사조치

시공계획 — **시공확인** — **기술검토**

- 시공계획
  - 시공계획서
  - 시공상세도 승인
- 시공확인
  - 일일작업관리
  - 시공확인
  - 검측업무
- 기술검토
  - 특수공법검토
  - 기술검토의견서

자재관리 — **공정관리** — **안전관리**

- 자재관리
  - 지급자재 검수관리
  - 주요기자재 검수관리
- 공정관리
  - 현장상황 보고
  - 공사중지 명령
  - 공사진도 관리
- 안전관리
  - 안전관리
  - 사고처리

↓

Ⅲ 원가관리

설계변경 — **금액조정** — **기성검사**

- 설계변경
  - 설계변경
- 금액조정
  - 설계변경 금액조정
  - 물가변동 금액조정
  - 기타사유 금액조정
- 기성검사
  - 검사원 임명
  - 재시공 명령
  - 기성부분 검사

↓

Ⅳ 준공검사

시운전 — **준공검사**

- 시운전
  - 시설물 시운전
- 준공검사
  - 예비준공검사
  - 준공검사
  - 준공도서

↓

Ⅴ 인수인계

인수인계 — **유지관리**

- 인수인계
  - 시설물 인수인계
  - 현장문서 인수인계
- 유지관리
  - 유지관리
  - 하자보수

SECTION 3 착수

1 도서검토

1) 설계도서 검토

- 감리원은 설계도면, 설치(배치)계획서, 수량산출서, 시방서, 각 설비별 계산서(소화설비 계산서, 제연설비 계산서, 전력부하 용량계산서, 비상발전기 용량계산서 등), 산출내역서, 공사계약서 등의 계약내용이 관련법령, 기준 등에 적합한지를 검토하여 확인하고 기술적 합리성에 따른 공법개선의 여지가 있을 경우 이의 제안에 노력하여야 한다.
- 감리원은 설계서 등의 공사 계약문서 상호간의 모순되는 사항, 현장 실정과의 부합여부 등 현장시공을 주안으로 하여 해당 공사시행 전에 검토하여야 하며, 검토내용에는 다음 각 호의 사항이 포함되어야 한다.
  - 현장 조건에 부합 여부
  - 시공의 실제가능여부(Construction practicability)
  - 타 사업 또는 타 공정과의 상호 부합 여부
  - 설계도면, 시방서, 계산서, 산출내역서 등의 내용에 대한 상호 일치 여부
  - 설계서에 누락, 오류 등 불명확한 부분의 존재 여부
  - 발주자가 제공한 공종별 목적물의 물량내역서와 시공자가 제출한 산출내역서 수량과의 일치 여부
  - 시공에 따른 예상 문제점 등
- 감리원은 검토결과 불합리한 부분, 착오, 불명확하거나 의문사항이 있을 경우에는 그 내용과 의견을 발주자에게 보고하여야 한다. 또한 시공자에게도 설계도서 및 산출내역서 등을 검토하도록 하여 검토결과를 보고 받아야 한다.
- 감리원은 설계도서 등에서 「화재예방, 소방시설 설치·유지 및 안전관리에 관한 법률」에 따라 적법하게 제품검사를 받은 소방용품이 선정되도록 검토하여야 하며, 같은 법률에 따른 우수품질인증제품이 있는 경우에는 이를 우선하여 선정하도록 검토하여야 한다.

2) 해석의 우선순위

- 특별히 계약에 명기되어 있지 않을 경우의 공사 계약문서의 적용에 따른 우선순위

는 다음과 같다.

- 소방 관계법령 및 유권해석
- 계약특수조건 및 일반조건
- 특별시방서
- 설계도면
- 일반시방서 또는 표준시방서
- 산출내역서
- 승인된 시공도면
- 감리원의 지시사항

• 설계도서의 해석 및 적용에 따른 고려사항은 다음과 같다.
  - 설계도면 및 시방서의 어느 한쪽에 기재되어 있는 것은 그 양쪽에 기재되어 있는 사항과 완전히 동일하게 다룬다.
  - 숫자로 나타낸 치수는 도면에서 축척으로 잰 치수보다 우선한다.
  - 특별시방서는 해당 공사에 한정하여 일반시방서에 우선하여 적용한다.
  - 특별시방서 및 도면에 기재되지 않은 사항은 일반시방서를 따른다.

• 기타 사항에 대해 공사계약문서 상호간에 차이와 문제가 있을 경우에는 감리원의 의견을 참조하여 발주자가 최종적으로 결정한다.

☞ 해석의 우선순위 비교

소방감리업무절차서/소방청	국토교통부고시
1. 소방관계법령 및 유권해석	1. 공사시방서
2. 계약특수조건 및 일반조건	2. 설계도면
3. 특별시방서	3. 전문시방서
4. 설계도면	4. 표준시방서
5. 일반시방서 또는 표준시방서	5. 산출내역서
6. 산출내역서	6. 승인된 상세시공도면
7. 승인된 시공도면	7. 관계법령의 유권해석
8. 감리원의 지시사항	8. 감리자의 지시사항

- 일반적인 표준계약은 계약서에 별도로 명기되지 않은 경우에는 국토교통부고시를 따르고 있다. 하지만, 소방청의 우선순위를 보면 관계법령 및 유권해석을 가장 선순위로 보고 있는데 이는 관계법령이 최상위인 것이 당연한 것이며 또한 소방청의 질의회신, 업무처리지침 등 신뢰성 높은 유권해석 기구가 갖춰진 소방시설업의 특성을 감안한 것임을 알 수 있다.

3) 설계도서의 관리

- 감리원은 착공과 동시에 공사 설계도서 및 자료, 공사계약문서 등을 발주자로부터 인수하여 관리번호를 부여하고, 관리대장을 작성하여 공사관계자 이외의 자에게 유출을 방지하는 등 관리를 철저히 하여야 하며, 외부 유출이 있을 경우에는 발주자(지원업무수행자)의 승인을 받아야 한다.
- 감리원은 설계도서 및 문서를 현장사무소 보관함 등에 보관하여야 하고 캐비넷 등에 보관된 설계서 및 관리서류의 명세서를 기록하여 내측에 부착하여야 하며, 시공자가 빌려간 설계서도 필히 상기요령에 따라 보관하도록 하여야 한다.
- 감리원은 공사 완공검사(준공)와 동시에 인수한 설계서 등을 발주자에게 반납하거나 지시에 따라 폐기처분하여야 한다.
- 감리원은 공사의 여건을 감안하여 각종 법규정, 표준시방서, KS 규정집 및 필요한 기술서적 등을 비치하여야 한다.

2 현장개설

1) 현장사무소 개설

(1) 현지 조사

- 감리원은 공사 착공 후 조속한 시일 내에 공사추진에 지장이 없도록 시공자와 합동으로 현지 조사하여 시공자료로 활용하고 당초 설계내용의 변경이 필요한 경우에는 설계변경 절차에 따라 처리하여야 한다.
- 감리원은 현지조사 내용과 설계도서의 공법 등을 검토하여 인근 주민 등에 대한 피해발생 가능성이 있을 경우에는 시공자에게 대책을 강구하도록 하고, 설계변경이 필요한 경우에는 설계변경 절차에 따라 처리하여야 한다.

(2) 부지 선정

- 감리원은 공사착공과 동시에 시공자에게 다음 각 호의 가설시설물의 면적, 위치 등을 표시한 가설시설물 설치계획표를 작성하여 제출하도록 하여야 한다.
  - 소방차 진입로의 확보
  - 가설사무소, 작업장, 창고, 숙소, 식당 및 기타 부대설비
  - 자재 야적장
  - 공사용 임시전력

- 감리원은 가설시설물 설치계획표에 대해 다음 각 호의 내용을 검토하고 업무담당자와 협의하여 승인하여야 한다.
  - 가설시설물의 규모는 공사규모 및 현장여건을 고려하여 정하며, 위치는 감리원이 공사 전구간의 관리가 용이하도록 공사 중의 동선계획을 고려할 것
  - 가설시설물이 공사 중에 이동, 철거되지 않도록 지하구조물의 시공위치와 중복되지 않는 위치를 선정
  - 가설시설물에 우수가 침입되지 않도록 대지조성 시공 지면보다 높게 설치하여, 홍수에 따른 피해발생 유무 등을 고려할 것
  - 식당, 세면장 등에서 사용한 물의 배수가 용이하고 주변환경을 오염시키지 않도록 조처
  - 가설시설물의 이용 및 플랜트 시설의 가동 등으로 인접주민들에게 공해를 발생하는 등 민원이 없도록 조처

(3) 현장사무소 개설

- 감리사무실은 발주자 또는 시공자가 제공하는 것을 원칙으로 하며, 감리업무에 지장이 없도록 공사규모 및 현장실정에 따라 적절하게 사무집기가 배치될 수 있는 면적과 편의시설이 설치될 수 있도록 발주자와 협의하여야 한다.
- 감리실의 위치는 현장접근이 용이한 장소로서 현장의 중요도 또는 위험도에 따라 제한 구역 및 통제구역을 설정하고 출입자를 철저히 단속하도록 하여야 한다.
- 현장 감리사무실 부지 입구에 출입자를 통제할 수 있는 시설을 시공자에게 설치하도록 하고 통제구역 및 제한구역 출입자에 대하여 기록·관리하도록 하여야 한다.
- 감리사무실에는 각종 사무용 집기 및 기자재 장비 기구를 감리업무에 지장이 없도록 비치하고 설계도서 보관함, 서류함 등에는 명패를 부착하여 관리하여야 한다.

2) 행정업무

- 감리자는 계약체결 즉시 현장감리원 투입 등 감리업무 수행준비에 대하여 발주자와 협의하여야 하며, 세부배치기준은 규칙 제16조에 따른다. 다만, 감리대상 건설공사의 전부 또는 일부의 지연 등으로 계약서 상 착수할 수 없는 경우에는 발주자는 실착수 시점 및 감리원 투입시기 등을 조정, 통보하여야 한다.
- 감리자는 감리용역을 착수할 경우에는 다음 각 호의 서류를 첨부한 착수신고서를 제출하여 발주자의 승인을 받아야 한다.
  - 감리업무수행계획서

- 감리비 산출내역서
- 현장감리원, 감리원 경력확인서
- 감리원 조직 구성내용과 감리원별 투입기간 및 담당업무

• 입찰참가자격사전심사에 따라 감리자로 선정된 경우에 있어 감리원은 입찰참가제안서에 명시된 사람으로 하여야 한다. 다만, 부득이한 사유로 교체가 필요한 경우에는 기술자격, 학력, 경력 등을 종합적으로 검토하여 감리업무수행 능력이 저하되지 않는 범위 내에서 발주자의 사전승인을 받아야 한다.

• 발주자가 감리원 또는 감리조직 구성내용이 해당 공사현장의 공종 및 공사 성격에 적합하지 않다고 판단하여 서면으로 변경을 요구한 경우에는 감리자는 특별한 사유가 없는 한 이에 응하여야 한다.

• 감리원은 소방시설공사 시공과 관련된 각종 인·허가 사항을 포함한 제반법규 등을 시공자에게 준수하도록 지도·감독하여야 하며, 발주자가 득하여야 하는 인·허가 사항은 발주자에게 협조·요청하여야 한다.

• 승인된 감리원은 업무의 연속성, 효율성 등을 고려하여 특별한 사유가 없는 한 감리용역 완료시까지 근무하도록 하여야 하며 교체가 필요한 경우에는 교체인정 사유를 명시하여 발주자의 사전승인을 받아야 한다.

• 감리원의 구성은 계약문서에 기술된 과업내용에 따라 관련분야 기술자격 또는 학력·경력을 갖춘 사람으로 구성하여야 한다.

• 감리원은 현장에 부임하는 즉시 사무소, 숙소 또는 비상연락처의 전화번호 및 FAX, 우편 연락처 등을 발주자에게 보고하여 업무연락에 차질이 없도록 하여야 하며 변경되었을 경우에도 보고하여야 한다.

3) 하도급 관련사항

• 감리원은 공사업자가 도급받은 공사를 법에 따라 하도급 하고자 발주자에게 통지하거나, 동의 또는 승낙을 요청하는 사항에 대해서는 규칙 별지 제31호서식의 소방시설공사 하도급통지서에 관한 적정성 여부를 검토하여 요청받은 날부터 7일 이내에 발주자에게 의견을 제출하여야 한다.

• 감리원은 제1항에 따라 처리된 하도급에 대해서는 공사업자가 「하도급거래 공정화에 관한 법률」을 이행하도록 지도·감독하여야 한다.

• 감리원은 시공자가 하도급 사항을 절차에 따라 처리하지 않고 위장하도급 하거나, 무면허자에게 하도급 하는 등 불법적인 행위를 하지 않도록 지도하고, 시공자가

불법하도급하는 것을 인지한 때에는 공사를 중지시키고 발주자에게 서면으로 보고하여야 하며, 현장입구에 불법하도급 행위신고 표지판을 시공자에게 설치하도록 하여야 한다.

3 착공신고

1) 인허가

- 감리원은 소방시설공사와 관련된 각종 인·허가 사항을 포함한 제반 법규 등을 시공자에게 준수하도록 지도·감독하여야 하며, 발주자의 이름으로 득하여야 하는 인·허가 사항은 발주자에게 협조요청을 하도록 한다.

2) 착공신고

(1) 착공신고서

- 감리원은 소방시설공사가 착공된 경우에는 시공자로부터 다음 각 호의 서류가 포함된 착공신고서를 제출받아 적정성 여부를 검토하여 7일 이내에 발주자에게 보고하여야 한다.
  - 현장기술자 배치신고서(책임기술자)
  - 소방시설공사 예정공정표
  - 자재관리 검사계획표
  - 공사도급 계약서 사본 및 내역서
  - 착공 전 사진
  - 현장기술자 경력사항 확인서 및 자격증 사본
  - 안전관리 계획서
  - 작업인원 및 장비투입 계획서
  - 기타 발주자가 지정한 사항

(2) 적정성 검토

- 계약내용의 확인
  - 공사기간(착수부터 준공까지)
  - 지급조건 및 방법(선급금, 기성부분 지급, 준공금 등)

  - 기타 공사계약 문서에서 정한 사항
- 현장기술자의 적격여부
  - 책임기술자: 법 제12조, 영 제3조 별표 2
  - 안전관리자: 「산업안전보건법」 제15조
- 소방시설공사 예정공정표: 작업 간 선행·동시 및 완료 등 공사 전후 간의 연관성이 명시되어 작성되고, 예정공정률이 적정하게 작성되었는지 확인
- 품질관리시험 계획표: 공사 예정공정표에 따른 자재의 시험방법, 빈도 등이 적정하게 반영 작성되었는지 확인
- 자재수급 계획: 공사 예정공정표에 따른 자재 수급계획의 적정성 여부 확인
- 착공 전 사진: 내부 구조물 등이 잘 나타나도록 촬영되었는지 확인
- 작업인원 및 장비투입 계획서: 공사의 규모 및 성격, 특성에 맞는 장비형식이나 수량의 선정여부 등

SECTION 4 공사관리

1 업무보고

1) 업무의 보고·기록

(1) 업무의 보고

- 발주자는 과다한 행정업무로 감리원의 품질관리 업무에 지장을 초래하거나 부실공사 등의 문제가 야기되지 않도록 행정업무 간소화에 노력하여야 한다.
- 감리원은 감리업무 착수 후 빠른 시일 안에 해당 소방시설공사의 내용, 규모, 감리원 배치인원수 등을 감안하여 각종 행정업무 중에서 최소한의 필요한 행정업무사항을 발주자와 협의 결정하고 이를 시공자에게도 통보하여야 한다.
- 감리원은 다음 각 호의 문서가 포함된 감리보고서를 매월 또는 분기마다 작성하여 다음달 7일 이전에 발주자에게 2부를 제출하여야 한다.
  - 사업개요: 공사 및 감리용역 개요
  - 공정현황: 주요공정별 간략한 설명이 포함되고 계획 및 실적이 표시된 공정현황

– 품질관리 현황 및 자재관리 시험실적: 자재선정·관리·검사 및 의뢰시험 실적
– 주요자재 검사 및 수불현황: 지급자재 입출고가 명시된 수불현황
– 검측현황
– 설계변경에 관한 사항
– 우수시공사례 및 새로운 기술, 특수공법 사용실적
– 안전관리 실적: 교육, 안전관리비 사용실적, 안전사고 발생건수 및 원인·방지대책
– 기타 감리에 관하여 중요하다고 인정하는 사항

• 감리원은 해당 공사에 대하여 다음 각 호의 사항을 포함한 최종감리보고서를 작성하여 감리기간 종료 후 14일 이내에 감리업체 대표자 명의로 발주자에게 제출하여야 한다.
– 사업개요: 소방시설공사 및 감리용역 개요(계약현황을 포함한다)
– 기술검토내용 총괄 실적
– 공사추진내용 총괄 실적(인력, 장비투입 현황 등)
– 검측내용 총괄: 설비별 불량률, 부실 유형별 원인 및 방지대책
– 우수시공 및 시공실패 사례
– 품질시험·검사 총괄, 품질관리비 사용실적
– 주요자재관리실적 총괄
– 안전관리 실적 총괄
– 종합분석
– 감리결과보고서

• 감리원은 다음 각 호의 사항을 검토하고 필요한 경우에는 의견을 첨부하여 발주자에게 보고하여야 한다.
– 시공자의 제출서류 및 설계변경에 관한사항
– 불가항력 및 감리원의 권한에 속하지 않은 현안사항 등의 현장상황 보고
– 부실공사 등에 따른 재시공 및 공사중지 명령을 한 경우
– 시공자가 다음 사항의 불법하도급 행위를 한 경우
  ‣ 하도급 통지 또는 승인사항을 위반하여 하도급 하거나 일괄하도급 하는 경우
  ‣ 하도급업체가 재하도급 하는 경우
  ‣ 발주자가 시공자에게 선급금, 기성금, 준공금을 지불한 경우,
  ‣ 시공자가 하도급자에게 선급금, 기성금, 준공금의 내용을 비율에 따라 법정

기간 내에 지불하지 아니한 경우
- 하도급 대금지불과 관련하여 분쟁 또는 민원이 발생한 경우

– 기타 시공과 관련하여 중요하다고 인정되는 사항이 있을 경우
  - 지급자재의 잉여자재가 발생한 경우
  - 지급자재가 유실·망실되는 경우
  - 책임기술자 및 하도급자 등의 교체가 필요한 경우
  - 세부공정계획, 시공자의 현장기술자 확보사항, 기타 공사계획에 관한 사항을 검토한 결과 공사 진행상 문제가 있다고 판단되는 경우

(2) 업무의 기록

- 감리원은 감리업무수행에 따라 필요한 경우에는 다음 각 호의 문서를 작성·비치하여야 한다.
  - 근무상황부
  - 감리업무일지
  - 검사서류 및 지시부
  - 검측대장 및 사진
  - 주요자재 검수부
  - 현장실정 보고서
  - 기술검토사항
  - 회의록
  - 감리원 교체 인수인계서
  - 공사사진첩
  - 각종 정기보고서
  - 기타 필요한 서류 및 도표
- 감리원은 시공자가 작성한 공사일지를 제출받아 확인한 후 보관하여야 한다.
- 감리원은 감리업무일지를 작성할 때에 본인의 업무내용을 기록함은 물론 보조감리원들의 업무일지를 보고 그 내용을 요약·정리함과 동시에 감리수행업무내용을 기록하여야 한다.
- 보조감리원은 감리원별 분담업무에 따라 항목별(검측확인, 기술검토, 품질관리, 시공관리, 자재관리, 공정관리, 행정 및 민원 기타)로 수행업무의 내용을 육하원칙에 따라 기록하여야 한다.
- 중요한 공종 및 공정은 착공 전, 시공 중, 준공 등 공사과정을 알 수 있도록 동일

장소에서 사진을 촬영하여 보관한다.

- 감리원의 현지조사 보고사항은 그 내용을 구체적으로 작성하여 현장을 답사하지 않고도 현황을 파악할 수 있을 정도로 명확히 기록한다.
- 각종 지시, 통보사항 및 회의자료 등은 감리원 전원이 숙지하도록 교육 또는 공람시킨다.
- 문서는 특성별로 분류하여 관리하며, 서류가 손실되는 일이 없도록 목차 및 페이지를 기록하여 보관한다.
- 문서접수 및 발송대장을 비치하여야 하며 경유문서는 발송대장에 기록한다.
- 감리업무수행과정에서의 업무일지 및 사진 등 모든 기록관리는 책임자의 책임하에 기록·관리되어야 한다.

2) 시공자 제출서류의 검토

- 감리원은 시공자가 필요에 따라 제출하는 다음 각 호의 서류를 반드시 접수하여야 하며 접수된 서류에 하자가 있을 경우에는 시공자에게 문서로 보완 지시하여야 한다.
  - 착공신고서 및 현장기술자 배치신고서
  - 별지 제19호서식의 품질검사확인서
  - 자재시험 실적보고서
  - 명일작업계획을 포함함 작업일지(시공회사 자체양식)
  - 별지 제11호 서식의 공정현황 보고서
  - 지급자재 수급요청서 및 대체사용 승인 요청서
  - 주요기자재 공급원 승인요청서
  - 각종 시험성적서 및 측정 결과표
  - 설계변경 여건보고
  - 준공기한 연기신청서
  - 하도급 통지 및 승인요청서
  - 현장실정 보고서
  - 안전관리 추진실적 보고서(안전관리 활동, 안전관리비 사용실적 등)
  - 확인측량 결과보고서
  - 물공량 확정보고서 및 물가 변동지수 조정률 계산서
  - 기타 시공과 관련되는 보고 및 신청서

- 시공계획 승인요청서(필요시)
- 시공상세도 승인요청서
- 검측요청서(시공확인)
- 각종검사 서류
- 공정별 제출 사진
- 기타 필요한 서류 및 도표

3) 현장 정기교육

- 감리원은 시공자에게 현장종사자(기능공을 포함한다)의 견실시공 의식고취를 위한 현장 정기교육을 월 1회 이상 해당 현장의 특성에 따라 실시하도록 하여야 한다.
- 책임감리원은 시공자 및 하도급사 직원(기능공을 포함한다)들이 법·영·규칙 및 지침 등의 내용과 공사현황 등을 숙지하도록 교육을 실시하여야 한다.

2 의견제시 및 지시사항 처리

1) 감리원의 의견제시

(1) 의견제시의 범위

- 감리원은 공사 중 해당 소방시설공사와 관련하여 시공자의 공법변경 요구 등 중요한 기술적인 사항에 대하여 이를 검토하고 의견서를 첨부하여 발주자에게 보고하여야 하고 상당한 시간과 비용이 소요되거나 제3자에게 의뢰하여야 하는 전문성이 요구되는 내용에 대하여는 제3자에게 의뢰하여야 한다.
- 감리원은 스스로 공사시공과 관련하여 검토한 내용에 대하여 필요하다고 판단될 경우에는 발주자 또는 시공자에게 그 검토의견을 서면으로 제시할 수 있다.
- 감리원은 공사시행 중 예산이 변경되거나 계획이 변경되는 중요한 민원이 발생된 경우에는 발주자가 민원처리를 할 수 있도록 검토의견서를 첨부하여 발주자에게 보고하여야 한다.
- 감리원은 발주자(업무담당자)가 민원사항 처리를 위하여 조사와 서류작성의 요구가 있을 경우에는 특별한 사유가 없는 한 적극 협조하여야 한다.
- 감리원은 전화 또는 방문 민원을 처리함에 있어 민원인과의 대화는 원만하고 성실하게 하여야 하며 시공자와 협조하여 적극적으로 해결방안을 강구·시행하여야 하

고, 그 내용을 민원 처리부에 기록·비치하여야 한다. 또한, 경미한 민원처리사항 중 중요하다고 판단되는 경우에는 검토의견서를 첨부하여 발주자에게 보고하여야 한다.

(2) 현장대리인 등의 교체

- 감리원은 현장대리인 또는 시공사 책임기술자 등이 다음 각 호에 해당되어 해당 현장에 적절치 않다고 인정되는 경우에는 교체요청사유를 명시하여 발주자에게 보고하여야 한다.
  - 현장대리인, 안전관리자 등이 관계법령 등의 따른 기술자 배치기준, 법정 교육훈련 이수 등의 법규를 위반하였을 경우
  - 현장대리인이 감리원과 발주자의 사전승락을 얻지 않고 정당한 사유 없이 해당 공사의 현장을 이탈한 경우
  - 현장대리인의 고의 또는 과실로 소방공사를 부실하게 시공하거나 부실시공을 하여 공중에 위해를 끼친 경우
  - 현장대리인이 계약에 따른 시공능력 및 기술이 부족하다고 인정되거나 정당한 사유 없이 기성공정이 예정공정에 현격히 미달할 경우
  - 현장대리인이 불법하도급하거나 이를 방치하였을 경우
  - 시공회사의 기술자 등이 기술능력 부족으로 공사시행에 차질을 초래하거나 감리원의 정당한 지시에 응하지 않을 경우
  - 현장대리인이 감리원의 검측·승인을 받지 않고 후속공정을 진행하거나 정당한 사유 없이 공사를 중단한 경우
- 현장대리인, 시공회사 기술자 및 하도급자의 교체 건의를 받은 발주자는 업무담당자에게 교체사유 등을 조사·검토하게 하여 조사결과를 감리원에게 통보하여야 하며, 교체사유가 인정될 경우에는 시공자에게 교체하도록 하여야 한다.
- 위에 따른 교체 요구를 받은 시공자는 특별한 사유가 없는 한 신속히 교체 요구에 응하여야 하며 변경한 내용은 착공신고서 제출과 하도급 선정 절차에 따라 처리하여야 한다.
- 책임감리원은 해당 공사의 품질 및 안전관리에 따라 필요하다고 인정하는 경우에는 감리원 등에게 시정지시 등 필요한 조치를 할 수 있으며, 감리원 등이 시정지시 등 필요한 조치에 정당한 사유 없이 응하지 않을 경우에는 발주자의 허락을 받아 감리원을 교체할 수 있다.

(3) 제3자 손해방지

- 감리원은 다음 각 호의 공사현장 인근상황을 시공자에게 충분히 조사하도록 하여 공사시공과 관련하여 제3자에게 손해를 주지 않도록 시공자에게 대책을 강구하게 하여야 한다.
  - 지하 매설물
  - 인근의 도로
  - 교통 시설물
  - 건조물 또는 축사
  - 기타
- 감리원은 해당 소방시설공사 시행으로 지상시설물 및 지하매설물(급·배수관, 가스관, 전선관, 통신케이블 등)에 손해를 끼쳐 제3자에게 손해를 준 경우에는 시공자 부담으로 즉시 원상복구하여 민원이 발생되지 않도록 하여야 한다. 또한 제3자에게 피해보상 문제가 제기되었을 경우 감리원은 객관적이고 공정한 판단에 근거한 의견을 제시할 수 있다.

2) 지시사항의 처리

- 감리원은 시공자에게 소방시설공사와 관련하여 지시하는 경우에는 다음 각 호와 같이 처리하여야 한다.
  - 감리원이 소방시설공사와 관련하여 시공자에게 지시할 경우에는 서면으로 함을 원칙으로 하며, 현장여건에 따라 시급한 경우 또는 경미한 사항에 대하여는 우선 구두지시로 시행하도록 조치하고 추후에 이를 서면으로 확인한다.
  - 감리원의 지시내용은 해당 공사 설계도면 및 시방서 등 관계규정에 근거하여 구체적으로 기술하고 시공자가 명확히 이해할 수 있도록 지시한다.
  - 지시사항에 대하여는 그 이행상태를 수시점검하고 시공자로부터 이행결과를 보고받아 기록·관리한다.
- 감리원은 발주자로부터 지시를 받았을 경우에는 다음 각 호와 같이 처리하여야 한다.
  - 발주자로부터 지시를 받은 내용을 기록하고 신속하게 이행되도록 조치하여야 하며, 그 이행결과를 점검·확인하여 발주자에게 서면으로 조치결과를 보고
  - 해당 지시에 대한 이행에 문제가 있을 경우에는 의견을 제시
  - 감리원은 각종 지시, 통보사항 등을 감리원 전원이 숙지하고 철저히 이행하기 위하여 교육 또는 공람

3 품질관리

1) 품질관리 계획

(1) 품질관리계획서

- 감리원은 시공자에게 각 공정 준비과정에서부터 작업 완료까지의 각 과정마다 정밀도 및 품질확보를 위한 수단, 절차 등을 규정한 총체적 품질관리계획서(TQC: Total Quality Control)를 작성, 제출하도록 하고 관계법령 및 규정에 따라 품질관리기준에 적합한지를 검토, 확인하여야 한다.
- 감리원은 시공자가 품질관리계획 요건의 이행을 위해 제출하는 문서를 검토·확인 후 발주자에게 승인을 요청하여야 한다.
- 감리원은 품질관리계획이 발주자로부터 승인되기 전까지는 원칙적으로 시공자가 해당 업무를 수행하게 하여서는 아니 된다.
- 감리원이 품질관리계획과 관련하여 검토·확인하여야 할 문서는 계획서, 절차서 및 지침서 등을 말한다.
- 감리원은 발주자로부터 승인된 품질관리 계획서에 따라 품질관리 업무를 적정하게 수행하였는지의 여부를 검사하여 시정이 필요한 경우에는 시공자에게 시정을 요구할 수 있으며, 시정을 요구 받은 시공자는 이를 지체 없이 시정하여야 한다.
- 감리원은 품질상태를 수시로 검사·확인하여 부실시공에 따른 재시공 또는 보완시공을 예방하도록 하여야 한다.

(2) 중점 품질관리

- 감리원은 해당 소방시설공사의 설계도서, 시방서, 공정계획, 소방용품 그 밖의 소방시설용 자재 등을 검토하여 품질관리가 소홀해지기 쉽거나 하자 발생빈도가 높으며 시공 후 시정이 어렵고 많은 노력과 경비가 소요되는 항목 또는 부위를 중점 품질관리대상으로 선정하여 타 항목에 비하여 우선적으로 품질관리 상태를 입회하여 확인하여야 한다. 이 경우 중점 품질관리 항목 선정에 따라 고려해야 할 사항은 다음 각 호와 같다.
  - 공정계획에 의한 월별, 항목별 시험종목 및 시험회수
  - 시공자의 품질관리 요원 인원수 및 공정에 따른 충원계획
  - 품질관리 담당 감리원의 인원수 및 직접 입회, 확인이 가능한 적정 시험회수
  - 공종의 특성상 품질관리 상태를 육안 등으로 간접 확인할 수 있는지 여부

- 작업조건의 양호, 불량 상태
- 타 현장의 시공 사례에서 하자발생 빈도가 높은 항목인지 여부
- 품질관리 불량 부위의 시정이 용이한지 여부
- 시공 후 지중에 매몰되어 추후 품질확인이 어렵고 재시공이 곤란한지 여부
- 품질 불량에 따른 인근부위 또는 타 공종에 미치는 영향의 대소
- 시공이 광활한 지역에서 이루어져 접근이 용이한지 여부
- 소방용품 등이 형식승인·성능인증·KFI인정 등 관련 기준에 적합하며 품질관리가 확인된 우수품질인증제품인 것인지 여부

• 감리원은 다음 각 호의 내용을 포함한 항목별 중점 품질관리방안을 수립하여 시공자가 이를 실행하도록 지시하고 실행결과를 수시로 확인하여야 한다.
  - 중점 품질관리 항목의 선정
  - 중점 품질관리 항목별로 시공 중 및 시공 후 발생 예상 문제점
  - 각 문제점에 대한 대책방안 및 시공지침
  - 중점 품질관리 대상 구조물, 시공부위, 하자발생 가능성이 큰 지역 또는 부위선정
  - 중점 품질관리대상의 세부관리항목의 선정
  - 중점 품질관리공종의 품질확인 지침
  - 중점 품질관리대장을 작성, 기록, 관리하고 확인하는 절차

• 감리원은 중점 품질관리 대상으로 선정된 항목의 효율적인 품질관리를 위하여 다음 각 호와 같이 관리한다.
  - 중점 품질관리 대상으로 선정된 항목에 대한 관리방안을 수립하여 시행 전에 발주자에게 보고하고 시공자에게도 통보한다.
  - 해당 항목 및 시공부위는 상황판이나 도면 등에 표기하여 발주처 업무담당자, 감리원, 시공자 모두가 이를 항상 숙지하도록 하여야 한다.
  - 공정계획에 따라 중점 품질관리대상 항목이 동시에 여러 곳에서 시공되거나 공휴일, 야간 등 관리가 소홀해 질 수 있는 시기에 시공되지 않도록 조정하여야 한다.
  - 필요시 해당 부위에 "중점 품질관리 항목" 팻말을 설치하고 주의사항을 명기하여야 한다.
  - 염해의 우려가 있는 지역에서는 자재 부식의 우려가 없는 자재를 사용하도록 하여야 한다.

2) 품질시험 검사·조치

- 발주자는 시공자가 해당 공사의 품질관리를 효율적으로 수행하기 위하여 공정별 시험종목과 시험빈도 및 품질관리기준을 숙지하고 시험성과표의 검토 및 확인업무를 반복적으로 수행하도록 하여야 한다.
- 품질관리에 관한 성능시험의 종류는 다음과 같이 구분한다.
  - 선정시험 : 사전조사 등을 통하여 공사에 사용될 소방용품 등 재료·구성재의 품질 및 공법의 적정여부 판단
  - 관리시험 : 반입되는 자재·구성재의 품질확인 및 공사에 사용될 시공물의 품질확인
  - 검사시험 : 시설물의 품질관리에 관한 선정시험 및 관리시험의 적정 여부를 확인
  - 의뢰시험 : 국·공립시험기관 또는 품질 및 성능시험의 대행자에게 의뢰하여 실시하는 시험
  - 요청시험 : 소방시설공사가 설계도서·시방서 및 품질확보에 관한 관계법령 등에 적합하게 완성되었는지의 여부를 발주자 등이 확인·검증하기 위하여 시공자가 소방시설공사의 전문검사기관 등에 의뢰하여 자문을 받도록 요구할 수 있다.
- 선정시험은 다음 각 호에 따라 시행하여야 한다.
  - 설계업자 또는 시공자는 적법하고 우수한 재료 및 공법을 선정하고 발주자에게 확인요청을 하여야 하며, 발주자 또는 감리원은 선정시험 결과 성능시험기준에 적합하고 우수한 품질의 소방용품 등 재료·구성재 및 공법에 한정하여 사용을 허용한다.
  - 발주자는 설계자가 종목 및 빈도에 대하여 소방관계 법령 및 검정기술기준 등 관련기준을 참조·발췌하여 설계도서에 명시하고, 시공자가 이를 실시하게 하여야 한다.
  - 시공자 등이 감리원 또는 발주자로부터 승인을 받아야 할 자재 또는 재료 등은 소방관계법령에 따라 검사받아 표시하는 “KC”, “KS”, “KFI” 또는 “품”, “전” 등이 표시된 것을 원칙으로 하며, 공인기관의 시험성적서가 있는 것은 제외한다.
  - 공사현장에서 시행이 불가능한 재료·구성재의 선정시험은 공인기관에 의뢰하거나, 생산공장 시험실 또는 공장에서 시공자·제조자 등이 공동입회하에

분해 또는 가조립해 보고 시료를 채취하여 제조자가 자체시험을 실시하도록 할 수 있다. 이 경우 가조립에 따른 조립·해체 및 자체시험 등에 따른 비용은 시공자 또는 제조자가 부담하여야 한다.

- 선정시험에 대한 조치 및 요령은 다음 각 목과 같다.
  - 발주자는 우수한 품질의 소방용품 등이 선정될 수 있도록 소방관계법령 및 「산업표준화법」에 따른 한국산업표준의 시험 기준에 따라 선정시험을 실시한다.
  - 소방시설공사의 설계업자가 설계도서를 작성하거나, 시공자가 설계변경을 요청하고자 할 경우에는 발주자를 대신하여 해당 설계업자·시공자 등이 선정시험을 필한 후 그 결과를 첨부하여 발주자에게 통보하여야 한다.
  - 소방관계법령 및 기타 다른 법령에 따라 형식승인·성능인증·KFI인정을 받았거나 또는 품질검사를 받았거나 품질을 인정받은 재료와 구성재에 대하여는 따로 선정시험을 실시하지 아니할 수 있다.

• 발주자 또는 시공자 등은 소방시설공사를 발주 또는 관리함에 있어서 선정시험의 성과를 적극 활용하고, 품질을 관리하여야 한다.

• 관리시험은 다음 각 호에 따라 시행한다.
  - 발주자는 시공자가 소방시설공사의 시공이 설계도서·시방서 및 품질확보에 관한 관계법령 등의 규정에 적합하게 이루어지고 있는지의 여부를 검증하기 위한 관리시험을 하여야 한다.
  - 관리시험의 절차는 공사 시공 중에 실시하며 반입되는 재료·구성재의 검수에 따른 품질확인, 공사에 사용될 시설재 및 시공물의 품질확인을 위하여 시공자는 발주자 및 감리원 등의 입회하에 시험을 설치·운영하여야 한다.
  - 관리시험에 대한 요령 및 조치
  - 소방시설공사를 시공함에 있어 시공자 등은 소방관계법령 및 「산업표준화법」에 따른 한국산업표준의 시험기준에 따라 시공물의 관리시험을 실시하여야 하며 발주자는 업무담당자가 관리시험을 지도·감독하거나, 감리원에게 관리시험을 지도·감독하게 할 수 있다.
  - 감리원은 해당 소방시설공사에 사용될 재료와 구성재가 공사품질 확보에 적정을 기할 수 있도록 품질 시험계획서를 시공자로부터 제출받아 예정공정표 또는 공사추진계획·실적과 비교·검토하여 적정한지의 여부를 확인하고 필요한 경우 시정을 요구하여야 한다.

- 감리원은 관리시험계획이 확정되면 이에 따른 공사추진 단계별로 관리시험이 계획대로 실시되는지의 여부와 품질관리기준에 적합하게 시공되는지 여부에 대해 확인하여야 하며, 그 결과는 품질시험대장에 기재하여 비치·보관하고 이를 관리하여야 한다.
- 감리원은 시공자 등이 기성 및 준공검사원을 제출할 경우에는 품질시험성과 총괄표를 첨부하게 하고, 이를 검토·확인하여야 한다.
- 한국산업표준(KS) 등 기타 관계법령의 규정에 따른 품질을 인정받은 재료 및 구성재라도 보관, 운반 등에 따라 변형·봉인탈락 등 품질의 변화가 우려되는 재료 및 구성재는 반드시 재시험을 실시하도록 하여야 한다.
- 시공자 등은 필요시 공사현장에 시험실을 설치·운영하고, 관리시험을 실시하여야 하며, 시험실시 전일에 검사요청서를 감리원에게 제출하여 감리원의 입회하에 이를 실시하고, 감리원은 관리시험에 합격한 공정에 한정하여 후속공정을 진행하게 하여야 한다.
- 시공자는 감리원이 확인한 관리시험결과를 필요할 경우 발주자 등에게 제출할 수 있도록 정비·관리하여야 하며, 검사요청서, 측정기록표는 3부를 작성, 감리원에게 제출하여야 한다.
- 감리원은 관리시험 확인결과 미비점이 발견된 경우 시정하도록 하여야 한다.
- 시공자 등은 지적된 미비점을 조속히 보완하여 그 결과를 감리원에게 보고하며, 감리원은 관리시험 확인결과를 종합하여 시험 실적보고서를 작성하여 발주자에게 보고하여야 한다.

• 검사시험은 다음 각 호에 따라 시행하여야 한다.
  - 발주자는 소방시설공사의 품질 및 성능확보 여부를 확인하기 위한 선정시험과 관리시험이 적정하게 실시되었는지의 여부를 검증하기 위하여 매년 1회 이상 시험할 수 있다.
  - 검사시험에 대한 조치 및 요령
    ‣ 발주자는 소방관계법령 및 검정기술기준 등 관련기준을 따라 시공자 등이 실시한 선정시험 및 관리시험의 적정여부를 확인하기 위한 검사시험을 실시할 수 있다.
    ‣ 발주자는 검사시험을 위한 시료를 채취 또는 검증이 필요할 경우에는 감리원과 시공자 등의 참여하에 실시하여야 한다.
    ‣ 발주자는 검사시험의 결과에 따라 해당 시공자 등에게 시정을 요구할 수

있으며, 시정을 요구받은 시공자 등은 지체없이 이를 시정하고 그 결과를 발주자에게 통보하여야 한다.

- 소방시설공사의 품질시험을 실시하여야 할 발주자 또는 시공자는 외부기관의 품질시험이 필요할 경우에는 국·공립시험기관 또는 품질시험 대행자에게 품질시험의 실시를 다음 각 호에 따라 대행시킬 수 있다.
  - 품질시험 의뢰에 따른 유의사항은 다음 각 목과 같다.
    - 시험의뢰 후 성과접수 시까지의 소요기간을 사전에 확인하여 예정공정표 또는 공사추진계획대로 시공과정의 품질관리에 차질과 혼란이 없도록 충분히 검토한 후 의뢰여부를 결정하여야 한다.
    - 감리원은 의뢰시험 또는 요청시험에 따른 시료 채취가 필요한 경우에는 이에 입회, 확인하고 이를 봉인하여야 한다.
    - 품질시험의 실시비용의 산출기준은 품질시험 해당 기관의 시험비용의 기준에 따른다.
  - 품질시험을 위탁 대행할 국·공립시험기관은 한국소방산업기술원, 국·공립시험기관 또는 국토교통부장관에게 등록한 품질검사전문기관으로 한다.
  - 품질시험대행 국·공립시험기관이 시행할 수 없는 시험 항목은 관련분야의 연구소 또는 용역 회사에 의뢰할 수 있다.
- 공사현장에서 시행 불가능한 재료 등의 품질시험은 생산공장 시험실에서 감리원과 시공자가 공동입회하에 시행할 수 있다.
- 현장실험실에서 시행 불가능한 품질시험 중에서 후속공정상 조속히 시험성과 또는 성능을 확인해야 할 경우에는 인근의 타 현장 시험실에서 감리원과 시공자가 공동입회하에 품질시험을 시행할 수 있으며, 이 경우에는 그 사유를 시험성과표에 명시하여야 한다.
- 감리원은 시공자가 착공 전부터 준공 때까지의 공사과정, 공법, 특기사항을 촬영한 촬영일자가 나오는 공사사진과 공사내용 설명서(시공일자, 위치, 작업내용 등)를 기재, 제출하도록 하여 후일 참고자료로 활용한다. 또한, 공사기록 사진은 공사추진단계에 따라 다음 각 호의 사항을 촬영·정리하도록 하여야 한다.
  - 주요한 공사현황은 착공 전, 시공 중, 준공 등 시공과정을 알 수 있도록 가급적 동일한 장소에서 촬영
  - 시공 후의 검사가 불가능하거나 곤란한 부분
    - 공장제품 검사 기록

- ‣ 지중매설(배관, 전선 등) 광경
- ‣ 매몰되는 옥내·외 배관(기계, 전기 등) 광경
- ‣ 바닥 및 배관의 달볼트, 팬 및 덕트 등의 달볼트 시공광경
- ‣ 보온, 결로방지 관계 시공 광경

- 감리원은 특히 중요하다고 판단되는 시설물에 대하여는 공사과정을 비디오 등으로 촬영하도록 하여야 한다.
- 감리원은 제1항과 제2항에서 촬영한 사진은 필름을 포함한 사진첩(필요시 촬영한 비디오 파일)을 제출받아 수시 검토·확인할 수 있도록 보관하고 완공검사를 받을 경우에 발주자에게 제출하며, 발주자는 이를 보관하여야 한다.
- 제31조(시험·검사성과 확인 및 조치)감리원은 시공자로부터 해당 소방시설공사에 대한 기성부분 검사 또는 예비준공검사 신청서를 제출받은 경우에는 품질시험·검사성과 총괄표를 제출받아 이를 검토·확인하여야 한다.
- 감리원은 시공사가 해당 공사의 품질시험검사 성과표를 최소한 준공검사 완료시까지 기록, 보관하도록 하고 이를 제출받아 기성검사, 준공 검사 등에 활용하여야 한다.
- 시험결과 미비점이 발견되거나 불합격으로 판정되어 재시험을 실시하였을 경우에는 당초 시험성과표를 반드시 첨부하고 이를 모두 정리·보관하여야 한다.

4 시공계획

1) 시공계획서

- 감리원은 시공자로부터 시공계획서를 공사착공일로부터 제출받아 이를 검토·확인하여 7일 안에 승인한 후 시공하도록 하여야 하고 시공계획서에는 다음 각 호의 내용이 포함되어야 한다.
  - 현장조직표
  - 공사 예정 공정표(주요설비의 세부공정표를 포함한다)
  - 주요설비의 시공절차 및 기술제안서
  - 시설물의 시공 및 설치 상세도
  - 주요자재 및 인력투입계획
  - 품질관리대책
  - 안전대책 및 환경대책 등

- 기타 필요하다고 감리원이 지정하는 자료

• 감리원은 시공계획서를 공사착공신고서와 별도로 공사착수 전에 제출받아야 하며 공사 중 시공계획서에 중요한 내용변경이 발생할 경우에는 그때마다 변경 시공계획서를 제출받아 검토·확인하여 승인한 후 시공하도록 하여야 한다.

2) 시공상세도 승인

• 감리원은 시공자로부터 시공상세도를 사전에 제출받아 다음 각 호의 사항을 고려하여 검토·확인하고 승인한 후 시공하도록 하여야 한다. 또한 주요시설인 경우에는 발주자와 협의하여 당초 설계자를 참여시킬 수 있다.
  - 설계도면 및 시방서 또는 관계규정에 일치하는지 여부
  - 현장기술자, 기능공이 명확하게 이해할 수 있는지 여부
  - 실제 시공 가능한지 여부
  - 안전성의 확보 여부
  - 계산의 정확성
  - 제도의 품질 및 선명성, 도면작성 표준에 일치 여부
  - 도면으로 표시 곤란한 내용은 시공에 따른 유의사항으로 작성되었는지 등을 검토

• 감리원은 시공상세도(Shop Drawing)의 검토·확인 때까지 시공을 허용하지 말아야 하고, 시공상세도는 접수일로부터 7일 이내에 검토·확인하는 것을 원칙으로 하고, 7일 이내에 검토·확인이 불가능할 경우 사유 등을 명시하여 통보하여야 하며 통보사항이 없을 때에는 승인한 것으로 본다.

5 시공확인

1) 일일작업관리

• 감리원은 시공자로부터 명일작업계획서를 제출받아 시공자와 그 시행상의 가능성 및 각자가 수행하여야 할 사항을 협의하여야 하고 명일 작업계획 항목, 위치에 따라 감리원의 배치, 감리시간 등의 일일 감리업무수행을 계획하고 이를 감리일지에 기록하여야 한다.

• 감리원은 시공자로부터 금일작업실적이 포함된 시공자의 공사일지 또는 작업일지

(시공회사 자체양식)를 제출받아 보관하고 계획대로 작업이 추진되었는지 여부를 확인하고 금일 작업실적과 사용자재량, 품질관리시험회수 및 성과 등이 서로 일치하는지 여부를 검토·확인하여야 한다.

2) 시공 확인

- 감리원은 소방시설공사가 설계도서 및 시방서 등에 일치되게 시공되는가를 현장에서 확인하는 것이 감리원의 업무 중에서 가장 중요하고 기본적인 책무인 점을 명심하여 모든 업무에 우선하여 다음 각 호의 현장시공 확인업무를 수행하여야 한다.
  - 공사 목적물을 제조, 조립, 설치하는 시공과정에서 가시설공사와 영구시설물 공사의 모든 작업단계의 시공상태
  - 시공확인을 하여야 할 구체적인 사항은 해당 공사의 설계도면, 시방서 및 관계규정에 따른 공종을 반드시 확인
  - 지하에서 행하여지는 공사나 외부에서 확인하기 곤란한 시공에는 반드시 직접 검측하여 시공당시 상세한 경과기록 및 사진촬영 등의 방법으로 그 시공 내용을 명확히 입증할 수 있는 자료를 작성하여 비치하고, 발주자 등의 요구가 있을 때에는 이를 제시
- 감리원은 단계적인 검측으로 다음단계의 시공을 함으로써 추후 그 시공 상태를 확인할 수 없는 경우 반드시 입회·확인하여야 하며, 감리원의 품질·확인서명이 있는 것만 기성으로 인정하여야 한다.
- 감리원은 부실공사 행위 등이 없도록 현장 입회확인을 철저히 하고, 이러한 행위가 발견될 경우에는 해당 공종의 재시공 등의 강력한 제재조치를 취하여야 하며, 감리보고서에 수록하여야 한다.
- 감리원은 해당 공사의 시방서 및 관계규정에 따른 시험, 측정기구 및 방법, 감리원의 기술적 판단에 따라 확인하고 평가함을 원칙으로 하며, 제36조에서 정한 검측업무 절차에 따라 수행하여야 한다.
- 감리원은 시공확인을 위하여 X-Ray 촬영 등의 특수한 방법이 필요한 경우에는 시공자가 외부 전문기관에 확인을 의뢰할 수 있도록 하여야 한다.

3) 검측업무

- 감리원은 시공계획서에 따른 일정단계의 작업이 완료되면 시공자로부터 검측요청

서를 제출받아 그 시공상태를 확인하는 것을 원칙으로 하고, 공사의 효율적인 추진을 위하여 가능한 시공과정에서 수시 입회·확인하도록 하여야 한다.

- 감리원은 다음 각 호의 사항이 유지될 수 있도록 검측체크리스트를 작성하여야 한다.
  - 체계적이고 객관성 있는 현장 확인과 승인
  - 부주의, 착오, 미확인에 따른 실수를 사전에 예방하여 충실한 현장확인 업무를 유도
  - 검측작업의 표준화로 작업원들에게 작업의 기준 및 주안점을 정확히 주지시켜 품질향상을 도모
  - 객관적이고 명확한 검측결과를 시공자에게 제시하여 현장에서의 불필요한 시비를 방지하는 등의 효율적인 검측업무를 도모
- 감리원은 다음 각 호의 검측업무 수행 기본방향에 따라 검측업무를 수행하여야 한다.
  - 현장에서의 시공확인을 위한 검측은 해당 공사의 규모와 현장조건을 감안한 검측업무지침을 현장별로 작성·수립하고 이를 근거로 검측업무를 수행하여야 한다.
  - 수립된 검측업무지침은 검측하여야 할 세부공종, 검측절차, 검측시기 또는 검측빈도, 검측체크리스트 등의 내용을 모든 시공관련자에게 배포하여 주지시켜야 한다.
  - 현장에서의 검측은 체크리스트를 사용하여 수행하고, 그 결과를 검측체크리스트에 기록한 후 시공자에게 통보하여 후속공정의 승인여부와 지적사항을 명확히 전달하여야 한다.
  - 검측체크리스트에는 검사항목에 대한 시공기준 또는 합격기준을 기재하여 검측결과의 합격 여부를 합리적으로 신속히 판정하여야 한다.
  - 단계적인 검측으로는 현장 확인이 곤란한 매설과 같은 공종의 시공 중 감리원의 계속적인 입회 확인 하에 시행하여야 한다.
  - 시공자가 검측요청서를 제출할 때 별지 제22호서식의 공사 참여자 실명부가 첨부되었는지를 확인하여야 한다.
- 감리원은 다음 각 호의 검측절차에 따라 검측업무를 수행하여야 한다.
  - 별지 제21호서식의 검측 체크리스트에 따른 검측은 1차적으로 시공자의 담당기술자가 점검하여 합격된 것으로 확인한 후, 그 확인한 검측체크리스트를 첨부하여 검측요청서를 감리원에게 제출하면 감리원은 1차 점검내용을 검토

한 후, 현장확인 검측을 실시하고, 그 결과를 서면으로 통보하여야 한다.

– 검측결과 불합격인 경우는 그 불합격된 내용을 시공자가 명확히 이해할 수 있도록 통보하고 보완시공 후 재검측 받도록 조치한 후 감리보고서에 반드시 기록하여야 한다.

〈검측 절차〉

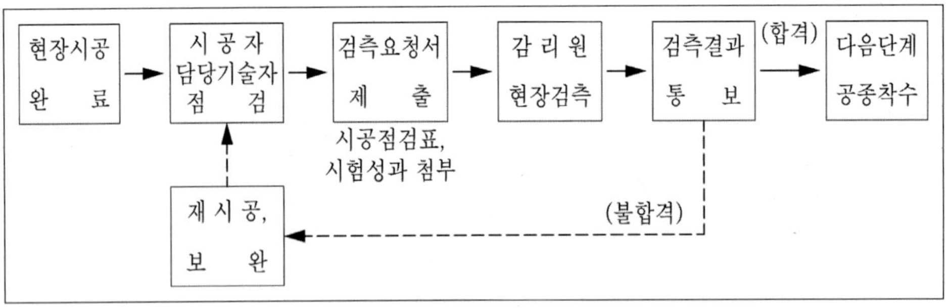

- 감리원은 검측할 검사항목(Check Point)을 계약설계도면, 시방서, 관계법령, 이 절차서 등의 관계규정 내용을 기준하여 구체적인 내용으로 작성하며 공사목적물을 소정의 규격과 품질로 완성하는데 필수적인 사항을 포함하여 점검항목을 결정하여야 한다.
- 후속공정을 착수함으로써 추후 수정이 곤란한 단계의 공정이 완료되었을 때는 반드시 감리원의 검측을 받도록 하여야 한다.

6 기술검토

1) 특수공법 검토

- 감리원은 특수한 공법이 적용되는 경우의 기술검토 및 시공에 따른 문제점 등의 검토를 할 때에는 발주자와 협의하여 외부의 국내·외 전문가의 자문을 받아 검토의견을 제시할 수 있으며 특수한 공종에 대하여 외부 전문가의 감리참여가 필요하다고 판단될 경우에는 발주자와 협의하여 조치할 수 있다.

2) 기술검토의견서

- 감리원은 시공 중 발생되는 기술적 문제점, 설계변경사항, 공사계획 및 공법 변경문제, 설계도면과 시방서 상호간의 차이·모순 등의 문제점, 기타 시공자가 시공 중

당면하는 문제점 및 발주자가 해당 공사의 기술검토를 요청한 사항에 대하여는 현지실정을 충분히 조사, 검토, 분석하여 시공자가 공사를 원활히 수행할 수 있는 해결방안을 제시하여야 한다.

- 중요한 기술검토는 반드시 서면으로 기술검토서를 작성·제출하여야 하고 기술검토서에는 상세 기술검토 내역 또는 근거가 첨부되어야 한다.

7 자재관리

1) 지급자재 검수관리

- 시공자는 지급자재의 수급요청서를 행정처리 기간을 감안하여 감리원에게 사전에 제출하여야 하며 감리원은 공정계획 및 지급자재 사용계획서에 따라 적정여부를 검토하고 발주자에게 보고하여 지급자재가 적기에 시공자에게 공급될 수 있도록 하여야 한다.
- 감리원은 수급요청한 지급자재가 배정되면 납품지시서에 기록된 품명, 수량, 인도장소 등을 확인하고, 시공자에게 인수 준비를 하도록 하여야 한다.
- 감리원은 현장에서 품질시험을 실시할 수 없는 자재에 대하여는 시공자와 공동입회하여 생산공장에서 시험을 실시하거나 의뢰시험을 요청하여 시험성과를 사전에 검토하여 품질을 확인하여야 한다.
- 감리원은 자재가 현장에 반입되면 송장 또는 납품서를 확인하고 수량, 치수 등을 검사하여야 한다.
- 감리원은 지급자재의 현장 반입 후 이의제기 등을 예방하기 위하여 시공자가 검사에 입회하도록 하여야 한다.
- 감리원은 반입자재의 품명, 반입일자, 설계량, 금회 반입수량, 합격수량, 불합격수량 등을 기록한 중요자재 검사부를 작성하여 보관하여야 한다.
- 감리원은 지급자재에 대한 검수조서를 작성할 경우에는 시공자가 입회·날인하도록 하고, 검수조서는 발주자에게 월간 또는 분기마다 보고하여야 한다.
- 감리원은 출급한 지급자재에 대하여는 시공자가 적정하게 보관하여 관리하도록 하여야 하며 시공자가 지급자재를 사용할 경우에는 사전에 감리원의 반출허가를 받아 사용하고 보관에 대하여는 시공자 책임하에 망실 및 손실되지 않도록 하여야 한다.

- 감리원은 공정계획, 공기 등을 감안하여 시공자의 요청으로 입체 또는 대체사용이 불가피 하다고 판단될 경우에는 발주자의 승인을 득한 후 이를 허용하도록 하며, 감리원은 입체 또는 대체사용 자재에 대하여도 품질, 규격 등을 확인하고, 검수를 하여야 한다.
- 감리원은 잉여지급자재가 발생하였을 경우에는 품명, 수량 등을 조사하여 발주자에게 보고하여야 하며, 시공자가 지정장소에 반납하도록 하여야 한다.

2) 주요 기자재 검수관리

(1) 주요 기자재 공급원

- 감리원은 시공자가 공정계획에 따라 사전에 주요 기자재 공급원 승인신청서를 자재 반입 10일 전까지 제출하도록 하여야 한다. 다만, 관련법령에 따른 품질검사를 받았거나, 품질을 인정받은 재료에 대하여는 예외로 한다.
- 감리원은 시험성과표가 품질기준을 만족하는지 여부를 확인하고 동일한 품목의 공급자 중 우수한 성능, 품명, 공급원, 납품실적 등을 고려하여 적합한 것으로 판단될 경우에는 이를 승인한다.
- 감리원은 시공자에게 소방관계법령 등에 따라 형식승인·성능인증·KFI인정을 받았거나 KS 등을 받은 제품 중에서 우수한 성능 및 품질의 제품 등 양질의 자재가 선정되도록 검토하여야 하며, 우수품질인증제품이 있는 경우에는 이를 우선하여 선정하도록 감리하여야 한다.
- 감리원은 주요자재의 품질시험을 직접 실시하거나 발주자에 의뢰, 실시하여 합격여부를 판단하여야 한다.
- 감리원은 공급원 승인 후에도 반입사용자재에 대한 품질관리시험 및 품질변화 여부 등에 대하여 수시 확인하여야 한다.
- 감리원은 공급원 승인요청을 제출받을 경우에는 특별한 사유가 없는 한 2개 이상의 공급원을 제출받아 제품의 반입중지 등 부득이 한 경우에도 예비적으로 사용할 수 있도록 하여야 한다.
- 감리원은 공급원 승인요청서에 다음 각 호의 관계서류를 첨부하도록 하여야 한다. 다만 공급자가 널리 알려진 회사로서 별도의 증명이 필요하지 않은 항목의 서류는 제외할 수 있다.
  - 관계법령에 따른 품질검사전문기관 및 국·공립검사기관의 시험성과
  - 납품실적 증명

- 공급자의 사업자 등록증명
- 공장등록증 사본
- 국세 지방세 완납증명
- 제품설명서
- 시험성과 대비표

시험항목	시방기준	시험성과	판정, 비고

(2) 주요 기자재 검수

- 감리원은 시공자가 공정계획에 따라 사전에 주요자재 수급계획을 수립하여 자재가 적기에 현장에 반입되도록 검토하고 지급자재 수급계획에 대하여는 발주자에 보고하여 수급차질에 의한 공정 지연이 발생하지 않도록 하여야 한다.
- 감리원은 주요자재 수급계획이 공정계획과 부합되는지 확인하고 미비점이 있으면 시공자에게 계획을 수정하도록 하여야 한다.
- 감리원은 공사 목적물을 구성하는 주요기계, 설비, 제조품, 자재 등의 주요 기자재가 공급원 승인을 받은 후 현장에 반입되면 시공자로부터 송장 사본을 접수함과 동시에 반입된 기자재를 검수하고 그 결과를 검수부에 기록·비치하여야 한다.
- 계약 품질조건과의 일치여부를 확인하는 기자재 검수는 다음 각 호에 따르고 규격, 성능, 수량뿐만 아니라 필히 변형 손상 및 품질의 변질 여부를 확인하여 변형 손상 및 변질되었을 때는 즉시 현장에서 반출하도록 하고 반출여부를 확인하여야 하며 의심스러운 것은 별도 보관하도록 한 후 품질시험 결과에 따라 검수 여부를 확정하여야 한다.
  - 시험에 따른 검수는 다음 각 목에 따라 검수한다.
    - 검수방법은 감리원이 입회하여 재료 제작자의 시험설비나 공장시험장에서 시험을 실시하고 그 결과로 얻은 성적표로 검수한다.
    - 감리원이 공공시험기관 등에 시험을 의뢰 요청하여 실시하고 그 시험성적 결과에 따라 검수한다.
    - 대상 재료의 범위는 공사상 중요한 재료 또는 특별 주문품, 신제품 등으로써 품질 성능을 판정할 필요가 있는 재료로 한다.
  - 확인에 의한 검수는 견본품, 설명서, 제작도 및 시험성적표 등의 확인에 따라 검수를 한다. 이 경우 대상재료의 범위는 시험에 따른 검수대상이 되는 재료 이외의 재료로 한다.

  - 조회에 따른 검수는 규격을 증명하는 KS, 형식승인 및 KFI인증제품 등의 마크가 표시되어 있는 규격품이나 적절하다고 확인할 수 있는 품질증명이 첨부되어 있는 제품을 대상으로 한다
- 감리원은 시공자가 현장에 반입된 기자재의 도난 또는 우천에 훼손 또는 유실되지 않게 품목별, 규격별로 관리·저장하도록 하여야 하고 공사현장에 반입된 검수재료 또는 시험합격 재료는 시공자 임의로 공사현장 밖으로 반출하지 못하도록 하며 별지 제14호서식의 주요자재 검사 및 수불부를 작성하여 관리하여야 한다.

8 공정관리

1) 현장상황 보고

- 감리원은 공사시공 중 불가항력적인 재해의 발생, 공사중단의 필요성 등 감리원의 권한에 속하지 않는 사태가 발생될 경우 육하원칙에 따라 검토의견을 첨부하여 발주자에게 현장상황을 신속히 보고하고 그 지시에 따라야 한다.
- 감리원은 공사현장에 다음 사태가 발생하였을 경우에는 필요한 응급조치를 취하는 동시에 상세한 경위를 발주자에게 보고하여야 한다.
  - 천재지변 기타의 사유로 공사현장에 피해가 발생하였을 경우 또는 장기간 공사시공이 불가능할 경우, 공사현장의 피해에 대하여 응급조치가 필요할 경우에는 사전에 피해량 조사, 피해상세도면 작성, 세부 및 전경사진을 촬영하여 두어야 한다. 또한, 감리원은 피해발생의 불가피성 여부 및 피해액에 대한 부담의무자를 검토하여야 한다.
  - 시공자의 현장대리인이 사전 승인 없이 2일 이상 현장에 상주하지 않을 경우
  - 시공자가 정당한 사유 없이 공사를 중단할 경우
  - 시공자가 불법하도급 행위를 할 경우
  - 기타 공사추진에 지장이 있을 경우

2) 공사중지 명령

- 감리원은 시공자가 관계법령 및 공사의 설계도서, 시방서, 기타 관계서류의 내용과 적합하지 않게 해당 공사를 시공하는 경우에는 재시공 또는 공사중지명령 등 필요한 조치를 할 수 있다.

- 감리원으로부터 재시공 또는 공사중지명령 등의 지시를 받은 시공자는 특별한 사유가 없는 한 이에 응하여야 한다.
- 감리원이 시공자에게 재시공 또는 공사중지명령 등 필요한 조치를 취한 경우에는 이를 발주자에 보고하여야 한다. 다만, 발주자가 정하는 경미한 시정사항 및 재시공은 보고를 생략할 수 있다.
- 발주자는 감리원으로부터 재시공 또는 공사중지명령 등 필요한 조치에 관한 보고를 받은 경우에는 이를 검토한 후 시정 여부의 확인, 공사 재개 지시 등 필요한 조치를 하여야 한다.
- 발주자는 감리원의 공사중지명령 등의 조치를 이유로 감리원 등의 변경, 현장상주의 거부, 감리대가 지급의 거부·지체, 기타 감리원에게 불이익한 처분을 하여서는 아니 된다.
- 재시공 및 공사중지 지시 등의 적용 한계는 다음 각 호에 따른다.
  - 재시공 : 시공된 공사가 품질확보에 따른 미흡 또는 위해를 발생시킬 수 있다고 판단되거나 감리원의 검측·승인을 받지 않고 후속공정을 진행한 경우와 관계 규정에 재시공을 하도록 규정된 경우
  - 공사중지 : 시공된 공사가 품질확보에 따른 미흡 또는 중대한 위해를 발생시킬 수 있다고 판단되거나, 안전에 따른 중대한 위험이 발견될 경우에는 공사중지를 지시할 수 있으며 공사중지는 부분중지와 전면중지로 구분한다.

구 분	설 명
부분중지	• 재시공 지시가 이행되지 않는 상태에서는 다음 단계의 공정이 진행됨으로써 하자 발생이 우려될 경우 • 안전시공에 따른 중대한 위험이 예상되어 물적, 인적 중대한 피해가 예견될 경우 • 동일 공정에 있어 3회 이상 시정지시가 이행되지 않을 경우 • 동일 공정에 있어 2회 이상 경고가 있었음에도 이행되지 않을 경우
전면중지	• 시공자가 고의로 공사의 추진을 심히 지연시키거나, 공사의 부실발생 우려가 농후한 상황에서 적절한 조치를 취하지 않은 채 공사를 계속 진행하는 경우 • 부분중지가 이행되지 않음으로써 전체 공정에 영향을 끼칠 것으로 판단될 경우 • 지진, 해일, 폭풍 등 천재지변으로 공사를 계속할 경우, 공사 전체에 대한 중대한 피해가 예상될 경우 • 전쟁, 폭동, 내란, 혁명 상태 등으로 공사를 계속할 수 없다고 판단되어 발주자로부터 지시가 있을 경우

- 감리원은 시공자가 재시공 또는 공사중지명령 등에 대한 필요한 조치를 이행하지 않을 경우에는 법 제19조에 따라 시공자에 대한 제재조치를 취하도록 발주자에게 요구하여야 한다.
- 감리원은 발주자 및 시공자가 법 제19조제1항에 따른 요구 또는 지시를 이행하지 아니하고 그 공사를 계속하는 경우에는 규칙에 따라 소방본부장 또는 소방서장에게 보고하여야 한다.

3) 공사진도 관리

- 감리원은 해당 공사가 정해진 공사기간 내에 시방서, 도면 등에 따라 소요의 품질을 갖추어 완성될 수 있도록 공정관리의 계획수립, 운영, 평가에 있어서 공정진척도 관리와 기성관리가 동일한 기준으로 이루어질 수 있도록 감리하여야 한다.
- 감리원은 공사 착공일로부터 30일 안에 시공자로부터 공정관리계획서를 제출받아 조속한 시일 내에 검토하여 승인하고 이를 발주자에게 제출하여야 한다. 이 경우 다음 각 호에 따른 사항을 검토·확인하여야 한다.
  - 시공자의 공정관리 기법이 공사의 규모, 특성에 적합한지 여부
  - 계약서, 시방서 등에 공정관리 기법이 명시되어 있는 경우에는 명시된 공정관리 기법으로 시행되도록 조치
  - 감리원은 일정관리와 원가관리, 진도관리가 병행될 수 있는 종합관리형태의 공정관리가 되도록 조치
- 감리원은 공사의 규모, 공종 등 제반여건을 감안하여 시공자가 공정관리 업무를 성공적으로 수행할 수 있는 공정관리 조직을 구성할 수 있도록 다음 각 호의 사항을 검토·확인하여야 한다.
  - 공정관리 요원의 자격 및 그 요원의 수에 따른 적합 여부
  - SOFTWARE와 HARDWARE의 규격 및 그 수량에 따른 적합 여부
  - 보고체계의 적합성 여부
- 감리원은 시공자로부터 실시 공정표를 제출받아 다음 사항을 필요에 따라 검토·확인하여야 한다.

구 분	검 토 사 항
작성방법	• 공정표의 작성기법이 적절한지의 여부 • 시공순서의 적합 여부 • 일정, 진도관리가 용이한가의 여부 • 공사수행에 필요한 간접업무의 반영 여부 1) 각종 서류제출, 승인 2) 인허가 요청 및 관련사항 3) 외부 조립을 요하는 특수자재나 장비조달 4) 장기간이나 시급을 요하는 자재와 장비의 반입 5) 기타 작업에 영향을 주는 사항
공정산정	• 계약에 따른 공사기간 준수 여부 • 각 작업(ACTIVITY) 공사기간에 품질, 안전관리가 고려되었는지의 여부 • 지정휴일, 천후조건 감안 여부 • 자원조달에 무리가 없는지의 여부 • 주공정의 적합 여부 • 공사주변 여건, 법적 제약조건의 감안 여부 • 동원 가능한 장비, 기타 부대설비 및 그 성능의 감안 여부 • 특수장비 동원을 위한 준비기간의 반영 여부 • 동원 가능한 작업인원과 작업자의 숙련도 감안 여부
자원배분	• 투입자원의 일일 최대 가용량 적합 여부 • 투입 예정자원의 적기 조달가능성 여부 • ACTIVITY별 각각의 자원배분량이 효율적 진도관리에 적합 여부 • 주재료의 관급, 사급, 외자, 내자의 구분 여부 • 자원조달 계획수립 여부(필요에 따라 별도 공정표를 작성·관리할 수 있다)
기타 감리자가 필요하다고 판단되는 사항	

• 감리원은 시공자로부터 전체 실시공정표에 따른 월간, 주간 상세공정표를 사전에 제출받아 검토·확인하여야 한다.
  – 월간상세공정표 : 작업착수 1주 전 제출
  – 주간상세공정표 : 작업착수 2일 전 제출

• 감리원은 매주 또는 매월 정기적으로 공사의 진도를 확인하여 예정공정과 실시공정을 비교하여 공사의 부진 여부를 검토하여야 한다.

• 감리원은 현장여건, 기상조건, 지장물 이설 등에 따른 관련기관 협의사항이 정상적으로 추진되는지를 검토·확인하여야 한다.

• 감리원은 공정진척도 현황을 최근 1주 전의 자료가 유지될 수 있도록 관리하고 공정지연을 방지하기 위하여 주공정 중심의 일정관리가 될 수 있도록 시공자를

감리하여야 한다.

- 감리원은 주간단위의 공정계획 및 실적을 시공자로부터 제출받아 이를 검토·확인하고, 필요한 경우 시공자측 현장책임자를 포함한 관계직원 합동으로 금주작업에 대한 실적을 분석·평가하고 공사추진에 지장을 초래하는 문제점, 잘못 시공된 부분의 지적 및 재시공 등의 지시와 재해방지대책, 공정진도의 평가, 기타 공사추진에 따른 필요한 내용의 협의를 위한 주간 또는 월간 공사 추진회의를 주관하여 실시하고 그 회의록을 유지하여야 한다.
- 감리원은 공사진도율이 계획공정대비 월간 공정실적이 20% 이상 지연되거나 누계공정 실적이 10% 이상 지연될 경우에는 시공자에게 부진사유 분석, 만회대책 및 만회공정표 수립을 지시하여야 한다.
- 감리원은 시공자가 제출한 부진공정 만회대책을 검토·확인하고, 그 이행 상태를 주간단위로 점검·평가하여야 하며 공사 추진회의 등을 통하여 미조치 내용에 대한 필요대책 등을 수립하여 정상공정을 회복할 수 있도록 조치하여야 한다.
- 감리원은 검토·확인한 부진공정 만회대책과 그 이행상태의 점검·평가 결과를 감리보고서에 수록, 발주자에게 보고하여야 한다.
- 감리원은 설계변경 등으로 물공량의 증감, 공법변경, 공사 중 재해, 천재지변 등 불가항력에 따른 공사중지, 지급자재 공급지연, 공사용지의 제공의 지연, 문화재 발굴조사 등의 현장실정 또는 시공자의 사정 등으로 공사 진척실적이 지속적으로 부진할 경우에는 공정계획을 재검토하여 수정 공정계획수립의 필요성을 검토하여야 한다.
- 감리원은 시공자의 요청 또는 감리원의 판단에 따른 수정 공정계획을 수립할 경우에는 시공자로부터 수정 공정계획을 제출받아 제출일로부터 7일 이내에 검토하여 승인하고 발주자에게 보고하여야 한다.
- 감리원은 수정 공정계획을 검토하여 수정목표 종료일이 당초 계약 종료일을 초과하지 않도록 조치하여야 하며, 초과할 경우에는 그 사유를 분석하여 감리원의 검토안을 작성하고 필요에 따라 수정 공정계획과 함께 발주자에게 보고하여야 한다.
- 감리원은 시공자의 준공기한 연기원에 대하여 이의 타당성을 검토·확인하고 필요에 따라 검토의견서를 첨부하여 발주자에게 보고하여야 한다. 이 경우 공사기간 연장은 해당 공사의 주공정의 연기된 부분만을 인정한다.
- 감리원은 추진계획과 실적을 정기감리보고서에 포함하여 발주자에게 보고하여야 한다.

- 감리원은 시공자가 준공기한 연기를 제출한 경우에는 이의 타당성을 검토·확인하고 검토의견서를 첨부하여 발주자에게 보고하여야 한다.
- 시공자는 현장이 항상 깨끗이 정리 정돈되어 효율적인 시공관리가 되도록 공사 중 수시로 현장을 정리하여야 하며, 감리원은 이를 확인·지도하여야 한다.
- 감리원은 시공 중 유수(流水) 및 수륙교통의 방해가 되는 공사행위 또는 공중에 위해를 끼칠 수 있는 상황이 발생하지 않도록 시공자를 지도하여 현장을 정리하도록 하여야 한다.
- 공사가 완성되었을 경우에는 준공 전에 시공자가 공사용 가시설의 철거, 잉여 자재 반출 등 현장을 정리하도록 감리하여야 한다.

9 안전관리

1) 안전관리

- 감리원은 시공자가 소방시설공사의 안전시공 추진을 위해서 안전조직을 구성하도록 하여야 한다.
- 안전조직은 「산업안전보건법」 제13조에 따른 안전보건관리책임자 선임, 제14조에 따른 관리감독자 및 안전담당자 지정, 제15조에 따른 안전관리자 배치, 제18조에 따른 안전보건 총괄책임자 선임 및 안전보건협의회 운영에 따른 업무가 수행되도록 다음과 같이 조직 편성을 하여야 한다. 이 경우 현장규모와 작업내용이 반영되어야 한다.

〈조직 편성표〉

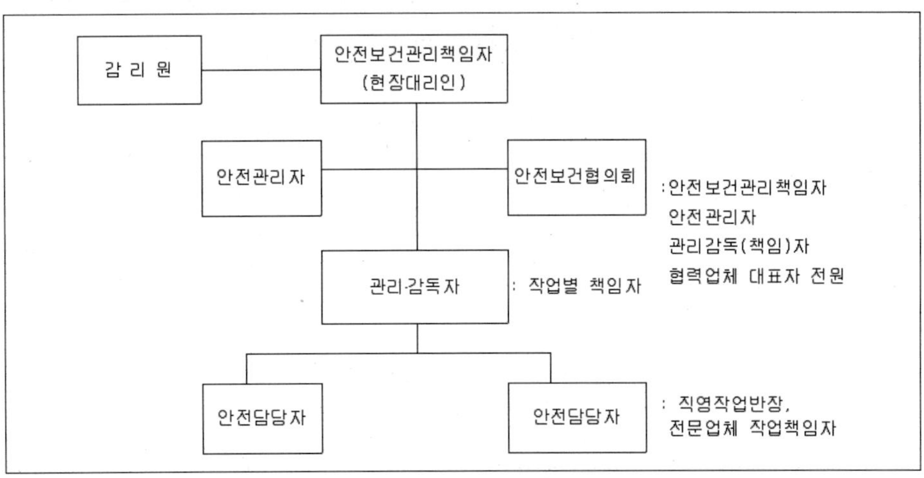

- 감리원은 시공자가 관계법령에 따라 작성한 소방시설공사 안전관리계획서를 공사 착공 전에 제출받아 적정성을 확인하여야 하며, 보완하여야 할 사항이 있는 경우에는 시공자에게 이를 보완하도록 하여야 한다.
- 감리원은 시공자 중 안전보건관리책임자(현장대리인)와 안전관리자(법정자격자)를 지정하게 하여 현장의 전반적인 안전·보건문제를 책임지고 추진하도록 하여야 한다.
- 감리원은 시공자에게 「근로기준법」, 「산업안전보건법」, 「산업재해보상보험법」과 기타 관계법규를 준수하도록 하여야 한다.
- 감리원은 산업재해 예방을 위한 제반 안전관리 지도에 적극적인 노력을 경주하도록 함과 동시에 안전관계법규를 이행하도록 하기 위하여 다음 각 호와 따른 업무를 수행하여야 한다.

구 분	수 행 업 무
사전 검토사항	• 시공자의 안전조직 편성, 임무의 법상 구비조건 충족 및 실질적인 활동가능성 검토 • 안전관리자에 대한 임무수행 능력보유 및 권한부여 검토 • 시공계획과 연계된 안전계획의 수립 및 그 내용의 실효성 검토 • 유해, 위험 방지계획(수립 대상에 한정함) 내용 및 「산업안전보건법」 제48조제3항 및 제4항에 따른 실천가능성 검토 • 「산업안전보건법」제31조에 따른 안전·보건교육 및 같은 법 제32조에 따른 관리책임자 등에 대한 교육 계획의 수립 여부와 내용의 적정성 검토 • 안전관리 예산 편성 및 집행계획의 적정성 검토 • 현장안전관리 규정의 비치 및 그 내용의 적정성 검토 • 표준안전관리비는 타 용도에 사용불가 • 감리원이 시공자에게 시공과정마다 발생될 수 있는 안전사고 요소를 도출하고 이를 방지할 수 있는 절차, 수단 등을 규정한 "총체적 안전관리계획서(TSC: Total Safety Control)"를 작성, 활용하도록 적극 권장하여야 한다. • 용접 현장용 소화기 및 용접 불티 비산방지용 부직포 확인
공사 중 감리수행	• 안전관리계획의 이행 및 여건 변동에 따른 계획변경 여부 • 안전보건협의회 구성 및 운영상태 • 안전점검 계획수립 및 실시(일일, 주간, 우기 및 해빙기 등 자체 안전 점검, 「전력기술관리법」에 따른 안전점검, 안전진단 등) • 위험장소 및 작업에 대한 안전조치 이행(고소작업, 추락위험작업, 낙하비래위험작업, 중량물 취급작업, 화재위험작업, 기타 위험작업 등) • 안전표지 부착 및 유지관리 • 안전통로확보, 자재의 적치 및 정리정돈 • 사고조사 및 원인분석, 각종 통계자료 유지 • 월간 안전관리비 사용실적 확인

- 감리원은 안전에 관한 업무를 수행하기 위하여 시공자에게 다음 각 호의 자료를 기록·유지하도록 하고 이행상태를 점검하여야 한다.
  - 안전업무일지(일일보고-작업일보에 포함 가능)
  - 안전점검 실시(안전업무일지에 포함 가능)
  - 안전교육(안전업무일지에 포함 가능)
  - 각종 사고보고
  - 월간 안전 통계(무재해, 사고)
  - 안전관리비 사용실적(수시로 점검·확인)
- 감리원은 공사 안전관리계획 내용에 따라 안전조치·점검 등 이행을 하였는지의 여부를 확인하고 미이행시 시공자에게 안전조치·점검 등을 선행한 후 시공하게 하여야 한다.
- 발주자와 시공자 등은 안전점검 결과와 조치내용을 기재한 서류를 해당공사의 하자담보책임기간까지 보관하여야 한다.
- 감리원은 계상기준 및 사용기준에 따라 안전관리비 사용에 관한 사항을 준용하여 지도·확인하여야 한다.
- 감리원은 관계법령 및 규정에 따라 시행한 정기·정밀 안전점검 결과를 시공자로부터 제출받아 검토하여 발주자에게 보고하고 발주자의 지시에 따라 시공자에게 필요한 조치를 하게 하여야 한다.
- 감리원은 시공회사의 안전관리책임자와 안전관리자들이 현장 근무자에게 다음 각 호의 내용과 자료가 포함된 안전교육을 실시하도록 지도·감독하여야 한다.
  - 산업재해에 관한 통계 및 정보
  - 작업자의 자질에 관한 사항
  - 안전관리조직에 관한 사항
  - 안전제도, 기준 및 절차에 관한 사항
  - 생산공정에 관한 사항
  - 「산업안전보건법」 등 관계법규에 관한 사항
  - 작업환경관리 및 안전작업 방법
  - 현장안전 개선방법
  - 안전관리 기법
  - 이상발견 및 사고발생에 따른 처리방법
  - 안전점검 지도요령과 사고조사 분석요령

• 감리원은 매 분기별 시공자로부터 안전관리 결과보고서를 제출받아 이를 검토하고 미비한 사항이 있을 경우에는 시정조치를 하여야 한다. 이 경우 안전관리 결과보고서에는 다음 각 호에 따른 서류가 포함되어야 한다.
  – 안전관리 조직표
  – 별지 제27호서식의 안전보건 관리체제
  – 별지 제28호서식의 재해발생 현황
  – 별지 제30호서식의 안전교육 실적표
  – 산재요양 신청서(사본)
  – 기타 필요한 서류

2) 사고처리

• 감리원은 현장에서 사고가 발생하였을 경우에는 시공자에게 즉시 필요한 응급조치를 취하도록 하고 별지 제36호서식의 공사사고 보고서에 따라 상세한 경위 및 검토 의견서를 첨부하여 발주자에게 지체 없이 보고하여야 한다.

SECTION 5 원가관리

1 설계변경

1) 설계변경

(1) 기본사항

• 감리원은 설계도서 변경문서가 관련법규, 규정 등에 적합한지를 검토하고, 설계변경 및 계약금액의 조정 시 업무흐름도를 참조하여 감리업무를 수행하여야 한다.
• 감리원은 설계변경 요인을 사전에 충분히 도출하여 반영함으로써 빈번한 계약변경 업무를 피할 수 있도록 최대한 노력하여야 한다.
• 감리원은 공사시행과정에서 당초 설계의 기본적인 사항인 가스계소화설비의 소화약제, 소화펌프의 양정 및 유량, 소화배관의 구경, 화재수신반의 통신방식, 간선규격 등의 중심선, 계획고, 시설물의 구조, 평면 및 주요공법 등의 변경 없이 현지 여건에

따른 위치변경과 연장증감 등에 따른 수량증감이나 단순시설물의 추가 또는 삭제 등의 경미한 설계변경사항이 발생한 경우에는 설계변경도면, 수량증감 및 증감공사 내역을 시공자로부터 제출받아 검토·확인하고 우선 변경·시공하도록 지시할 수 있으며 사후에 취합하여 발주자에게 서면 보고하여야 한다. 이 경우 경미한 설계변경의 구체적 범위는 발주자가 정한다.

• 설계변경 원인이 설계상의 문제라고 판단되는 경우에는 발주자에게 설계변경을 요구하여야 한다.

〈업무 흐름도〉

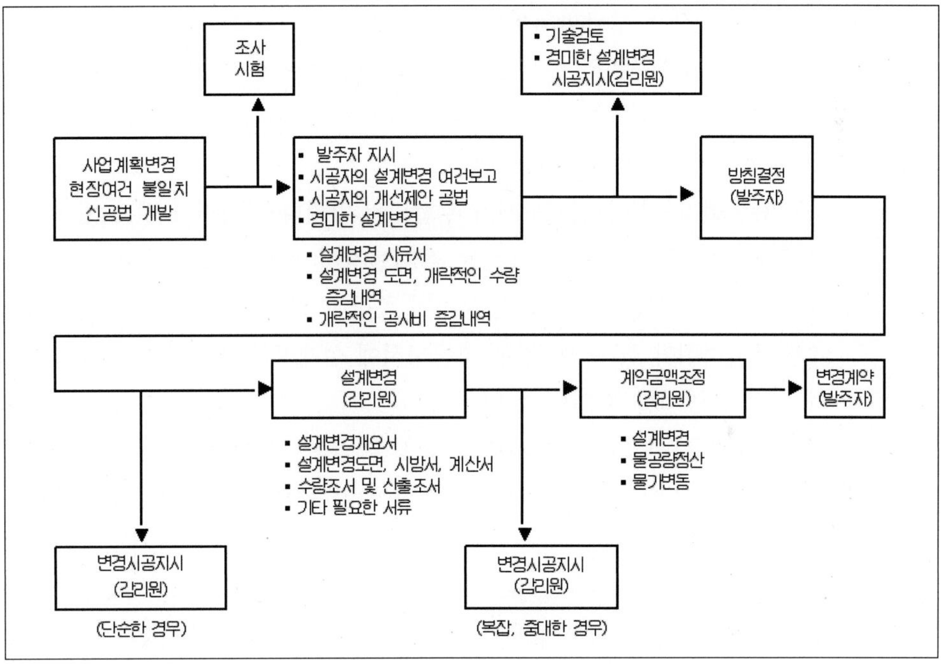

(2) 발주자의 지시에 의한 설계변경

• 외부적 사업환경의 변동, 사업추진 기본계획의 조정, 공법변경, 기타 시설물 추가 등으로 설계변경이 필요하여 발주자로부터 설계변경 지시를 받은 경우에는 책임감리원은 발주자에게 다음 각 호의 서류를 요구하여야 한다. 다만, 발주자가 설계변경 도서를 작성할 수 없을 경우에는 설계변경 개요서를 근거로 발주자 및 시공자와 설계도서 작성 협의를 하여야 한다.

– 설계변경 개요서

  - 설계변경 도면, 시방서, 계산서 등
  - 수량산출조서
  - 기타 필요한 서류
- 설계변경 지시를 받은 책임감리원은 지체 없이 시공자에게 그 내용을 통보하여야 한다.
- 책임감리원은 설계변경 지시내용의 이행가능 여부를 당시의 공정, 자재수급 상황 등을 검토하여 확정하도록 시공자에게 지시하고, 만약 이행이 불가능하다고 판단될 경우에는 그 사유와 근거자료를 첨부하고 그 내용을 검토·확인하여 지체 없이 발주자에게 보고하여야 한다. 이 경우 설계변경 도서작성에 소요되는 비용은 원칙적으로 발주자가 부담하도록 하여야 한다.
- 감리원은 시공자로부터 설계변경 서류를 제출받아 설계변경이 가능한 서류를 작성하여 대표자의 명의로 발주자에게 제출하여야 한다.

(3) 시공자의 제안에 의한 설계변경

- 시공자는 현지여건과 설계도서가 부합되지 않거나 공사비의 절감 및 소방시설공사의 품질향상을 위한 개선사항 등 설계변경이 필요한 경우에는 설계변경사유서, 설계변경도면, 수량증감내역 및 공사비 증감내역 등의 서류를 첨부하여 책임감리원에게 제출하여야 한다. 이 경우 준공도서에 설계자의 확인이 필요함으로 원설계자의 검토와 동의를 받아야 한다.
- 책임감리원은 시공자의 설계변경 요청을 받은 경우에는 신속히 검토·확인하고 필요에 따라 기술검토 의견서를 첨부하여 발주자에게 보고하고, 발주자의 방침을 득한 후 시공하도록 조치하여야 한다. 이 경우 감리원은 시공자로부터 현장실정보고를 접수한 후 기술검토 등을 요하지 않는 단순한 사항은 7일 이내, 그 외의 사항은 14일 이내에 검토 처리하여야 하며, 기일 내 처리가 곤란한 경우에는 사유와 처리계획을 발주자에게 보고하고 시공자에게도 통보하여야 한다.
- 시공자는 주공정에 중대한 영향을 미치는 설계변경으로 방침확정이 긴급히 요구되는 사항이 발생하는 경우에는 그 즉시 책임감리원에게 긴급현장실정을 보고할 수 있으며, 책임감리원은 발주자에게 지체 없이 유선 또는 FAX 등으로 보고하여야 한다.
- 발주자는 제2항 및 제3항에 따라 설계변경 방침결정 요구를 받은 경우에는 공사추진에 지장이 없도록 신속히 방침을 확정하여 책임감리원에게 통보하여야 한다.
- 설계변경 원인이 설계상의 문제라고 판단되는 경우에는 발주자에게 설계변경을

요구할 수 있다.

- 감리원이 발주자의 방침을 통보받은 경우에는 시공자로부터 관련서류를 제출받아 설계변경이 가능한 서류를 작성하여 대표자의 명의로 발주자에게 제출하여야 한다.

(4) 설계변경계약 전 기성고 및 지급자재의 지급

- 감리원은 발주자의 방침을 지시받았거나, 승인을 받은 설계변경 사항의 기성고는 해당 공사의 변경계약을 체결하기 전이라도 당초 계약된 수량과 공사비 범위 안에서 설계변경 승인 사항의 공사 기성부분에 대하여 확인하고 기성고를 사정하여야 한다. 발주자는 감리원이 확인하고 사정한 동 기성부분에 대하여 기성금을 지불하여야 한다.
- 감리원은 제1항에 따라 설계변경 승인 사항에 따른 발주자가 공급하는 지급자재에 대하여 시공자의 요청이 있을 경우에는 변경계약 체결 전이라 하더라도 공사추진에 따라 필요할 경우에는 변경된 소요량을 확인한 후 발주자에게 지급을 요청할 수 있다.

2 금액조정

1) 설계변경에 따른 계약금액의 조정

- 감리원은 설계변경 등에 따른 계약금액의 조정을 위한 각종서류를 시공자로부터 제출받아 검토·확인한 후 소속 감리업체에 보고하여야 하며, 소속 감리업체는 대표자명의로 발주자에게 제출하여야 한다.
- 변경설계서 표지의 설계자는 책임감리원이 날인하여야 한다. 다만, 대규모 통합감리의 경우에는 설계자는 통합감리 책임감리원과 소방감리 책임감리원이 연명으로 날인하도록 하여야 한다.
- 감리원은 설계변경 등에 따른 계약금액 조정 업무처리를 지체함으로써 시공자가 지급자재 수급 및 기성부분을 인정받지 못하여 공사추진에 지장을 초래하지 않도록 적기에 계약변경이 이루어질 수 있도록 조치하여야 한다.
- 설계변경에 따른 계약금액의 조정은 발주자의 방침이 확정되어 지시된 사항을 일정기간 취합하여 처리하되, 최종 계약 금액의 조정은 예비 준공검사기간 등을 고려하여 늦어도 준공예정일 45일전까지 발주자에게 제출되어야 한다.
- 설계변경에 따른 계약금액의 조정방법은 해당 공사의 계약조건에 따라 조정함을

원칙으로 한다.

- 계약된 공사물량의 증감이 있는 경우에는 계약 단가에 따르는 것을 원칙으로 한다.
- 신규비목의 단가는 설계변경당시를 기준으로 산출한 단가에 낙찰률을 곱한 금액으로 한다. 다만, 발주자가 설계변경을 요구한 경우에는 설계변경 당시를 기준으로 하여 산정한 단가와 동 단가에 낙찰률을 곱한 금액의 범위 안에서 발주자와 계약상대자가 협의하여 결정한다.
- 계약금액 증감분에 대한 일반관리비 및 이윤은 산출내역서상의 율에 따른다. 다만, 기획재정부령에 따른 율을 초과할 수 없다.
- 개선제안공법(기술개발보상)의 경우에는 새로운 기술·공법 또는 발주자가 작성한 설계와 동등이상의 기능·효과를 가진 기술·공법·기자재를 사용함으로써 공사비 절감, 공사기간 단축 등에 효과가 현저할 것으로 인정되는 경우, 시공자의 제안에 따라 설계 변경에 따른 경우에는 감액하지 않는다.
- 설계변경에 의한 계약금액 조정업무의 처리절차는 다음과 같다.

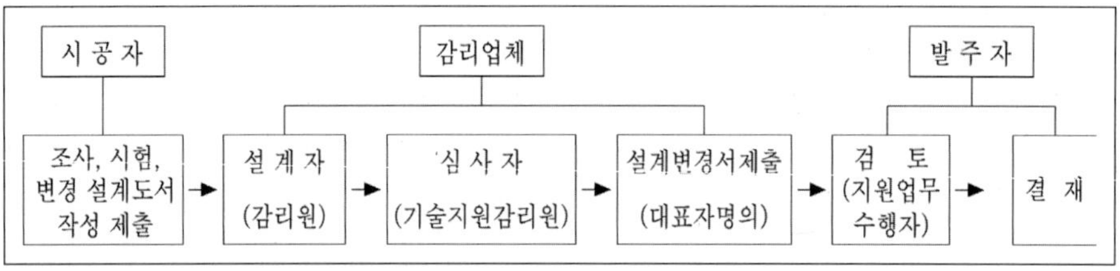

• 발주자가 설계변경을 요구한 경우에는 제5항제4호에도 불구하고 증가된 물량 또는 신규 비목의 단가는 설계변경 당시를 기준으로 하여 산정한 단가와 동단가에 낙찰률을 곱한 금액의 범위 안에서 계약당사자간에 협의하여 결정한다.

2) 물가변동에 따른 계약금액의 조정

(1) 기본사항

• 감리원은 시공자로부터 물가변동에 따른 계약금액 조정·요청을 받은 경우에는 다음 각 호의 서류를 작성·제출하도록 하여야 하며 시공자는 이에 응하여야 한다.

- 물가변동 조정요청서
- 계약금액 조정요청서
- 품목조정률 또는 지수조정률 산출근거

- 계약금액 조정 산출근거
- 기타 설계변경에 필요한 서류

• 물가변동에 따른 계약금액의 조정은 해당공사 계약조건에 따라 처리함을 원칙으로 한다.

• 계약이행 중 계약내역을 구성하는 각종 비목의 가격이 등락된 경우에는 계약금액을 조정하는 방법으로 품목조정률과 지수조정률 방법 중 계약서에 명시된 한 가지 방법을 택하여 적용하여야 한다.

(2) 품목조정률에 따른 조정

• 조정요건
- 계약체결 후 그 이행을 위하여 120일 이상 경과되었을 것
- 품목조정률이 100분의 5 이상일 것
- 품목조정률이란 계약금액(장기계속계약의 경우는 총공사금액)의 산출내역을 구성하는 제 비목의 가격등락률(변동 후 가격과 변동 전 가격의 차액이 변동 전의 가격에 대하여 차지하는 비율)을 계약단가에 곱하여 산출한 등락폭의 합계액(동 합계액에 비례하여 증감되는 일반관리비 이윤 등을 포함한다)이 계약금액(장기계속계약의 경우는 총공사금액)에 대하여 차지하는 비율을 말한다.

• 조정방법
- 계약금액 중 물가변동기준일(품목조정률이 100분의 5 이상이 되는 날)이후에 이행되는 부분의 대가에 조정률을 곱하여 산출하되 계약상 물가변동기준일 이전에 이행이 완료되어야 할 부분은 제외한다. 다만, 발주자에게 책임이 있는 사유 또는 폭동 기타 자연적, 사회적, 인위적 사태 등 계약당사자 누구의 책임에도 속하지 아니하는 사유(불가항력적인 사유)로 지연된 경우에는 그러하지 아니하다.
- 조정지급은 의무적이다.
- 선급금이 지급된 경우에는 아래와 같이 공제한다.
- 공제액=물가변동 적용대가×조정률×선금급률

• 조정제한
- 계약단가에 그 등락폭을 합한 금액은 등락된 해당 가격을 초과하지 못한다.
- 직전의 조정일로부터 120일 이내에는 다시 조정할 수는 없다.

• 품목조정률 계산에 따른 예시

(단위 : 백만원)

비목 \ 구분	수량	예정가격 작성시		계 약		등락된 단가	등락률 (%)	등락폭	
		단가	금액	단가	금액			단가	금액
재료비A	10	10	100	8	80	12	20	1.6	16
재료비B	20	20	400	22	440	24	(20)	2 (4.4)	40 (88)
노 무 비	30	30	900	25	750	32	6.7	1.7	50
경 비	10	5	50	4	40	6	20	0.8	8
소 계			1,450		1,310				114
일반관리비, 이윤,부가세		(30%)	435	(27%)	353			(27%)	30
예가 또는 계약 금액			1,885		1,663				144

– 품목조정률: 144/1,663=8.0%

(2) 지수조정률에 따른 조정

• 요건
  – 계약체결 후 그 이행을 위하여 120일 이상 경과되었을 때
  – 원가계산에 의하여 예정가격이 작성되었을 때
  – 지수조정률이 100분의 5 이상일 것
• 지수조정률 산출: 계약예규의 지수조정률 산출 요령 참조
• 조정방법: 품목조정률 방법과 동일
• 조정의 제한: 직전의 조정일로부터 120일 이내는 다시 조정불가
• 조정대상지수: 기획재정부령으로 규정
  – 한국은행이 조사하여 발표하는 생산자 물가기본 분류지수, 수입 물가지수
  – 정부, 지방자치단체 또는 정부투자기관이 결정, 허가 또는 인가하는 가격 또는 요금의 평균지수
  – 각종 민간단체에서 발표하는 부문별 임금실태 조사결과의(통계청 승인) 평균노임
  – 기타 기획재정부장관이 따로 정하는 것

3) 기타사유 금액조정

- 기타 계약내용의 변경에 따른 계약금액 조정은 설계변경, 물가변동 외에 계약내용이 변경되어 계약금액을 조정하는 것으로 공사물량의 증감 없이 설계도서 등의 변경이 있는 경우, 즉 물량의 증감 없는 산지, 운반방법 등의 변경을 말하는 바, 동 변경으로 계약금액은 다음 각 호에 따라 조정할 수 있다.
  - 공사이행기간의 변경에 따른 실비정산: 간접노무비는 연장 또는 단축된 기간 중 수행해야 할 노무량을 산출하여 해당 직종의 단가를 곱하여 산출
  - 운반거리 변경에 따른 실비의 산정: 당초 계약단가에 실제단가 증감액과 동 증감액에 낙찰률을 곱한 금액의 범위 내에서 계약 당사자 간에 협의
  - 일반관리비 및 이윤: 제1호 및 제2호에서 산출된 금액에 대한 일반관리비 및 이윤은 계약서의 비율을 적용하되 총리령에서 정한 비율의 범위 내에서 결정하여야 한다.

구 분	품목조정	지수조정
개 요	• 품목(비목)의 가격이 당초보다 5% 이상 증감 시 해당 계약금액을 조정	• 품목(비목)군의 지수변동으로 계약금액에 비하여 5% 이상 증감 시 계약금액 조정
조정률	• 계약내역서의 모든 품목(비목)의 등락을 개별적으로 계산하여 등락률을 산정	• 분류한 품목(비목)군 별로 계약금액에 대한 가중치 부여 • 품목(비목)군 별로 한국은행에서 발표하는 생산자물가기본분류지수, 수입물가지수 등을 대비하여 산출
대 상	• 거래실제가격 기준 계약 • 원가계산 기준 계약	• 원가계산 기준 계약
장 점	• 품목 별 실제반영이 용이	• 조정률 산출이 용이
단 점	• 많은 시간과 노력이 필요	• 품목 별 실제반영에 오차가 발생
용 도	• 단기, 소규모, 단일공종 공사	• 장기, 대규모, 복합공종 공사

3 기성검사

1) 검사원 임명

(1) 기성검사원

- 시공자가 별지 제39호서식의 공사 기성부분 검사원 또는 별지 제43호서식의 준공검사원을 감리원에게 제출한 경우 감리원은 이를 신속히 검토·확인하고, 별지 제40호서식의 감리원 감리조서와 다음 각 호의 서류를 첨부하여 지체 없이 소속 감리업체 대표자에게 제출하여야 한다.
  - 주요자재 검사 및 수불부
  - 시공 후 매몰부분에 대한 감리원의 검사기록 서류 및 시공 당시의 사진
  - 품질시험·검사 성과 총괄표
  - 발생품 정리부
  - 기타 감리원이 필요하다고 인정하는 서류와 준공검사원에는 지급자재잉여분 조치현황과 공사의 사전검측·확인서류, 안전관리점검 총괄표
- 감리업체는 공사 기성부분 검사원 또는 준공검사원을 접수하였을 경우에는 소속 감리원 중에서 검사자, 입회자를 임명하고 즉시 본인에게 통지하여야 하며 이 사실을 발주자에게 보고하여야 한다.
- 감리업자는 공사 기성부분 검사 또는 장기계속공사의 연차별 예비준공검사를 실시함에 있어 현장이 원거리 또는 벽지에 위치하거나 책임감리원으로도 검사가 가능하다고 인정되는 경우에는 발주자와 협의 후 검사자를 책임감리원으로 임명할 수 있다.
- 감리업자는 부득이한 사유로 소속원이 검사를 할 수 없다고 인정하는 경우에는 소속원 이외의 자 또는 전문검사기관에게 그 검사를 하게 할 수 있다. 이 경우 검사결과는 서면으로 작성하여야 한다.
- 감리업자는 각종설비, 복합공사 등 특수공종이 포함된 공사의 준공검사의 경우에는 필요에 따라 발주자와 협의, 전문기술자를 포함한 합동 준공검사반을 구성할 수 있다.
- 발주자는 필요에 따라 소속직원 또는 시설물 인수기관 직원에게 검사에 입회하도록 할 수 있다.

〈검사 처리절차〉

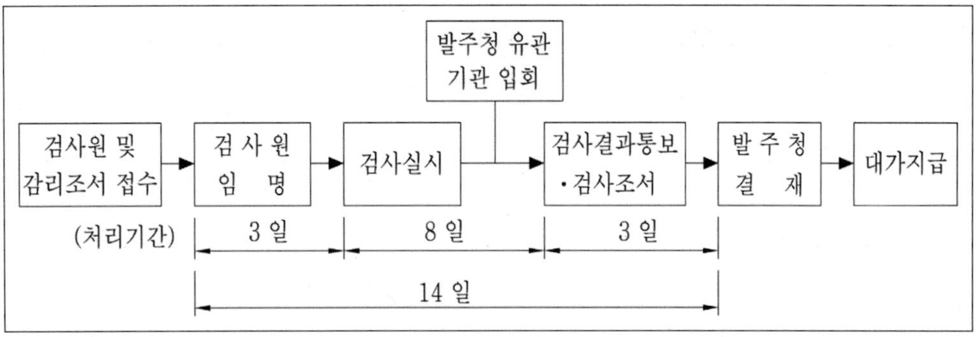

(2) 검사기간

- 감리원은 시공자로부터 검사원을 접수하였을 경우에는 이를 신속히 검토·확인하고, 감리조서를 첨부하여 지체 없이 소속 감리업체에 제출하여야 한다.
- 감리업자는 상주감리원이 확인한 검사원 및 감리조서를 접수하였을 경우에는 접수된 날로부터 3일 이내에 검사자 및 입회자를 임명하여야 하며 검사업무의 신속성 및 효율성을 감안하여 현장별로 상시 검사자를 임명할 수 있다.
- 검사자는 계약에 소정 기일이 명시되지 않는 한 임명통지를 받은 날로부터 8일 이내에 해당 공사의 검사를 완료하고 별지 제42호서식의 공사기성부분 검사조서를 작성하여 검사완료일로부터 3일 이내에 검사결과를 소속 감리업체에 보고하여야 하며 소속 감리업체는 신속히 검토 후 발주자에게 보고하여야 한다.
- 감리업자는 천재지변 등 불가항력에 따라 제2항 및 제3항에서 정한 기간을 준수할 수 없을 경우에는 검사에 필요한 최소한의 범위 내에서 검사기간을 연장할 수 있으며 이를 발주자에게 통보하여야 한다.
- 불합격 공사에 대한 보완, 재시공 완료 후 재검사 요청에 대한 검사기간은 시공자로부터 그 시정을 완료한 사실을 통보 받은 날로부터 제2항 및 제3항의 기간을 계산한다.

2) 재시공 명령

- 검사자는 검사에 합격되지 않는 부분이 있을 경우에는 소속 감리업체 대표자에게 지체 없이 그 내용을 보고하고 즉시 시공자에게 보완시공 또는 재시공하게 하고, 감리자는 해당 공사의 검사자에게 재검사를 하게 하여야 한다.
- 불합격에 따른 재검사기간에 투입되는 인원에 대한 경비는 관계법령의 감리대가를 기준으로 시공자가 부담하여야 한다.

3) 기성부분 검사

(1) 기성검사와 사정

- 시공자는 공사 기성부분 검사원 작성에 따라 사전에 감리원과 의견조정을 한 후 작성하도록 하여 감리원의 검사원 검토기간을 줄일 수 있도록 하여야 한다. 이 경우 감리원은 시공자로부터 공사 기성부분 검사원을 접수하였을 경우에 기성내역과 실제 시공현황을 비교·검토하여 부당하게 과소 또는 과대하게 사정되지 않도록 하여야 한다.

(2) 감리조서의 작성

- 감리원은 기성고를 사정한 후 감리원 감리조서를 작성하고 소속 감리업체에 다음 서류를 구비하여 검사원과 함께 제출하여야 한다.
  - 공사에 사용한 재료의 품질, 품명, 규격에 관한 서류
  - 시공 후 매몰부분에 대한 감리원의 검사기록 서류 및 시공당시의 사진
  - 품질시험성과 총괄표
  - 현장 안전관리자의 안전관리점검 총괄표
  - 지급자재 잉여분 조치현황
  - 기타 감리원이 필요하다고 인정하는 서류

(3) 기성부분 검사

- 감리업체로부터 기성부분 검사자로 임명받은 감리원은 해당 공사의 현장에 상주감리원 및 시공자 또는 책임기술자 등을 입회하게 하여 계약서, 시방서, 설계도서 기타 관계서류에 따라 다음 각 호의 사항을 검사하여야 한다.
  - 별지 제41호서식의 공사기성부분 내역서에 따른 설계도서에 따라 시공되었는지의 여부
  - 사용된 자재의 규격 및 품질에 대한 시험의 실시 여부
  - 시험기구의 비치와 그 활용도의 판단
  - 지급자재의 수불 실태
  - 지하 또는 기초부분의 시공확인과 주요 시공과정을 촬영한 사진의 확인
  - 감리원의 검사원에 대한 사전 검토의견서
  - 기타 감리자가 필요하다고 인정하는 사항

(4) 검사결과의 보고

- 기성부분 검사자는 임명통지를 받은 날로부터 8일 이내에 기성검사를 완료하고 공사기성부분 검사조서를 작성하여 검사완료일로부터 3일 이내에 검사결과를 소속

감리업체에 보고하여야 한다. 이 경우 소속 감리업체는 검사결과를 접수하면 이를 검토, 발주자에게 지체 없이 통보하여야 한다.

- 감리자는 소방공사의 감리를 완료한 때에는 총리령이 정하는 바에 따라 그 감리결과를 그 특정소방대상물의 관계인, 소방시설공사의 도급인 및 그 특정소방대상물의 공사를 감리한 건축사에게 서면으로 알리고, 소방본부장 또는 소방서장에게 공사감리 결과보고서를 제출하여야 한다.
- 공사감리 결과보고서에는 아래 사항이 포함되어야 한다.
  - 규칙 별지 제30호서식의 소방시설 성능시험조사표 1부
  - 착공신고 후 변경된 소방시설설계도면(변경사항이 있는 경우에만 첨부하며, 법 제11조에 따라 설계업자가 설계한 도면을 말합니다) 1부
  - 규칙 별지 제13호서식의 소방공사 감리일지(소방본부장 또는 소방서장에게 보고하는 경우에만 첨부합니다) 1부

SECTION 6 준공검사

1 시설물 시운전

- 감리원은 해당 공사를 완료한 후에 준공검사 전 시운전 등이 필요한 부분에 대하여는 시공자에게 시운전을 위한 계획을 수립하도록 하고 이를 검토하여 발주자에 제출하여야 한다.
- 시운전 계획에는 아래사항이 포함되어야 한다.
  - 시운전 일정
  - 시운전 항목 및 종류
  - 시운전 절차
  - 시험장비 확보 및 보정
  - 기계·기구 사용계획
  - 운전요원 및 검사요원 선임계획
- 감리원은 시공자로부터 시운전 계획서를 제출받아 검토, 확정하여 시운전 20일전까지 발주자 및 시공자에게 통보하여야 한다.
- 감리원은 시공자와 협의하여 시공자에게 다음 각 호에 따른 시운전 절차를 준비하

도록 하여야 하며 시운전에 입회하여야 한다.

- 기기점검
- 예비운전
- 시운전
- 성능보장운전
- 검수
- 운전인도

• 감리원은 시운전을 완료한 후에 다음 각 호에 따른 성과품을 시공자로부터 제출받아 검토 후 발주자에게 인계하여야 한다.

- 운전개시, 가동절차 및 방법
- 점검항목 점검표
- 운전 및 유지관리 지침서
- 기기류 단독 시운전 방법 검토 및 계획서
- 실가동 Diagram
- 시험구분, 방법, 사용매체 검토 및 계획서
- 시험성적서
- 성능시험 성적서(성능시험 보고서)

2 준공검사

1) 예비준공검사

• 공사현장에 주요공사가 완료되고 현장이 정리단계에 있을 경우에는 준공 1개월 전에 준공기한 내 준공가능여부 및 미진사항의 사전보완을 위해 예비 준공검사를 실시하여야 한다. 다만, 단순 소규모공사일 경우에는 발주자와 협의하여 생략할 수 있다.

• 감리자는 전체공사를 준공할 경우에는 책임감리원 등으로 검사자를 지정하여 합동으로 검사하도록 하여야 하며 필요에 따라 업무담당자 또는 시설물유지관리직원 등을 입회하도록 하여야 한다. 다만, 연차별로 시행하는 장기계속공사의 예비준공검사의 경우에는 해당 책임감리원을 검사자로 지정할 수 있다.

• 예비준공검사는 감리원이 확인한 정산설계도서 등에 따라 검사하여야 하며, 그 검사내용은 준공검사에 준하여 철저히 시행되어야 한다.

- 예비준공 검사자는 검사를 행한 후 보완사항에 대하여는 시공자에게 보완하도록 지시하고 준공검사자가 검사할 경우에는 이를 확인할 수 있도록 소속 감리업체 및 발주자에게 검사결과를 제출하여야 한다.
- 시공자는 예비준공검사의 지적사항 등을 완전히 보완한 후에 책임감리원의 확인을 받고 준공검사원을 제출하여야 한다.

2) 준공검사

(1) 준공검사

- 감리원은 시공자로부터 준공검사원을 접수하였을 경우에는 계약서, 시방서, 설계도면 기타 관계서류의 내용대로 시공이 완료되었는지의 여부를 확인하고 준공검사원의 내용이 정산 설계도서와의 합치여부 등을 검토·확인하여야 한다.
- 감리자는 전체공사를 준공할 경우에는 책임감리원 등으로 검사자를 지정하여 합동으로 검사하도록 하여야 하며 필요에 따라 업무담당자 또는 시설물유지관리직원 등을 입회하도록 하여야 한다.
- 감리원은 준공검사원의 검토·확인 후 조속한 시일 내에 감리조서를 작성하고 다음 각 호의 서류를 구비하여 소속 감리업체에 지체 없이 제출하여야 한다.
  - 공사에 사용한 재료의 품질, 품명, 규격에 관한 서류
  - 시공 후 매몰부분에 대한 감리원의 검사기록 서류 및 시공당시의 사진
  - 품질시험성과 총괄표
  - 지급자재 잉여분 조치 현황
  - 공사의 사전 검측확인 서류
  - 현장 안전관리자의 안전관리점검 총괄표
  - 기타 감리원이 필요하다고 인정하는 서류
- 준공검사자는 해당 공사의 현장 상주감리원, 시공자 또는 그 대리인 등을 입회하게 하여 계약서, 시방서, 설계도면, 기타 관계서류에 따라 다음 각 호의 사항을 검사하여야 한다.
  - 준공된 공사가 설계도서대로 시공되었는지의 여부
  - 공사시공시의 현장 상주감리원이 비치한 제반 기록에 대한 검토
  - 폐품 또는 발생물의 유무 및 처리의 적정여부
  - 지급자재의 사용적부와 잉여자재의 유무 및 그 처리의 적정여부
  - 제반설비의 제거 및 원상복구 등 정리 상황

- 감리원의 준공검사원에 대한 검토의견서
- 기타 검사자가 필요하다고 인정하는 사항

- 검사자는 시공된 부분이 시공 후 매몰되어 사후 검사가 곤란한 부분과 주요 구조물에 중대한 피해를 주거나 대량의 파손 및 재시공 행위를 요하는 검사는 감리조서와 사전검사, 검측확인서류 등을 근거로 하여 검사를 행하여야 한다.
- 검사자는 검사에 합격되지 아니한 부분이 있을 경우에는 소속 감리업체에 지체없이 그 내용을 보고하여 즉시 시공자에게 보완시공 또는 재시공하게 하고, 감리업체 대표자는 해당 공사의 검사자에게 재검사를 수행하도록 하여야 한다.

(2) 공사현장의 사후관리

- 검사자는 공사의 시행에 따라 발생한 모든 폐기물, 잉여자재 및 가건물과 주변지역 훼손 등에 대하여 시공자에게 지체 없이 제거 또는 반출하게 하거나 공사현장 주위 환경의 정리된 상태를 확인한 후 검사에 임하여야 한다.

3) 준공도서

(1) 검사조서의 작성

- 감리업자가 지정한 검사자는 임명통지를 받은 날로부터 8일 이내에 해당 공사의 검사를 완료하고 별지 제44호서식의 준공검사조서를 작성하여 검사완료일부터 3일 이내에 검사결과를 소속 감리업체에 보고하여야 한다.
- 준공검사조서에는 감리조서와 준공사진을 첨부하여야 한다.
- 감리업체 대표자는 준공검사조서 등의 검사결과를 접수하면 이를 검토, 발주자에게 지체 없이 통보하여야 한다.

(2) 준공도면 등의 검토·확인

- 감리원은 정산 설계도서 등을 검토·확인하고 시설목적물이 발주자에게 차질 없이 인계될 수 있도록 지도·감독하여야 한다. 이 경우 감리원은 시공자로부터 가능한 준공일 45일전까지 정산 설계도서를 제출받아 이를 검토·확인하여야 한다.
- 감리원은 시공자가 작성·제출한 준공도면이 실제 시공된 대로 작성되었는가의 여부를 검토·확인하여 발주자에게 제출하여야 한다.
- 준공도면은 계약에 정한 방법으로 작성되어야 하며, 모든 준공도면에는 원설계자의 확인서명이 있어야 한다.
- 발주자는 모든 설계변경과정에서 원설계자에게 설계변경 도면을 검토하도록 하고, 준공도면에 원설계자가 확인서명을 하도록 하여야 한다.

〈소방기계분야 검측시기〉

공종	검측 세부공종		검측방법	검측시기	검측단위
1. 슬리브 (SLEEVE)공사	아파트	지하층	• 지하옹벽 관통슬리브 • 인써트플레이트	콘크리트 타설 전	동 단위
		1층	• 입상슬리브 • 인써트플레이트		동 단위
		기준층	• 입상슬리브 • 인써트플레이트		5개층
	부속동	지하주차장	• 지하관통슬리브 • 인써트플레이트		동 단위
		상가 및 부속건물	• 관통슬리브 • 입상슬리브		동 단위
2. 소화배관	배관		• 가대설치 • 배관규격 및 상태	시공 완료 후 천장 마감 전	동 단위 5개층
	헤드		• 헤드 간격		
	소화전		• 설치 간격		
4. 보온공사	세대 외 배관		• 보온재 두께상태 • 밴드 조임상태	시공 완료 후	동 단위
	세대 매립배관		• 매립보온 상태		5개층
5. 옥외배관공사	지하매립 배관		• 모래살포 • 배관 및 용접상태	시공 완료 후	적당한 구획
6. 기계실 배관	장비, 배관, 보온 및 도색		• 장비설치공사 • 방진가대 설치상태 • NAME PLATE 설치상태 • 가대 및 배관 • 보온공사 • 도색 작업상태	시공 완료 후	각 기계실
7. 공동구 배관	가대, 배관 및 보온		• 가대규격 및 고정상태 • 배관 및 용접상태 • 보온상태	시공 완료 후	각 구간별
8. 수압시험	입상 및 횡주관		• 14 kg/cm², 24시간	시공 완료 후	동 단위
	가지관				5개층
	기계실		• 펌프 체절압력이 10kg/㎠ 이내인 경우 : 14kg/㎠, 24시간 • 펌프 체절압력이 10kg/㎠을 초과하는 경우에는 체절압력에 4kg/㎠을 더한 값으로 24시간		적당한 구획

〈소방전기분야 검측시기〉

검측 세부 공종	검측시기	검측방법	검측단위
1. 배관공사 2. 노출배관공사	설치완료 후	• 규격 및 시공상태 확인	층별(구간별)
3. 분전반, MCC 공사	설치완료 후	• 규격 및 시공상태 확인	층별(지하층) 지상층(5개층별)
4. CABLE TRAY공사	설치완료 후	• 규격 확인 • 포설 상태 확인	층별(지하층) 지상층(5개층별)
5. 배선 공사	설치완료 후	• 절연측정 • 배선색상 확인 • 규격 및 시공상태 확인	층별(지하층) 지상층(5개층별)
6. 중계기 설치	설치완료 후	• 설치상태 확인 • 절연측정 • 선번장 작성	층별(지하층) 지상층(5개층별)
7. 감지기 설치 8. 비상조명기구 9. 유도등설치 10. 비상방송 기구	설치완료 후	• 절연측정 • 규격 및 시공상태 확인	층별(지하층) 지상층(5개층별)
11. 무선통신 배선	설치완료 후	• dB 측정 확인 • 설치상태 확인	층별(지하층) 지상층(5개층별)
12. 수동조작함 설치	설치완료 후	• 규격 및 시공상태 확인 • 선번장 작성	층별(지하층)
13. 제어반 설치	설치완료 후	• 규격 및 시공상태 확인 • 선번장 작성	일괄
14. 화재수신반 설치	설치완료 후	• 접지확인(기기절연 측정, 이격거리 확인) • 회로수 및 설치상태 확인	일괄
15. 비상방송설비	설치완료 후	• 접지확인(기기절연측정, 기기용량 확인, 이격거리 확인) • 회로수 및 설치상태 확인	일괄
16. 무선통신 접속함	설치완료 후	• 규격 및 시공상태 확인	일괄
17. 발전기 설치 공사	설치완료 후	• 접지확인(기기절연측정, 기기용량 확인, 이격거리확인)	일괄
18. 옥외공사 (배관, 맨홀)	맨홀공종별 배관포설 시	• 터파기 깊이 확인 • 배관, 맨홀 규격 확인 • 보호관 및 표지시트 확인	맨홀 : 개소별

SECTION 7 인수 · 인계

1 인수 · 인계

1) 시설물 인수 · 인계

- 감리원은 시공자에게 해당 공사의 예비준공검사(부분준공, 발주자의 필요에 의한 기성부분을 포함한다) 완료 후 14일 이내에 다음 각 호의 사항이 포함된 시설물의 인수 · 인계를 위한 계획을 수립하도록 하고 이를 검토하여야 한다.
  - 일반사항(공사개요 등)
  - 운영지침서(필요한 경우에 한정한다)
    - 시설물의 규격 및 기능점검 항목
    - 기능점검 절차
    - Test 장비확보 및 보정
    - 기자재 운전지침서
    - 제작도면 절차서 등 관련자료
  - 시운전 결과보고서(시운전 실적이 있는 경우에 한정한다)
  - 예비 준공검사 결과
  - 특기사항
- 감리원은 시공자로부터 시설물 인수 · 인계 계획서를 제출받아 7일 이내에 검토, 확정하고 발주자 및 시공자에게 통보하여 인수 · 인계에 차질이 없도록 하여야 한다.
- 감리원은 발주자와 시공자 간의 시설물 인수 · 인계의 입회자가 된다.
- 감리원은 시공자가 제출한 인수 · 인계서를 검토 · 확인하며 시설물이 적기에 발주자에게 인수 · 인계될 수 있도록 한다.
- 감리원은 시설물 인수 · 인계에 대한 발주자 등의 이견이 있는 경우에는 이에 대한 현황파악 및 필요대책 등의 의견을 제시하여 시공자가 이를 수행하도록 조치한다.
- 인수 · 인계서는 준공검사 결과를 포함하는 내용으로 한다.
- 시설물의 인수 · 인계는 준공검사 시 지적사항 시정완료일로부터 14일 이내에 실시하여야 한다.

2) 현장문서 인수·인계

- 감리원은 해당 공사와 관련한 감리기록서류 중 다음 각 호의 서류를 포함하여 발주자에게 인계할 문서의 목록을 발주자와 협의, 작성하여야 한다.
  - 준공 사진첩
  - 준공 도면
  - 시설물 인수·인계서
  - 기자재 구매서류
  - 시험성적서(주요자재, 품질관리)
  - 시방서
  - 준공내역
  - 공사관련 기록부(주요자재 정산서, 인·허가 관계철 등)
  - 준공검사조서
  - 기타 발주자가 필요하다고 인정하는 서류
- 감리원은 감리용역 준공 후 14일 이내에 발주자와 협의한 현장문서를 발주자에 인계하여야 한다.

2 유지관리

1) 유지관리

- 감리원은 발주자(설계자) 또는 시공자(주요기계설비의 납품자) 등이 제출한 시설물의 유지관리지침 자료를 검토하고 다음 각 호의 내용이 포함된 유지관리지침서를 작성하여 공사준공 후 14일 이내에 발주자에게 제출하여야 한다.
  - 시설물의 규격 및 기능 설명서
  - 시설물 유지관리 기구에 대한 의견서
  - 시설물 유지관리지침
  - 특기사항
- 해당 감리업체 대표자는 발주자가 유지관리에 따라 필요하다고 인정하여 기술자문 요청 등이 있을 경우에는 이에 협조하여야 하며, 전문적인 기술 등으로 외부 전문기술 또는 상당한 노력이 소요되는 경우에는 발주자와 별도 협의하여 결정한다.

2) 하자보수

- 감리업체 대표자 및 감리원은 공사를 준공한 후에 발주자와 시공자간의 시설물의 하자보수 처리에 대한 분쟁 또는 이견이 있는 경우에는 검토의견을 제시하여야 한다.
- 감리업체 대표자 및 감리원은 공사를 준공한 후에 발주자가 필요하다고 인정하여 하자보수 대책수립을 요청할 경우에는 이에 협조하여야 한다.
- 제1항과 제2항의 업무가 감리기술용역계약에서 정한 감리기간이 지난 후에 수행하여야 할 경우에는 발주자는 별도의 실비를 감리원에게 지급하여야 한다.

찾아보기

저자소개

• 백승주(01076290482@nate.com)

소방기술사
건축기계설비기술사
(現) 서영대학교 소방안전과 겸임교수
(現) 한국열린사이버대학교 소방방재안전과 겸임교수
(現) 지엠엔지니어링 부설연구소 소장

• 유형주

소방기술사
소방시설관리사
위험물기능장
가천대학교 산업환경대학원 석사졸업
국제대학교 소방안전관리과 겸임교수
대림대학교 소방안전설비과 강사
가천대학교 산업환경대학원 강사
(現) ㈜유일에프에스이 이사
(現) ㈜지케이이엔지 설계팀 이사
(現) 서울시 성능위주설계 평가단

소방점검실무행정을 위한

소방검사론

1판 1쇄 발행 2022년 9월 8일

저자 백승주·유형주
발행인 서철종
발행처 도서출판 지우북스
주소 경기도 파주시 문발로 115 세종출판벤처타운 209호
전화 031-915-6670(代)
팩스 031-915-6671
이메일 jwbooks@nate.com
홈페이지 www.jwbooks.co.kr
출판등록 제406-251002017-000032호
ISBN 979-11-88673-99-5 93530

정가 29,000원